高等职业教育新形态一体化教材

XIANXING
DAISHU

线性代数

（第二版）

主 编 黄 磊
副主编 刘 智
参 编 黄非难 韩小燕
段 芳 刘浩瀚

高等教育出版社·北京

内容简介

本书主要介绍线性代数的基本概念及工程应用，包括矩阵、行列式、向量、线性方程组、几何应用、软件实现等内容。全书共六章，重要小节设有课堂练习，每章后设有大量习题，供学生课堂、课后巩固知识使用。本书的主要特点是在保持线性代数基本理论统一的同时，强调线性代数的应用性。

本书可供高职高专工科类师生及相关的数学工作者使用。

图书在版编目（CIP）数据

线性代数 / 黄磊主编 . -- 2 版 . -- 北京 : 高等教育出版社 , 2019. 12 （2021.12重印）

ISBN 978-7-04-053043-8

Ⅰ . ①线… Ⅱ . ①黄… Ⅲ . ①线性代数 - 高等职业教育 - 教材 Ⅳ . ① O151.2

中国版本图书馆 CIP 数据核字（2019）第 260555 号

策划编辑　马玉珍　　责任编辑　马玉珍　　封面设计　姜　磊　　版式设计　王艳红
插图绘制　李沛蓉　　责任校对　陈　杨　　责任印制　高　峰

出版发行　高等教育出版社
社　　址　北京市西城区德外大街4号
邮政编码　100120
印　　刷　天津文林印务有限公司
开　　本　787mm × 1092mm　1/16
印　　张　12.5
字　　数　270 千字
购书热线　010-58581118
咨询电话　400-810-0598
网　　址　http://www.hep.edu.cn
　　　　　http://www.hep.com.cn
网上订购　http://www.hepmall.com.cn
　　　　　http://www.hepmall.com
　　　　　http://www.hepmall.cn
版　　次　2015 年 5 月第 1 版
　　　　　2019 年 12 月第 2 版
印　　次　2021 年 12 月第 5 次印刷
定　　价　24.80 元

物 料 号　53043-A0

前言

线性代数理论是数学众多经典且优美的理论之一，随着计算机的发展，在现代工程技术领域发挥日益重要的作用。本书围绕线性方程组的求解对线性代数中的常用工具——矩阵、行列式、向量给出基本介绍，同时也给出线性代数在一些领域内的应用，使得学生能够更加容易理解线性代数的基本理论，体会线性代数的实用性。

本书的主要目的是帮助学生掌握利用线性代数理论解决工程技术领域内基本问题的方法，同时兼顾后续深入学习线性代数理论所需的基本概念及方法。

本书特色

围绕线性方程组展开讨论

本书将建立线性方程组、求解方程组作为实际工程问题的解决手段，在此方法下，引入线性代数的基本理论，从不同的观点展开分析并逐步深入。

概念的统一

本书以矩阵为线性代数基本研究对象，将行列式视为方阵的特殊运算，与矩阵的基本运算、初等变换、向量分析方法一起作为研究矩阵的基本方法，加强这些概念之间的统一，使得学生对线性代数的整体有更加直观的了解。

计算的步骤性

本书将线性代数所涉及的许多计算，用带有算法性的计算步骤给出，使得学生通过严格的计算步骤，更加快速地掌握线性代数的基本方法，例如求逆、解方程等。

初等变换及几何性

从方程组的“消元法”出发，引入矩阵的初等变换，并以此为线索贯穿整本教材，并将其应用于几何变换，增强了本书的趣味性与直观性。由于本书面向对象及课时的限制，我们尽量避免使用“线性变换”等概念，从而使学生对复杂的概念有更加直观的认识。

加强应用

在保持线性代数基本理论完整的同时，本书更强调线性代数的应用性。从引言中的建立线性方程组出发，引入建立线性模型的思想，在后续章节中从建筑、经济、生物、社会、信息等各个领域的相关问题给出线性代数的应用，与传统的线性代数纯理论相比较更加容易激发学生的学习兴趣。

计算机辅助

在本书最后一章，借助 MATLAB 软件，对教材中出现的计算都给出程序实现方法，使得学生能在实际应用中更加专注于线性代数原理及方法的使用。

本书的一些观点及部分应用源自郭聿琦等的《线性代数导引》及 David C.Lay 的“Linear Algebra and Its Applications”，由于作者水平有限，本书的不妥之处在所难免，我们热忱欢迎使用者给予指正。

编　者

2019 年夏

目录

引言　线性代数与线性方程组

线性代数是数学的重要分支, 主要研究变量间的线性关系问题. 17 世纪, 费马和笛卡儿的工作标志着现代意义的线性代数的开始. 经过不断发展, 直到 20 世纪, 线性代数才形成独立的分支. 随着科学的不断进步, 尤其是计算机的发展, 线性代数在自然科学和社会科学领域内的重要作用日益突出.

线性方程组是线性代数的核心, 线性代数的许多重要概念都可以由线性方程组引入. 线性方程组的求解也是最古老的数学问题之一. 我国古代数学著作《九章算术》中“方程”一章对线性方程组的解法已经做了比较完整的叙述.

刘徽
约225年—约295年
魏晋期间数学家
《九章算术注》
《海岛算经》

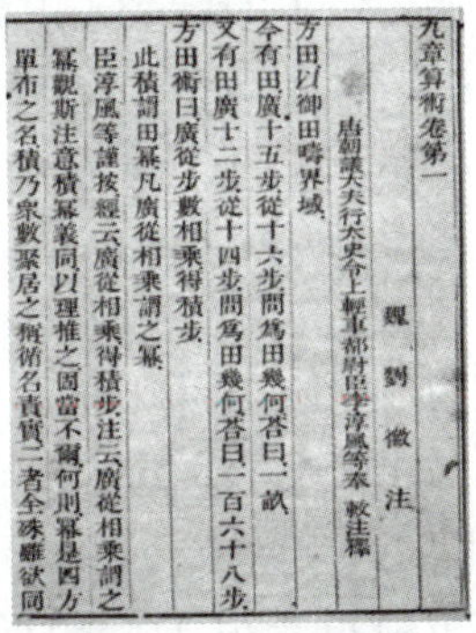

九章算術卷第一
魏 劉 徽 注
唐朝議大夫行太史令上輕車都尉臣李淳風等奉 敕注釋
方田以御田疇界域
今有田廣十五步從十六步問爲田幾何荅曰一畝
又有田廣十二步從十四步問爲田幾何荅曰一百六十八步
方田術曰廣從步數相乘得積步
此積謂田冪凡廣從相乘謂之冪
臣淳風等謹按經云廣從相乘得積步注云廣從相乘謂之
冪觀斯注意積冪義同以理推之固當不爾何則冪是四方
單布之名積乃衆數聚居之稱循名責實二者全殊雖欲同

《九章算术》
中国第一部数学专著
成书于公元一世纪
现流传的为刘徽所作注本
全书共246个问题, 分为九章

本章将简要介绍线性方程组的相关概念, 学习利用线性方程组建立数学模型, 并通过消元法求解线性方程组解决实际问题. 在后续章节中, 我们将逐步引入线性代数相关理论, 使读者慢慢体会线性代数的魅力.

0.1　线性方程组及其建立

线性方程也称为一次方程, 形如:

$$a_1x_1 + a_2x_2 + \cdots + a_nx_n = b,$$

其中, $x_1, x_2, \cdots, x_n$ 称为**未知量**, 下标 n 是任意的正整数, 表示未知量的个数. 因此, 包含 n 个未知量的线性方程也称为 n 元一次方程. $a_1, a_2, \cdots, a_n$ 称为**未知量系数**, b 称为方程的**常数项**. 在线性方程中, 未知量系数与常数项通常视为已知量.

本书中, 在无特殊说明的情况下, 所有的未知量、未知量系数、常数项的取值都属于实数.

例如

$$x_1+x_2+x_3+x_4=1,\quad 5x_1+3x_2+1=0,\quad 2(x_1+6)-x_2=x_3$$

都是线性方程. 第一个方程形式称为线性方程的标准形式. 第二个, 第三个方程可通过计算、移项分别变形为标准形式如下:

$$5x_1+3x_2=-1,\quad 2x_1-x_2-x_3=-12.$$

而

$$x_1^2+x_2=0,\quad \sin x_1+\mathrm{e}^{x_2}=0$$

都不是线性方程. 因为第一个方程中包含二次项 x_1^2, 第二个方程中包含 $\sin x_1$, e^{x_2}.

线性方程组由若干个含有相同未知量 $x_1,x_2,\cdots,x_n$ 的线性方程联立组成. 例如

$$\begin{cases}2x_1+3x_2+5x_3=6,\\ x_1+\qquad\quad x_3=0\end{cases}$$

是包含三个未知量两个方程的线性方程组.

一般地, 包含 n 个未知量 m 个方程的线性方程组记为

$$\begin{cases}a_{11}x_1+a_{12}x_2+\cdots+a_{1n}x_n=b_1,\\ a_{21}x_1+a_{22}x_2+\cdots+a_{2n}x_n=b_2,\\ \cdots\cdots\cdots\cdots\\ a_{m1}x_1+a_{m2}x_2+\cdots+a_{mn}x_n=b_m.\end{cases}$$

通常, 未知量个数 n 与方程个数 m 不一定相等. 对于给定的线性方程组, 若未知量的个数大于方程的个数, 即 $n>m$, 则该方程组称为**欠定方程组**. 反之, 若未知量的个数小于方程的个数, 即 $n<m$, 则该方程组称为**超定方程组**.

绝大部分现实问题中, 未知量间的非线性关系是绝对的, 而线性关系是相对的. 在解决实际问题时, 若忽略若干次要因素, 则未知量间的关系可以近似用线性关系来刻画. "线性化"的思想如同微积分中"以直代曲"的思想, 是处理科学技术问题的重要方法之一. 通过建立线性方程组来解决实际问题, 在自然科学和社会科学中有着广泛的应用.

下面, 我们通过线性方程组对两个实例进行建模.

例 1 (产销调度问题) 设某产品有两个产地, 三个销地, 产量和销量保持平衡, 产地到销地的运输单位成本 (元) 见表 0.1, 产销调度问题是指: 如何安排运输, 使得运输费用最小.

产销平衡下的调度问题是生产中最基础的问题, 可以通过线性方程组很好的刻画.

表 0.1 产销平衡下运输成本表

产地	销地			产量
	B_1	B_2	B_3	
A_1	4	12	4	10
A_2	2	10	3	20
销量	6	15	9	30

根据上面产销运输表, 设 $x_{ij}, i=1,2; j=1,2,3$ 表示产地 i 运往销地 j 的产品量. 则产销调度问题等价于计算下列线性表达式的最小值

$$P = 4x_{11} + 12x_{12} + 4x_{13} + 2x_{21} + 10x_{22} + 3x_{23}.$$

由于受到产量和销量的限制, 未知量 x_{ij} 需满足如下线性方程组

$$\begin{cases} x_{11} + x_{12} + x_{13} = 10, \\ x_{21} + x_{22} + x_{23} = 20, \\ x_{11} + x_{21} = 6, \\ x_{12} + x_{22} = 15, \\ x_{13} + x_{23} = 9. \end{cases} \tag{1}$$

上述方程组是包含 6 个未知量 5 个方程的线性方程组, 属于欠定方程组. 前两个方程表示产量平衡条件, 后三个方程表示销量平衡条件. 另外, 要解决该问题, 我们还需对未知量的范围进行一定约束, 即 $x_{ij} \geqslant 0$.

因此, 解决产销平衡的调度问题就转化为：选择非负数 $x_{ij}, i=1,2; j=1,2,3$ 使其满足线性方程组 (1) 的约束条件, 同时使得运输总费用 P 最小. 这就是产销平衡调度问题的数学模型.

例 2 (组合搭配问题) 营养学家设计一种食谱, 这种食谱提供一定的维生素 C, 钙, 镁. 食谱由三种食物构成, 表 0.2 给出这些食物包含的以上三种元素的量以及食谱需要提供的营养总需求. 求如何搭配这些食物以达到食谱需求.

表 0.2 食谱及原材料搭配表

营养素	单位食物包含的营养素/mg			需要的总营养素/mg
	食物 1	食物 2	食物 3	
维生素 C	10	20	20	100
钙	50	40	10	300
镁	30	10	40	200

设需要食物 1 x_1 mg, 需要食物 2 x_2 mg, 需要食物 3 x_3 mg, 根据营养的需求, 建立方程组

$$\begin{cases} 10x_1 + 20x_2 + 20x_3 = 100, \\ 50x_1 + 40x_2 + 10x_3 = 300, \\ 30x_1 + 10x_2 + 40x_3 = 200, \end{cases} \tag{2}$$

上述方程组是包含 3 个未知量 3 个方程的线性方程组. 同时, 在本问题中, 未知量还受到取值范围的约束, 即 $x_i \geqslant 0$.

因此, 解决组合搭配问题就转化为：计算非负数 x_1, x_2, x_3 使其满足特定的线性方程组 (2). 这就是该类组合搭配问题的数学模型.

0.2　线性方程组的解及消元法

n 元线性方程组的**解**是指满足方程组中所有方程的一组数 $(s_1, s_2, \cdots, s_n)$. 若至少存在一组这样的数, 则称方程组**有解 (相容)**. 反之, 则称方程组**无解 (不相容)**.

例如, 方程组

$$\begin{cases} 2x_1 + 3x_2 + 5x_3 = 6, \\ x_1 + \qquad\quad x_3 = 0 \end{cases}$$

有一组解为 $(0,2,0)$. 需注意, 方程组的解可能不止一个. 可以验证,$(-1,1,1)$ 也是上述方程组的解.

方程组所有的解构成的集合称为线性方程组的**解集**. 无解时, 称解集为空.

方程组

$$\begin{cases} x_1 + x_2 = 0 \end{cases}$$

的解集 $S = \{(k,-k) | k \in \mathbf{R}\}$, 即方程组有无穷多个解.

方程组

$$\begin{cases} x_1 + x_2 = 0, \\ x_1 - x_2 = 1 \end{cases}$$

的解集 $S = \left\{\left(\dfrac{1}{2}, -\dfrac{1}{2}\right)\right\}$, 即方程组只有唯一解.

方程组

$$\begin{cases} x_1 + \ \ x_2 = 0, \\ x_1 - \ \ x_2 = 1, \\ x_1 + 2x_2 = 1 \end{cases}$$

的解集 $S = \varnothing$, 即方程组无解.

若两个方程组的解集相同, 则称两个方程组**同解**, 或称这两个方程组是**同解方程组**.

求线性方程组解的过程, 称为**解线性方程组**. 对于未知量较少的情况, 我们可以通过**消元法** (也称**高斯消元法**), 手动求解线性方程组.

记线性方程组为 P, 其包含 m 个线性方程 $p_1, p_2, \cdots, p_m$. 在使用消元法对方程组 P 进行求解时, 主要用到了以下三种变换.

消元法解线性方程组的三种变换

1. 交换方程组中两个方程 p_i, p_j 的位置, $i \neq j$;
2. 以常数 k 乘方程 p_i 得到 kp_i, 取代原方程 p_i, $k \neq 0$;
3. 将方程 p_j 乘 k 加上方程 p_i 得到 $p_i + kp_j$, 取代原方程 p_i, $i \neq j$.

通过上述三种变换后, 得到的新方程组记为 P'. 根据初等数学知识, 我们知道方程组 P' 与 P 同解. 因此, **消元法求解线性方程组的过程实质上是通过上述三种变换将原方程组转化为形式更为简单, 更易求解的同解线性方程组**.

上述三种变换, 在线性代数的理论中有着广泛且重要的应用, 我们在后续章节中还将对其进行深入分析.

例 3 (用消元法判定方程组是否同解) 判定下列两个方程组是否是同解方程组.

$$\text{a.}\begin{cases} x_1 + 2x_2 + x_3 = 4, \\ x_1 - x_2 - x_3 = 0; \end{cases} \qquad \text{b.}\begin{cases} 3x_1 - x_3 = 4, \\ 2x_1 + x_2 = 4. \end{cases}$$

解 按照消元法的三种变换, 我们可以将两个方程组按照相同的顺序消去未知量, 得到包含未知量顺序相同的同解方程组, 再进行比对.

观察两个方程组, 我们以方程组 b 作为参照对象, 对方程组 a 进行消元变形. 首先将第一个方程加上第二个方程的 2 倍, 消去第一个方程中的未知量 x_2, 得到同解方程组如下:

$$\text{a.}\begin{cases} x_1 + 2x_2 + x_3 = 4, \\ x_1 - x_2 - x_3 = 0. \end{cases} \Rightarrow \begin{cases} 3x_1 - x_3 = 4, \\ x_1 - x_2 - x_3 = 0. \end{cases}$$

再用第二个方程加上第一个方程的 -1 倍, 消去第二个方程中的未知量 x_3, 最后将第二个方程两边同时乘以 -1, 调整系数后, 如下:

$$\Rightarrow \begin{cases} 3x_1 - x_3 = 4, \\ -2x_1 - x_2 = -4. \end{cases} \Rightarrow \begin{cases} 3x_1 - x_3 = 4, \\ 2x_1 + x_2 = 4. \end{cases}$$

对比方程组 b, 得到 a,b 两个方程组同解.

例 4 (用消元法解二元线性方程组) 解线性方程组

$$\begin{cases} 2x_1 + 3x_2 = 5, \\ x_1 - x_2 = 0. \end{cases}$$

解 按照消元法的三种变换, 我们首先将第二个方程乘以 3, 加到第一个方程中, 消去 x_2, 得到同解方程组

$$\begin{cases} 2x_1 + 3x_2 = 5, \\ x_1 - x_2 = 0. \end{cases} \Longrightarrow \begin{cases} 5x_1 = 5, \\ x_1 - x_2 = 0. \end{cases}$$

通过解同解方程组, 容易计算得到原方程组的解为 $(1, 1)$.

最后, 我们以线性方程组中的三个基本问题作为本节的结束, 同时这三个问题也是本书讨论的核心问题之一.

线性方程组的三个基本问题

1. 方程组是否有解;
2. 若方程组有解, 解是否唯一;
3. 如何求出方程组所有的解.

对于以上三个问题, 我们将在本书的后续章节中, 利用线性代数中的多种理论展开深入讨论.

▶ 课堂练习

1. 包含两、三个未知量的线性方程对应的几何图形分别是什么?
2. 包含三个未知量, 两个方程的相容线性方程组对应的几何图形是什么?
3. 欠定方程组是否一定有解? 请举例说明.
4. 超定方程组是否一定无解? 请举例说明.
5. 能否构造只有 $k(\neq 1, \infty)$ 个解的线性方程组?

0.3 线性方程组的应用

在第一节中, 我们介绍了线性方程组的两个建模实例. 在本节中, 我们将通过线性方程组的建立与求解, 探讨线性方程组在自然科学和社会科学领域更广泛的应用.

例 5 (九章算术中的线性方程组) 《九章算术》是中国古代第一部数学专著, 成书于公元一世纪左右. 由历代各家修订而成, 刘徽为其作注的《九章算术注》是宝贵的数学遗产, 流传至今.

《九章算术》共收录有 246 个数学问题, 分为九章. 在卷八“方程”中, 给出了世界上最早的完整的线性方程组解法. 西方直到 17 世纪才由莱布尼茨提出类似方

法. 同时, 在解方程中首次提出了负数的概念, 并给出了正负数的加减法则. 直到 7 世纪, 印度的婆罗摩笈多才认识到负数.

《九章算术》中每一问题都包括问, 答, 解三部分.

▶ **问**

今有上禾三秉, 中禾二秉, 下禾一秉, 实三十九斗; 上禾二秉, 中禾三秉, 下禾一秉, 实三十四斗; 上禾一秉, 中禾二秉, 下禾三秉, 实二十六斗; 问上、中、下禾实一秉各几何?

▶ **答**

答曰: 上禾一秉, 九斗四分斗之一, 中禾一秉, 四斗四分斗之一, 下禾一秉, 二斗四分斗之三.

按照现在的方法, 上述问题可表示如下: 设上禾、中禾、下禾每一束各为 x, y, z 斗, 则依据题意, 建立线性方程组

$$\begin{cases} 3x+2y+z=39, \\ 2x+3y+z=34, \\ x+2y+3z=26. \end{cases}$$

通过消元法, 可解得 $x=9.25, y=4.25, z=2.75$.

在《九章算术》中, 上述方程的求解方法称为"方程术". 其解答方法与消元法思想一致.

▶ **解**

方程术曰: 置上禾三秉, 中禾二秉, 下禾一秉, 实三十九斗, 于右方. 中、左禾列如右方. 以右行上禾遍乘中行而以直除. 又乘其次, 亦以直除. 然以中行中禾不尽者遍乘左行而以直除. 左方下禾不尽者, 上为法, 下为实. 实即下禾之实. 求中禾, 以法乘中行下实, 而除下禾之实. 余如中禾秉数而一, 即中禾之实. 求上禾亦以法乘右行下实, 而除下禾、中禾之实. 余如上禾秉数而一, 即上禾之实. 实皆如法, 各得一斗.

例 6 (化学中的线性方程组) 化学反应方程式严格遵守质量守恒定律, 书写化学反应方程式写出反应物和生成物后, 往往左右两边各原子数目不相等, 这就需要通过计算系数来配平反应式两边原子个数.

例如: 配平硫酸铁和氢氧化钠的化学反应方程式. 已知反应物和产物如下:

$$\mathrm{Fe_2(SO_4)_3 + NaOH \longrightarrow Fe(OH)_3 + Na_2SO_4}.$$

根据质量守恒定律, 设配平系数分别为 x_1, x_2, x_3, x_4, 即

$$x_1\mathrm{Fe_2(SO_4)_3} + x_2\mathrm{NaOH} = x_3\mathrm{Fe(OH)_3} + x_4\mathrm{Na_2SO_4}.$$

根据 Fe, O, H, S, Na 原子在反应式两边的原子数, 建立线性方程组如下:

$$\begin{cases} 2x_1 = x_3, \\ 12x_1 + x_2 = 3x_3 + 4x_4, \\ x_2 = 3x_3, \\ 3x_1 = x_4, \\ x_2 = 2x_4. \end{cases}$$

上述方程组是一个包含 4 个变量 5 个方程的超定方程组. 根据消元法, 该方程组的一个同解方程组为

$$\begin{cases} 2x_1 - x_3 = 0, \\ x_2 - 3x_3 = 0, \\ 3x_1 - x_4 = 0. \end{cases}$$

上述方程组是一个包含 4 个变量 3 个方程的欠定方程组. 令 $x_1 = 1$, 可以得到方程组的一组整数解 $(1, 6, 2, 3)$. 因此, 该化学反应式为

$$\mathrm{Fe_2(SO_4)_3} + 6\mathrm{NaOH} = 2\mathrm{Fe(OH)_3} + 3\mathrm{Na_2SO_4}.$$

例 7 (差分方程中的线性方程组) 在经济学和工程技术等领域中, 通常会研究随时间变化的动力系统. 按照离散时刻的测量, 可以得到研究对象的一个观测序列 $x_0, x_1, x_2, \cdots$. 若序列中第 $k+1$ 项是第 k 项的函数, 即序列满足方程

$$x_{k+1} = f(x_k),$$

则称上式为序列的**一阶差分方程** (或**递归关系**). 若上式是关于 x_{k+1}, x_k 的线性方程, 则称为**一阶线性差分方程**.

导数的离散化表示可视为一种线性差分方程, 在关于时间 t 的函数 $x(t)$ 的求导式中, 若我们令 $\Delta t = 1$, 则

$$\lim_{\Delta t \to 0} \frac{x_{t+\Delta t} - x_t}{\Delta t} = x'(t) \quad \xrightarrow{\Delta t = 1} \quad x_{t+1} - x_t = x'(t).$$

下面我们以人口变迁的动态过程为例, 建立线性差分方程.

随着中国城镇化建设的发展, 部分农村人口转移到城市, 同时也有部分城市人口转移到农村. 假设每年从农村转移到城市的人口占农村人口的比例为 10%, 城市转移到农村的人口占城市人口的 1%. 若一个地区第一年初农村人口 50 万, 城市人口 30 万, 计算第 2 年初农村和城市人口情况.

我们记 x_k, y_k 分别表示农村和城市第 k 年初的人口. 根据题意, 农村和城市第 $k+1$ 年的人口 x_{k+1}, y_{k+1} 满足下列线性方程组

$$\begin{cases} x_{k+1} = 0.9x_k + 0.01y_k, \\ y_{k+1} = 0.1x_k + 0.99y_k. \end{cases}$$

同时, 由于 $x_1 = 50, y_1 = 30$, 根据线性递推关系, 容易计算出

$$\begin{cases} x_2 = 0.9 \times 50 + 0.01 \times 30 = 45.3, \\ y_2 = 0.1 \times 50 + 0.99 \times 30 = 34.7. \end{cases}$$

我们可以不断地演算上述递推关系, 得到任意时刻农村和城市的人口数量. 实际研究中, 研究人员更关心随着时间变化, 农村和城市人口的变化趋势. 例如: 在不考虑人口减少条件下, 讨论当 $t \to \infty$ 时,

- 农村和城市的人口是否会趋于稳定?
- 稳定的情形下, 两者的人口分布将会如何?

关于这些问题, 我们将在后续章节中, 通过线性代数其他理论进行深入分析并给出回答.

▶ 课堂练习

1. 配平下列化学反应方程式.

(a) $Fe_3O_4 + Al \to Fe + Al_2O_3$;

(b) $C_2H_5OH + O_2 \to CO_2 + H_2O$.

2. 已知两直线 $l_1: y = ax + b, l_2: y = 3x + 1$, 且 l_1 经过点 $(1, 2)$, 分别计算参数 a, b 使得两直线

(a) l_1 与 l_2 垂直; (b) l_1 与 l_2 平行.

习 题 0

1. 判断下列各小题中的 a,b 两个方程组是否同解.

(1) a. $\begin{cases} x_1 + x_2 + x_3 = 1, \\ 2x_1 + 3x_2 + 4x_3 = 0, \end{cases}$ b. $\begin{cases} x_2 + 2x_3 = -2, \\ x_1 - x_3 = 3; \end{cases}$

(2) a. $\left\{ x_1 + x_2 + x_3 = 0, \right.$ b. $\begin{cases} x_1 + x_2 = 0, \\ x_2 + x_3 = 0, \\ x_1 + x_3 = 0. \end{cases}$

2. 计算参数使得下列各小题中的 a,b 两个方程组同解.

(1) a. $\begin{cases} k_1x_1+x_2=3, \\ x_1+k_2x_2=2; \end{cases}$　b. $\begin{cases} x_1+3x_2=1, \\ x_2+x_1=0. \end{cases}$

(2) a. $\begin{cases} x_1+x_2=0, \\ x_2+x_3=0, \\ \cdots\cdots\cdots\cdots \\ x_k+x_1=0; \end{cases}$　b. $\begin{cases} x_1-x_2=0, \\ x_2-x_3=0, \\ \cdots\cdots\cdots\cdots \\ x_k-x_1=0. \end{cases}$

3. 利用消元法求解下列线性方程组.

(1) $\begin{cases} x_2+4x_3=-5, \\ x_1+3x_2+5x_3=-2, \\ 3x_1+7x_2+7x_3=6; \end{cases}$　(2) $\begin{cases} x_1-3x_2+4x_3=-4, \\ 3x_1-7x_2+7x_3=-8, \\ -4x_1+6x_2-x_3=7; \end{cases}$

(3) $\begin{cases} x_1-3x_3=8, \\ 2x_1+2x_2+9x_3=7, \\ x_2+5x_3=-2; \end{cases}$　(4) $\begin{cases} x_1-3x_2=5, \\ -x_1+x_2+5x_3=2, \\ x_2+x_3=0. \end{cases}$

4. 判断下列直线、平面是否有公共交点.

(1) $y=1+4x$, $2y-x=-3$ 和 $-y-3x=4$;

(2) $x+2y+z=4$, $y-z=1$ 和 $x+3y=0$.

5. 已知两条直线

$$l_1: ax+by=c, \qquad l_2: x+y=1$$

有交点, 试分析参数 a,b,c 的取值, 并计算交点坐标.

6. 已知平面 $Ax+By+Cz+D=0$ 经过三个点 $(1,0,0),(0,1,0),(0,0,1)$, 建立线性方程组, 计算平面方程.

7. 已知平面上有三个点 $(0,0),(1,1),(2,0)$, 试回答下列问题:

(1) 是否存在一个二次曲线 $y=ax^2+bx+c$ 经过这三个点? 这样的二次曲线是否唯一?

(2) 是否存在一个三次曲线 $y=ax^3+bx^2+cx+d$ 经过这三个点? 这样的三次曲线是否唯一?

8. (房屋建筑设计问题) 一栋大楼建筑使用模块建筑技术. 每层楼的建筑设计在以下 A、B、C 三种设计方案中选择.

A：每层 18 个公寓, 包括 3 个三室单元, 7 个两室单元, 8 个一室单元;

B：每层 16 个公寓, 包括 4 个三室单元, 4 个两室单元, 8 个一室单元;

C：每层 17 个公寓, 包括 5 个三室单元, 3 个两室单元, 9 个一室单元;

问：是否可以设计该建筑, 使得恰有 66 个三室单元, 74 个两室单元,136 个一室单元? 若有, 请给出大楼设计方案.

9. (早餐的设计) 一种早餐由两种特殊食物原材料构成, 表 0.3 中列出了每种原材料提供的卡路里, 蛋白质, 碳水化合物和脂肪含量.

若人体需要 295 cal, 9 g 蛋白质, 48 g 碳水化合物, 8 g 脂肪, 问能否由上述两种食材设计出这样的早餐.

表 0.3 早餐素菜营养成分表

营养素	每种食材的营养素含量	
	牛奶	麦片
卡路里/cal	110	130
蛋白质/g	4	3
碳水化合物/g	20	18
脂肪/g	2	5

第一章 矩阵代数

一般地, 由实际工程问题所构建的线性方程组包含的未知量的个数通常会成百上千. 因此, 为了求解这类线性方程组, 我们需要引入更便捷的工具. 忽略未知量符号对方程组求解的影响, 将方程组中的系数按照未知量和方程的次序提取出来, 加以排列, 构成独立的研究对象, 这就形成了线性代数最基本的工具——矩阵. 矩阵最早由西尔维斯特 (Sylvester) 提出并使用. 英国数学家凯莱 (Cayley) 于 1858 年发表的论文《矩阵论的研究报告》将矩阵正式确立为独立的数学概念并加以研究.

詹姆斯・约瑟夫・西尔维斯特
1814—1897
英国数学家
《美国数学杂志》创始人

阿瑟・凯莱
1821—1895
英国数学家
《凯莱数学论文集》
《椭圆函数专论》

本章中, 我们对矩阵的概念、性质、运算及相关应用进行讨论.

1.1 矩　阵

定义 1.1 给定正整数 m,n, 将 $m \times n$ 个数

$$a_{ij}\ (i=1,2,\cdots,m;\ j=1,2,\cdots,n)$$

排成 m 行 n 列的数表, 记为

$$\begin{pmatrix} a_{11} & a_{12} & \cdots & a_{1n} \\ a_{21} & a_{22} & \cdots & a_{2n} \\ \vdots & \vdots & & \vdots \\ a_{m1} & a_{m2} & \cdots & a_{mn} \end{pmatrix}_{m\times n}.$$

称此数表为一个 m 行 n 列的**矩阵**, 记为 $\boldsymbol{A}_{m\times n}$ 或 $(a_{ij})_{m\times n}$. m 和 n 分别称为矩阵的**行数**和**列数**, a_{ij} 称为矩阵 $\boldsymbol{A}$ 中第 i 行 j 列的**元素**.

在不引起混淆的情况下, 矩阵一般可直接简记为大写字母 $\boldsymbol{A}, \boldsymbol{B}, \boldsymbol{C}, \boldsymbol{D}$ 等.

例 1 (特殊矩阵举例) 按照矩阵的定义, 一行 (或一列) 数可构成 $1 \times n$ (或 $n \times 1$) 的矩阵, 例如:

$$\boldsymbol{A}_{1\times n} = (a_1, a_2, \cdots, a_n)_{1\times n}, \quad \boldsymbol{B}_{n\times 1} = \begin{pmatrix} b_1 \\ b_2 \\ \vdots \\ b_n \end{pmatrix}_{n\times 1}.$$

通常, 我们也称这样类型的矩阵为**向量**.

类似地, 一个数 a 构成的矩阵为 1×1 的矩阵, 记作 $(a)_{1\times 1}$. 需特别注意, 1×1 的矩阵 $(a)_{1\times 1}$ 和数 a 在矩阵的运算中有本质差别.

例 2 (线性方程组的系数矩阵) 考虑引言中例 4 的线性方程组, 若将等式左边未知量前的系数按照未知量顺序和方程的顺序依次提取排列出来, 可以得到 2 行 2 列的矩阵如下:

$$\begin{cases} 2x_1 + 3x_2 = 5, \\ \ \ x_1 - \ \ x_2 = 0, \end{cases} \Longrightarrow \boldsymbol{A}_{2\times 2} = \begin{pmatrix} 2 & 3 \\ 1 & -1 \end{pmatrix}_{2\times 2}.$$

一般地, 我们称这样构造的矩阵为线性方程组的**系数矩阵**.

若在某个方程中, 缺少某个未知量, 则我们用 0 表示其系数, 例如:

$$\begin{cases} x_1 + 3x_2 = 1, \\ x_1 + x_3 \ \ = 0, \end{cases} \Longrightarrow \boldsymbol{A}_{2\times 3} = \begin{pmatrix} 1 & 3 & 0 \\ 1 & 0 & 1 \end{pmatrix}_{2\times 3}.$$

1.1.1 常用矩阵

本小节中, 我们罗列部分常用矩阵. 在后续内容中, 我们还将继续学习一些满足特殊条件的矩阵.

1. 零矩阵 若矩阵 $\boldsymbol{A}_{m\times n}$ 中所有元素都为 0, 则称为零矩阵, 并记作 $\boldsymbol{O}_{m\times n}$.

2. 方阵 若矩阵的行数和列数相同, 即 $m = n$, 则称为 n 阶方阵, 并简记为 $\boldsymbol{A}_n$.

在 n 阶方阵中, 从左上到右下的位置, 称为方阵的**主对角线**, 主对角线上的元素包括 $a_{11}, a_{22}, \cdots, a_{nn}$. 从右上到左下的位置, 称为方阵的**副对角线 (次对角线)**, 副对角线上的元素包括 $a_{1n}, a_{2,n-1}, \cdots, a_{n1}$.

3. 三角阵　若方阵 $\boldsymbol{A}_n$ 形如

$$\begin{pmatrix} a_{11} & 0 & \cdots & 0 \\ a_{21} & a_{22} & \cdots & 0 \\ \vdots & \vdots & \ddots & \vdots \\ a_{n1} & a_{n2} & \cdots & a_{nn} \end{pmatrix}_n \text{或} \begin{pmatrix} a_{11} & a_{12} & \cdots & a_{1n} \\ 0 & a_{22} & \cdots & a_{2n} \\ 0 & \vdots & \ddots & \vdots \\ 0 & 0 & \cdots & a_{nn} \end{pmatrix}_n.$$

即, 方阵中主对角线的上方或下方元素全为 0, 则称为三角阵. 其中, 对角线上方全为 0 的方阵称为**下三角阵**, 反之称为**上三角阵**.

4. 对角阵　若方阵 $\boldsymbol{A}_n$ 中除主对角线元素以外的所有元素为 0, 即

$$\boldsymbol{A} = \begin{pmatrix} a_{11} & 0 & \cdots & 0 \\ 0 & a_{22} & \cdots & 0 \\ \vdots & \vdots & \ddots & \vdots \\ 0 & 0 & \cdots & a_{nn} \end{pmatrix}_n.$$

则称为对角阵, 并简记为 $\boldsymbol{\Lambda}_n$ 或 $\mathrm{diag}\{a_{11}, a_{22}, \cdots, a_{nn}\}$.

5. 数量阵　若对角阵 $\boldsymbol{\Lambda}_n$ 中主对角线上所有线元素都相等, 即 $a_{11} = a_{22} = \cdots = a_{nn} = k \neq 0$, 则

$$\boldsymbol{A} = \begin{pmatrix} k & 0 & \cdots & 0 \\ 0 & k & \cdots & 0 \\ \vdots & \vdots & \ddots & \vdots \\ 0 & 0 & \cdots & k \end{pmatrix}_n$$

称为数量阵 (**纯量阵**), 并简记为 $\boldsymbol{\Lambda}_n(k)$.

6. 单位阵　若数量阵 $\boldsymbol{\Lambda}_n(k)$ 中 $k = 1$, 即

$$\boldsymbol{E}_n = \begin{pmatrix} 1 & 0 & \cdots & 0 \\ 0 & 1 & \cdots & 0 \\ \vdots & \vdots & \ddots & \vdots \\ 0 & 0 & \cdots & 1 \end{pmatrix}_n.$$

则称为单位阵. 单位阵通常用字母 $\boldsymbol{E}$ 或 $\boldsymbol{I}$ 表示, 即 n 阶单位阵记为 $\boldsymbol{E}_n$ 或 $\boldsymbol{I}_n$.

1.1.2　矩阵间的关系

给定两个矩阵 $\boldsymbol{A}_{m\times n} = (a_{ij})$, $\boldsymbol{B}_{s\times t} = (b_{ij})$, 根据两个矩阵的行数和列数, 即 m, n, s, t 以及矩阵的具体元素 a_{ij} 和 b_{ij}, 我们可以定义矩阵间的一些基本关系.

1. 同型　矩阵 $\boldsymbol{A}$ 和 $\boldsymbol{B}$ 对应的行数和列数相同, 即 $m = s, n = t$.

2. 相等　两个同型矩阵 $\boldsymbol{A}$ 和 $\boldsymbol{B}$, 对应位置元素完全相等, 即 $a_{ij} = b_{ij}$, 记作 $\boldsymbol{A} = \boldsymbol{B}$.

例 3 设矩阵

$$\boldsymbol{A}=\begin{pmatrix}\alpha & 0\\ \beta^2 & \alpha^2\end{pmatrix},\quad \boldsymbol{B}=\begin{pmatrix}\beta & 0\\ \beta+2 & 1\end{pmatrix}.$$

若 $\boldsymbol{A}=\boldsymbol{B}$, 求 α,β.

解 根据 $\boldsymbol{A}=\boldsymbol{B}$, 得

$$\alpha=\beta,\quad \beta^2=\beta+2,\quad \alpha^2=1.$$

因此, $\alpha=-1,\beta=-1$.

▶ **课堂练习**

1. 写出下列方程组的系数矩阵.

(1) $\left\{x_1+x_2+x_3=1\right.$ ；　(2) $\begin{cases}x_2-x_3=0,\\ x_1+x_3=3.\end{cases}$

2. 已知矩阵

$$\boldsymbol{A}=\begin{pmatrix}1 & 2 & 3\\ 3 & 2 & 1\end{pmatrix},\quad \boldsymbol{B}=\begin{pmatrix}1 & 3\\ 2 & 2\\ 3 & 1\end{pmatrix}.$$

求 $\boldsymbol{A},\boldsymbol{B}$ 的行数, 列数, a_{21}, b_{32}.

3. 讨论 a,b,c,d 的取值, 判定下列两个矩阵能否相等.

$$\begin{pmatrix}a & b\\ c & d\end{pmatrix},\quad \begin{pmatrix}b & -c\\ -d & -a\end{pmatrix}.$$

1.2 矩 阵 运 算

本节中, 我们将给出矩阵的常用运算法则, 并讨论这些运算的基本性质.

1. 矩阵加法 若 $\boldsymbol{A},\boldsymbol{B}$ 是两个 $m\times n$ 同型矩阵, 则 $\boldsymbol{C}=\boldsymbol{A}+\boldsymbol{B}$ 也是 $m\times n$ 矩阵, 且 $c_{ij}=a_{ij}+b_{ij}$, 即

$$\boldsymbol{C}=\boldsymbol{A}+\boldsymbol{B}=\begin{pmatrix}a_{11}+b_{11} & a_{12}+b_{12} & \cdots & a_{1n}+b_{1n}\\ a_{21}+b_{21} & a_{22}+b_{22} & \cdots & a_{2n}+b_{2n}\\ \vdots & \vdots & & \vdots\\ a_{m1}+b_{m1} & a_{m2}+b_{m2} & \cdots & a_{mn}+b_{mn}\end{pmatrix}.$$

2. 数量乘法 若 $\boldsymbol{A}$ 是 $m\times n$ 矩阵,k 是一个数, 则 $\boldsymbol{C}=k\boldsymbol{A}$ 为 $m\times n$ 型矩阵, 且 $c_{ij}=ka_{ij}$, 即

$$\boldsymbol{C}=k\boldsymbol{A}=\begin{pmatrix} ka_{11} & ka_{12} & \cdots & ka_{1n} \\ ka_{21} & ka_{22} & \cdots & ka_{2n} \\ \vdots & \vdots & & \vdots \\ ka_{m1} & ka_{m2} & \cdots & ka_{mn} \end{pmatrix}.$$

特别地, 令 $k=-1$, 记 $(-1)\boldsymbol{A}$ 为 $-\boldsymbol{A}$, 称为 $\boldsymbol{A}$ 的**负矩阵**. 根据矩阵加法, 我们可以定义**矩阵减法**

$$\boldsymbol{A}-\boldsymbol{B}=\boldsymbol{A}+(-\boldsymbol{B}).$$

在实际计算中, 显然 $a_{ij}+(-b_{ij})=a_{ij}-b_{ij}$. 因此, 矩阵减法也可由矩阵对应元素直接相减得到.

例 4 (矩阵加法及数乘) 已知矩阵

$$\boldsymbol{A}=\begin{pmatrix} 1 & 0 & 3 \\ 2 & 4 & 5 \end{pmatrix}, \quad B=\begin{pmatrix} 2 & 3 & -1 \\ 5 & 2 & 8 \end{pmatrix},$$

计算 $2\boldsymbol{A}-3\boldsymbol{B}$.

解 根据矩阵加法及数乘运算得

$$\begin{aligned} 2\boldsymbol{A}-3\boldsymbol{B} &= 2\begin{pmatrix} 1 & 0 & 3 \\ 2 & 4 & 5 \end{pmatrix}+(-3)\begin{pmatrix} 2 & 3 & -1 \\ 5 & 2 & 8 \end{pmatrix} \\ &= \begin{pmatrix} 2 & 0 & 6 \\ 4 & 8 & 10 \end{pmatrix}+\begin{pmatrix} -6 & -9 & 3 \\ -15 & -6 & -24 \end{pmatrix} \\ &= \begin{pmatrix} -4 & -9 & 9 \\ -11 & 2 & -14 \end{pmatrix}. \end{aligned}$$

定理 1.1 (矩阵加法、数乘运算性质) 若矩阵 $\boldsymbol{A},\boldsymbol{B},\boldsymbol{C}$ 是同型矩阵, k,l 是数, 则

(1) $\boldsymbol{A}+\boldsymbol{B}=\boldsymbol{B}+\boldsymbol{A}$; (2) $(\boldsymbol{A}+\boldsymbol{B})+\boldsymbol{C}=\boldsymbol{A}+(\boldsymbol{B}+\boldsymbol{C})$;

(3) $k(\boldsymbol{A}+\boldsymbol{B})=k\boldsymbol{A}+k\boldsymbol{B}$; (4) $(k+l)\boldsymbol{A}=k\boldsymbol{A}+l\boldsymbol{A}$;

(5) $\boldsymbol{O}+\boldsymbol{A}=\boldsymbol{A}$.

证明 矩阵等式的证明, 最直接的方法是讨论等式两边矩阵的元素间关系, 下面以 (4) 的证明为例, 其余证明留给读者.

记 $\boldsymbol{B}=(k+l)\boldsymbol{A}$, $\boldsymbol{C}=k\boldsymbol{A}+l\boldsymbol{A}$. 根据数量乘法及加法定义, 有

$$\boldsymbol{B}=(k+l)\boldsymbol{A}=\begin{pmatrix}(k+l)a_{11} & (k+l)a_{12} & \cdots & (k+l)a_{1n}\\ (k+l)a_{21} & (k+l)a_{22} & \cdots & (k+l)a_{2n}\\ \vdots & \vdots & & \vdots\\ (k+l)a_{m1} & (k+l)a_{m2} & \cdots & (k+l)a_{mn}\end{pmatrix}$$

$$=\begin{pmatrix}ka_{11} & ka_{12} & \cdots & ka_{1n}\\ ka_{21} & ka_{22} & \cdots & ka_{2n}\\ \vdots & \vdots & & \vdots\\ ka_{m1} & ka_{m2} & \cdots & ka_{mn}\end{pmatrix}+\begin{pmatrix}la_{11} & la_{12} & \cdots & la_{1n}\\ la_{21} & la_{22} & \cdots & la_{2n}\\ \vdots & \vdots & & \vdots\\ la_{m1} & la_{m2} & \cdots & la_{mn}\end{pmatrix}$$

$$=k\boldsymbol{A}+l\boldsymbol{A}=\boldsymbol{C}.$$

3. 矩阵乘法 若 $\boldsymbol{A}$ 是 $m\times n$ 矩阵, $\boldsymbol{B}$ 是 $n\times l$ 矩阵, 则 $\boldsymbol{A}$ 与 $\boldsymbol{B}$ 可以相乘, 记为 $\boldsymbol{C}=\boldsymbol{AB}$, 其中, $\boldsymbol{C}$ 是 $m\times l$ 矩阵, 且

$$c_{ij}=\sum_{k=1}^{n}a_{ik}b_{kj},\quad i=1,\cdots,m;\ j=1,\cdots,l.$$

微视频

矩阵乘法

注意

1. 只有当**左边矩阵的列数等于右边矩阵的行数**时, 两矩阵才能进行矩阵乘法运算;

2. 相乘后的矩阵的行数为左矩阵的行数, 列数为右矩阵的列数;

3. 矩阵乘法法则可归结为 **"左行乘右列"**, 如图 1.1 所示.

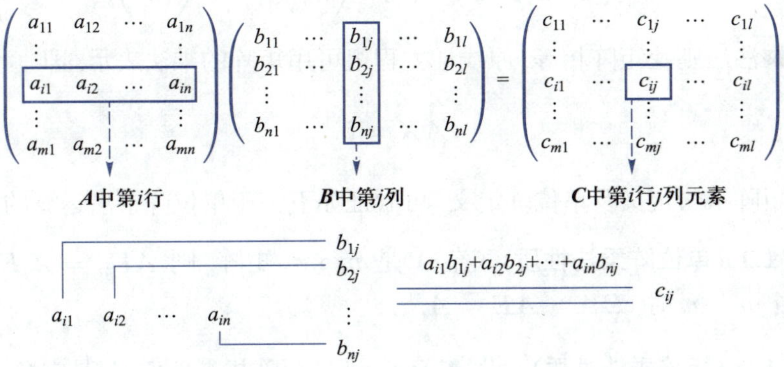

图 1.1 矩阵乘法计算法则示意图

例 5 (计算两矩阵的积) 设矩阵

$$\boldsymbol{A}=\begin{pmatrix}3 & 0 & 3\\ 0 & 1 & 2\end{pmatrix},\quad \boldsymbol{B}=\begin{pmatrix}2 & 1\\ 3 & -1\end{pmatrix}.$$

判断 $\boldsymbol{AB}$, $\boldsymbol{BA}$ 是否成立, 若成立计算其值.

解　$\boldsymbol{A}$ 是 2×3 矩阵, $\boldsymbol{B}$ 是 2×2 矩阵, 根据矩阵乘法法则, $\boldsymbol{AB}$ 不能进行乘法运算. 因此, 表达式不成立.

$\boldsymbol{BA}$ 可以计算, 且

$$\begin{aligned}\boldsymbol{BA} &= \begin{pmatrix} 2 & 1 \\ 3 & -1 \end{pmatrix}\begin{pmatrix} 3 & 0 & 3 \\ 0 & 1 & 2 \end{pmatrix} \\ &= \begin{pmatrix} 2\times 3+1\times 0 & 2\times 0+1\times 1 & 2\times 3+1\times 2 \\ 3\times 3+(-1)\times 0 & 3\times 0+(-1)\times 1 & 3\times 3+(-1)\times 2 \end{pmatrix} \\ &= \begin{pmatrix} 6 & 1 & 8 \\ 9 & -1 & 7 \end{pmatrix}.\end{aligned}$$

例 6 (线性方程组的矩阵乘法表示)　将下列线性方程组写成矩阵乘法形式

$$\begin{cases} 2x_1+3x_2+4x_3 = 1, \\ x_1+x_2+9x_3 = -7, \\ x_1+2x_2-6x_3 = 9. \end{cases}$$

解　类似于方程组的系数矩阵表示方法, 令 $\boldsymbol{A}$,$\boldsymbol{X}$,$\boldsymbol{b}$ 分别表示方程组的系数矩阵, 未知量矩阵, 常数项矩阵如下:

$$\boldsymbol{A} = \begin{pmatrix} 2 & 3 & 4 \\ 1 & 1 & 9 \\ 1 & 2 & -6 \end{pmatrix}, \boldsymbol{X} = \begin{pmatrix} x_1 \\ x_2 \\ x_3 \end{pmatrix}, \boldsymbol{b} = \begin{pmatrix} 1 \\ -7 \\ 9 \end{pmatrix}.$$

根据矩阵乘法法则及矩阵相等, 原线性方程组可用矩阵的乘法表示, 即

$$\boldsymbol{AX} = \boldsymbol{b}.$$

根据矩阵乘法定义及单位阵定义, 可验证如下关于单位阵乘法运算的重要性质.

性质 1.1 (单位阵乘法性质)　若 $\boldsymbol{A}$ 是 $m\times n$ 矩阵, 则 $\boldsymbol{AE}_n = \boldsymbol{A}$,$\boldsymbol{E}_m\boldsymbol{A} = \boldsymbol{A}$. 特别地, 当 $m = n$ 时, $\boldsymbol{EA} = \boldsymbol{AE} = \boldsymbol{A}$.

定理 1.2 (矩阵乘法性质)　设 $\boldsymbol{A}$,$\boldsymbol{B}$,$\boldsymbol{C}$ 满足矩阵相乘条件, k 是常数, 则以下等式成立.

(1) $\boldsymbol{A}(\boldsymbol{BC}) = (\boldsymbol{AB})\boldsymbol{C}$;　　(2) $\boldsymbol{A}(\boldsymbol{B}+\boldsymbol{C}) = \boldsymbol{AB}+\boldsymbol{AC}$;

(3) $(\boldsymbol{B}+\boldsymbol{C})\boldsymbol{A} = \boldsymbol{BA}+\boldsymbol{CA}$;　　(4) $k(\boldsymbol{AB}) = (k\boldsymbol{A})\boldsymbol{B} = \boldsymbol{A}(k\boldsymbol{B})$.

定理的证明留给读者.

与数的乘法有所不同, 对于矩阵乘法以下各项需特别注意.

矩阵乘法特别注意

1. 一般情况下, $\boldsymbol{AB} \neq \boldsymbol{BA}$, 即矩阵乘法不满足交换律;
2. 若 $\boldsymbol{AB} = \boldsymbol{AC}$, 一般情况下, $\boldsymbol{B} \neq \boldsymbol{C}$;
3. 若 $\boldsymbol{AB} = \boldsymbol{O}$, 一般情况下, 不能断定 $\boldsymbol{A} = \boldsymbol{O}$ 或 $\boldsymbol{B} = \boldsymbol{O}$.

4. 矩阵幂 若 $\boldsymbol{A}$ 是方阵, n 是一个正整数, 则 n 个 $\boldsymbol{A}$ 相乘有意义, 并称为 $\boldsymbol{A}$ 的 n 次幂, 记为

$$\boldsymbol{A}^n = \underbrace{\boldsymbol{A} \cdots \boldsymbol{A}}_{n\text{ 个}}.$$

特别地, 我们记 $\boldsymbol{A}^0 = \boldsymbol{E}$.

例 7 (方阵的幂运算) 设方阵

$$\boldsymbol{A} = \begin{pmatrix} 1 & 0 & 0 \\ 0 & 2 & 0 \\ 0 & 0 & 3 \end{pmatrix}.$$

计算 $\boldsymbol{A}$ 的 2,3 次幂, 并归纳计算 $\boldsymbol{A}$ 的 n 次幂.

解 按照方阵幂运算的定义, 得

$$\boldsymbol{A}^2 = \begin{pmatrix} 1 & 0 & 0 \\ 0 & 2 & 0 \\ 0 & 0 & 3 \end{pmatrix}\begin{pmatrix} 1 & 0 & 0 \\ 0 & 2 & 0 \\ 0 & 0 & 3 \end{pmatrix} = \begin{pmatrix} 1 & 0 & 0 \\ 0 & 4 & 0 \\ 0 & 0 & 9 \end{pmatrix},$$

$$\boldsymbol{A}^3 = \boldsymbol{A}^2\boldsymbol{A} = \begin{pmatrix} 1 & 0 & 0 \\ 0 & 4 & 0 \\ 0 & 0 & 9 \end{pmatrix}\begin{pmatrix} 1 & 0 & 0 \\ 0 & 2 & 0 \\ 0 & 0 & 3 \end{pmatrix} = \begin{pmatrix} 1 & 0 & 0 \\ 0 & 8 & 0 \\ 0 & 0 & 27 \end{pmatrix}.$$

根据上述结果, 归纳总结可得

$$\boldsymbol{A}^n = \begin{pmatrix} 1^n & 0 & 0 \\ 0 & 2^n & 0 \\ 0 & 0 & 3^n \end{pmatrix}.$$

一般地, 若 $\boldsymbol{A}$ 为对角阵 $\operatorname{diag}\{a_{11}, a_{22}, \cdots, a_{nn}\}$, 则

$$\boldsymbol{A}^n = \operatorname{diag}\{a_{11}^n, a_{22}^n, \cdots, a_{nn}^n\}.$$

例 8 (矩阵乘法性质应用) 设 $\boldsymbol{A},\boldsymbol{B}$ 是任意两个 n 阶方阵, $\boldsymbol{E}$ 是 n 阶单位阵, 判定下列等式是否正确.

(1) $(\boldsymbol{A}+\boldsymbol{B})^2=\boldsymbol{A}^2+2\boldsymbol{AB}+\boldsymbol{B}^2$,

(2) $(\boldsymbol{A}-\boldsymbol{B})(\boldsymbol{A}+\boldsymbol{B})=\boldsymbol{A}^2-\boldsymbol{B}^2$,

(3) $(\boldsymbol{A}+\boldsymbol{E})^2=\boldsymbol{A}^2+2\boldsymbol{A}+\boldsymbol{E}$.

解 对于 (1), 根据方阵的幂运算及矩阵的乘法的分配律, 得

$$(\boldsymbol{A}+\boldsymbol{B})^2=(\boldsymbol{A}+\boldsymbol{B})(\boldsymbol{A}+\boldsymbol{B})=\boldsymbol{A}(\boldsymbol{A}+\boldsymbol{B})+\boldsymbol{B}(\boldsymbol{A}+\boldsymbol{B})=\boldsymbol{A}^2+\boldsymbol{AB}+\boldsymbol{BA}+\boldsymbol{B}^2.$$

一般地, $\boldsymbol{AB}\neq\boldsymbol{BA}$, 所以 $(\boldsymbol{A}+\boldsymbol{B})^2\neq\boldsymbol{A}^2+2\boldsymbol{AB}+\boldsymbol{B}^2$.

类似地, 对于 (2), 可得

$$(\boldsymbol{A}-\boldsymbol{B})(\boldsymbol{A}+\boldsymbol{B})=\boldsymbol{A}(\boldsymbol{A}+\boldsymbol{B})-\boldsymbol{B}(\boldsymbol{A}+\boldsymbol{B})=\boldsymbol{A}^2+\boldsymbol{AB}-\boldsymbol{BA}-\boldsymbol{B}^2.$$

同样地, $\boldsymbol{AB}-\boldsymbol{BA}\neq\boldsymbol{O}$, 因此 $(\boldsymbol{A}-\boldsymbol{B})(\boldsymbol{A}+\boldsymbol{B})\neq\boldsymbol{A}^2-\boldsymbol{B}^2$.

对于 (3), 可得

$$(\boldsymbol{A}+\boldsymbol{E})^2=(\boldsymbol{A}+\boldsymbol{E})(\boldsymbol{A}+\boldsymbol{E})=\boldsymbol{A}(\boldsymbol{A}+\boldsymbol{E})+\boldsymbol{E}(\boldsymbol{A}+\boldsymbol{E})=\boldsymbol{A}^2+\boldsymbol{AE}+\boldsymbol{EA}+\boldsymbol{E}^2.$$

由单位阵的乘法性质, $\boldsymbol{AE}=\boldsymbol{EA}=\boldsymbol{A}$, 因此

$$(\boldsymbol{A}+\boldsymbol{E})^2=\boldsymbol{A}^2+2\boldsymbol{A}+\boldsymbol{E}.$$

同理, 下列两式也成立.

$$(\boldsymbol{A}-\boldsymbol{E})^2=\boldsymbol{A}^2-2\boldsymbol{A}+\boldsymbol{E},$$
$$(\boldsymbol{A}+\boldsymbol{E})(\boldsymbol{A}-\boldsymbol{E})=(\boldsymbol{A}-\boldsymbol{E})(\boldsymbol{A}+\boldsymbol{E})=\boldsymbol{A}^2-\boldsymbol{E}.$$

在引言例 7 中, 我们引入线性差分方程, 给出了人口变迁的线性模型. 下面我们利用矩阵对该模型进行进一步讨论.

例 9 (线性差分方程中的幂运算) 根据引言中问题的描述, 利用矩阵, 我们将第 i 年的农村、城市人口记为 2×1 的矩阵 $\boldsymbol{S}_i$, 如下:

$$\boldsymbol{S}_1=\begin{pmatrix}x_1\\y_1\end{pmatrix},\quad \boldsymbol{S}_2=\begin{pmatrix}x_2\\y_2\end{pmatrix},\cdots,\boldsymbol{S}_t=\begin{pmatrix}x_t\\y_t\end{pmatrix},\cdots.$$

其中, x_i 表示第 i 年农村人口, y_i 表示第 i 年城市人口.

再根据问题描述, 每年农村转移到城市的人口占农村人口的 0.1, 城市转移到农村的人口占城市人口的 0.01, 由此, 构造 2 阶方阵

$$\boldsymbol{T}=\begin{pmatrix}0.9&0.01\\0.1&0.99\end{pmatrix}.$$

称此方阵 $\boldsymbol{T}$ 为线性差分系统的**状态转移矩阵**. 因此, 该线性差分系统第 $t+1$ 时刻的状态, 可记为如下矩阵形式.

$$\boldsymbol{S}_{t+1}=\boldsymbol{T}\boldsymbol{S}_t=\begin{pmatrix}0.9 & 0.01\\ 0.1 & 0.99\end{pmatrix}\boldsymbol{S}_t.$$

根据递推关系, 可得

$$\boldsymbol{S}_{t+1}=\boldsymbol{T}\boldsymbol{S}_t=\boldsymbol{T}^2\boldsymbol{S}_{t-1}=\cdots=\boldsymbol{T}^t\boldsymbol{S}_1.$$

因此要计算第 $t+1$ 年的人口分布, 需计算状态转移矩阵 $\boldsymbol{T}$ 的 t 次幂. 而要讨论系统最终状态, 则等价分析

$$\lim_{n\to\infty}\boldsymbol{T}^n.$$

关于一些特殊矩阵的高次幂运算, 我们将在第五章给出一种简单的计算方法.

5. 矩阵转置 若将矩阵 $\boldsymbol{A}_{m\times n}$ 的行列互换, 得到 $n\times m$ 型矩阵 $\boldsymbol{B}_{n\times m}$, 且元素满足 $a_{ij}=b_{ji}$, 则称 $\boldsymbol{B}$ 为 $\boldsymbol{A}$ 的转置, 记作 $\boldsymbol{B}=\boldsymbol{A}^{\mathrm{T}}$. 显然, 若 $\boldsymbol{B}=\boldsymbol{A}^{\mathrm{T}}$, 则 $\boldsymbol{A}=\boldsymbol{B}^{\mathrm{T}}$.

若方阵 $\boldsymbol{A}$ 满足 $\boldsymbol{A}^{\mathrm{T}}=\boldsymbol{A}$, 则称 $\boldsymbol{A}$ 为**对称阵**. 显然, 对角阵都为对称阵.

若方阵 $\boldsymbol{A}$ 满足 $\boldsymbol{A}^{\mathrm{T}}=-\boldsymbol{A}$, 则称 $\boldsymbol{A}$ 为**反对称阵**.

例 10 计算下列矩阵的转置.

$$\boldsymbol{A}=\begin{pmatrix}1 & 3 & 5\\ 2 & 4 & 6\end{pmatrix},\quad \boldsymbol{B}=\begin{pmatrix}1 & -1\\ -1 & 1\end{pmatrix},\quad \boldsymbol{C}=\begin{pmatrix}0 & -1\\ 1 & 0\end{pmatrix}.$$

解 根据定义, 我们有

$$\boldsymbol{A}^{\mathrm{T}}=\begin{pmatrix}1 & 2\\ 3 & 4\\ 5 & 6\end{pmatrix},\quad \boldsymbol{B}^{\mathrm{T}}=\begin{pmatrix}1 & -1\\ -1 & 1\end{pmatrix},\quad \boldsymbol{C}^{\mathrm{T}}=\begin{pmatrix}0 & 1\\ -1 & 0\end{pmatrix}.$$

根据定义, 可以看出 $\boldsymbol{B}=\boldsymbol{B}^{\mathrm{T}}$, 因此 $\boldsymbol{B}$ 为对称阵. 而 $\boldsymbol{C}=-\boldsymbol{C}^{\mathrm{T}}$, 因此 $\boldsymbol{C}$ 为反对称阵.

由向量运算, 我们知道两个向量 $\boldsymbol{\alpha}=(a_1,a_2,\cdots,a_n)$, $\boldsymbol{\beta}=(b_1,b_2,\cdots,b_n)$ 的内积计算如下

$$\boldsymbol{\alpha}\cdot\boldsymbol{\beta}=a_1b_1+a_2b_2+\cdots+a_nb_n.$$

若我们将向量视为矩阵, 则向量的内积运算可视为如下两个矩阵的乘法运算.

$$\boldsymbol{\alpha}\cdot\boldsymbol{\beta}=\boldsymbol{\alpha}\boldsymbol{\beta}^{\mathrm{T}}.$$

定理 1.3 设 $\boldsymbol{A}$,$\boldsymbol{B}$ 满足下列矩阵运算的成立条件, k 是常数, 则以下等式成立.

(1) $(\boldsymbol{A}^{\mathrm{T}})^{\mathrm{T}}=\boldsymbol{A}$; (2) $(\boldsymbol{A}+\boldsymbol{B})^{\mathrm{T}}=\boldsymbol{A}^{\mathrm{T}}+\boldsymbol{B}^{\mathrm{T}}$;

(3) $(k\boldsymbol{A})^{\mathrm{T}}=k\boldsymbol{A}^{\mathrm{T}}$; (4) $(\boldsymbol{A}\boldsymbol{B})^{\mathrm{T}}=\boldsymbol{B}^{\mathrm{T}}\boldsymbol{A}^{\mathrm{T}}$.

由乘法运算的注意事项可知, 一般情况下, $\boldsymbol{AB}=\boldsymbol{O}$, 不一定能得到 $\boldsymbol{A}$ 或 $\boldsymbol{B}$ 为 $\boldsymbol{O}$. 但在下列特殊条件下, 结论成立.

例 11 设 $\boldsymbol{A}$ 是 n 阶方阵. 证明: 若 $\boldsymbol{A}\boldsymbol{A}^{\mathrm{T}}=\boldsymbol{O}$, 则 $\boldsymbol{A}=\boldsymbol{O}$.

证明 考虑 $\boldsymbol{A}\boldsymbol{A}^{\mathrm{T}}$ 的元素, 我们有

$$\boldsymbol{A}\boldsymbol{A}^{\mathrm{T}}=\begin{pmatrix} a_{11} & a_{12} & \cdots & a_{1n} \\ a_{21} & a_{22} & \cdots & a_{2n} \\ \vdots & \vdots & & \vdots \\ a_{n1} & a_{n2} & \cdots & a_{nn} \end{pmatrix}\begin{pmatrix} a_{11} & a_{21} & \cdots & a_{n1} \\ a_{12} & a_{22} & \cdots & a_{n2} \\ \vdots & \vdots & & \vdots \\ a_{1n} & a_{2n} & \cdots & a_{nn} \end{pmatrix}$$

$$=\begin{pmatrix} \sum_{j=1}^{n} a_{1j}^2 & \sum_{j=1}^{n} a_{1j}a_{2j} & \cdots & \sum_{j=1}^{n} a_{1j}a_{nj} \\ \sum_{j=1}^{n} a_{2j}a_{1j} & \sum_{j=1}^{n} a_{2j}^2 & \cdots & \sum_{j=1}^{n} a_{2j}a_{nj} \\ \vdots & \vdots & & \vdots \\ \sum_{j=1}^{n} a_{nj}a_{1j} & \sum_{j=1}^{n} a_{nj}a_{2j} & \cdots & \sum_{j=1}^{n} a_{nj}^2 \end{pmatrix}.$$

因为 $\boldsymbol{A}\boldsymbol{A}^{\mathrm{T}}=\boldsymbol{O}$, 考察主对角线上元素, 得

$$\sum_{j=1}^{n} a_{ij}^2=0, i=1,2,\cdots,n.$$

因此, $a_{ij}=0, i,j=1,2,\cdots,n$, 即 $\boldsymbol{A}=\boldsymbol{O}$.

将表格视为矩阵, 利用矩阵的各种运算, 我们可以批量的处理这些具有相同计算过程的数据, 从而提高实际计算效率.

例 12 (经济学中的矩阵运算) 某公司生产 4 种产品, 每种产品成本分为三类: 原料、人工、管理. 表 1.1 给出了各种产品对应的各类成本. 表 1.2 给出了该公司第一季度每月的产量. 季度总结会上, 根据这两张表展示一季度每个月的各类成本.

我们用矩阵的思想考虑该问题, 将表 1.1 和表 1.2 表示为以下两个矩阵

$$\boldsymbol{C}=\begin{pmatrix} 1 & 2 & 4 & 1 \\ 3 & 5 & 7 & 1 \\ 1 & 1 & 2 & 1 \end{pmatrix}, \quad \boldsymbol{M}=\begin{pmatrix} 100 & 400 & 300 \\ 600 & 100 & 300 \\ 260 & 350 & 320 \\ 400 & 200 & 300 \end{pmatrix}.$$

表 1.1 各类成本表

成本	产品			
	A	B	C	D
原料	1	2	4	1
人工	3	5	7	1
管理	1	1	2	1

表 1.2 第一季度月产量表

产品	月份		
	一月	二月	三月
A	100	400	300
B	600	100	300
C	260	350	320
D	400	200	300

因此第一季度每个月的各类生产成本为

$$\boldsymbol{D}=\boldsymbol{CM}=\begin{pmatrix}2\,740 & 2\,200 & 2\,480\\ 5\,520 & 4\,350 & 4\,940\\ 1\,620 & 1\,400 & 1\,540\end{pmatrix}.$$

若要计算每个月的生产总成本和一个季度的各类生产成本, 我们可以在上述矩阵的基础上分别进行以下计算.

$$\boldsymbol{G}=(1\ 1\ 1)\cdot\boldsymbol{D}=(9\,880\ 7\,950\ 8\,960),\quad \boldsymbol{F}=\boldsymbol{D}\cdot(1\ 1\ 1)^{\mathrm{T}}=(7\,420\ 14\,810\ 4\,560)^{\mathrm{T}}.$$

以上 $\boldsymbol{D},\boldsymbol{G},\boldsymbol{F}$, 转换为报表, 见表 1.3.

表 1.3 第一季度月生产成本表

成本	月份			各类总成本
	一月	二月	三月	
原料	2 740	2 200	2 480	7 420
人工	5 520	4 350	4 940	14 810
管理	1 620	1 400	1 540	4 560
每月总成本	9 880	7 950	8 960	26 790

▶ **课堂练习**

1. 已知矩阵

$$A = \begin{pmatrix} 1 & 3 & 2 \\ -1 & 2 & 1 \end{pmatrix}, \quad B = \begin{pmatrix} 2 & 4 \\ 1 & -1 \end{pmatrix}.$$

计算: (1) $B + B^{\mathrm{T}}$; (2) $(BA)^{\mathrm{T}}$; (3) $A^{\mathrm{T}}BA$; (4) $(3B - 2B^{\mathrm{T}})A$.

2. 分别构造矩阵 $A \neq E$ 和 O, 满足如下条件:

(1) $A^2 = A$; (2) $A^2 = O$; (3) $AA^{\mathrm{T}} = A$.

1.3 分块矩阵

正如函数讨论中那样, 有时为了便于计算, 我们通过换元的思想将复杂函数表达式变得简洁. 同样, 在处理高阶矩阵时, 我们也可以将矩阵看作是由一些小矩阵组成, 并将这些小矩阵视为一个整块进行处理, 这样高阶的矩阵就能化为较低阶的矩阵形式.

作为矩阵分析中的一个重要方法, 我们首先给出分块矩阵的定义.

定义 1.2 给定一个矩阵 A, 根据需要, 以横线和纵线, 将其分成若干低阶的矩阵, 每一个低阶的矩阵称为 A 的一个**子矩阵**, 以这些子矩阵为元素的矩阵称为**分块矩阵**.

给定一个矩阵, 分块的方法是不唯一的, 重要的是根据问题的需要选择合理的分块方式. 例如下列图示都是同一矩阵的不同分块方式.

$$\left(\begin{array}{cc:c} a_{11} & a_{12} & a_{13} \\ \hdashline a_{21} & a_{22} & a_{23} \\ a_{31} & a_{32} & a_{33} \end{array}\right), \quad \left(\begin{array}{c:cc} a_{11} & a_{12} & a_{13} \\ \hdashline a_{21} & a_{22} & a_{23} \\ \hdashline a_{31} & a_{32} & a_{33} \end{array}\right), \quad \left(\begin{array}{c:c:c} a_{11} & a_{12} & a_{13} \\ a_{21} & a_{22} & a_{23} \\ a_{31} & a_{32} & a_{33} \end{array}\right).$$

分块矩阵的运算服从矩阵的运算法则, 需特别注意在块的划分上需满足矩阵运算的条件.

1. 分块矩阵加法 若 $m \times n$ 型矩阵 A,B 同型, 且有相同的 $r \times s$ 分块形式, 则 $A + B$ 也是 $r \times s$ 的分块矩阵, 且满足

$$C = A + B = \begin{pmatrix} A_{11} + B_{11} & A_{12} + B_{12} & \cdots & A_{1s} + B_{1s} \\ A_{21} + B_{21} & A_{22} + B_{22} & \cdots & A_{2s} + B_{2s} \\ \vdots & \vdots & & \vdots \\ A_{r1} + B_{r1} & A_{r2} + B_{r2} & \cdots & A_{rs} + B_{rs} \end{pmatrix}.$$

其中 $\boldsymbol{A}_{ij},\boldsymbol{B}_{ij},i=1,\cdots,r,j=1,\cdots,s$ 是 $\boldsymbol{A},\boldsymbol{B}$ 的子矩阵.

2. 分块矩阵数量乘法 若 $m\times n$ 型矩阵 $\boldsymbol{A}$ 有 $r\times s$ 的分块形式, 则 $k\boldsymbol{A}$ 也是 $r\times s$ 的分块矩阵, 且

$$k\boldsymbol{A}=\begin{pmatrix} k\boldsymbol{A}_{11} & k\boldsymbol{A}_{12} & \cdots & k\boldsymbol{A}_{1s}\\ k\boldsymbol{A}_{21} & k\boldsymbol{A}_{22} & \cdots & k\boldsymbol{A}_{2s}\\ \vdots & \vdots & & \vdots\\ k\boldsymbol{A}_{r1} & k\boldsymbol{A}_{r2} & \cdots & k\boldsymbol{A}_{rs}\end{pmatrix}.$$

3. 分块矩阵乘法 若 $m\times n$ 型矩阵 $\boldsymbol{A}$ 和 $n\times l$ 型矩阵 $\boldsymbol{B}$ 分别具有 $r\times s$ 和 $s\times t$ 的分块形式, 且子块 $\boldsymbol{A}_{ik}$ 与 $\boldsymbol{B}_{kj}$ 满足矩阵乘法条件, 则 $\boldsymbol{A},\boldsymbol{B}$ 可以进行分块矩阵相乘,

$$\boldsymbol{C}=\boldsymbol{AB}=\begin{pmatrix} \boldsymbol{A}_{11} & \boldsymbol{A}_{12} & \cdots & \boldsymbol{A}_{1s}\\ \boldsymbol{A}_{21} & \boldsymbol{A}_{22} & \cdots & \boldsymbol{A}_{2s}\\ \vdots & \vdots & & \vdots\\ \boldsymbol{A}_{r1} & \boldsymbol{A}_{r2} & \cdots & \boldsymbol{A}_{rs}\end{pmatrix}\begin{pmatrix} \boldsymbol{B}_{11} & \cdots & \boldsymbol{B}_{1t}\\ \boldsymbol{B}_{21} & & \boldsymbol{B}_{2t}\\ \vdots & & \vdots\\ \boldsymbol{B}_{s1} & \cdots & \boldsymbol{B}_{st}\end{pmatrix}.$$

其中 $\boldsymbol{C}$ 为 $r\times t$ 型分块矩阵, 且子块 $\boldsymbol{C}_{ij}=\sum\limits_{k=1}^{s}\boldsymbol{A}_{ik}\boldsymbol{B}_{kj}$.

引入分块矩阵可以帮助我们简化计算.

例 13 利用分块矩阵乘法计算下列两个矩阵的乘积.

$$\boldsymbol{A}=\left(\begin{array}{cc:cc} 1 & 0 & 1 & 2\\ 0 & 1 & 0 & 1\\ \hdashline 2 & 1 & 0 & 0\\ 3 & 2 & 0 & 0\end{array}\right),\quad \boldsymbol{B}=\left(\begin{array}{cc:c} 1 & 3 & 0\\ 3 & 0 & 0\\ \hdashline 1 & 0 & 1\\ 0 & 1 & 1\end{array}\right).$$

解 根据题中分块方式, 记

$$\boldsymbol{A}=\left(\begin{array}{c:c} \boldsymbol{A}_1 & \boldsymbol{A}_2\\ \hdashline \boldsymbol{A}_3 & \boldsymbol{A}_4\end{array}\right),\quad \boldsymbol{B}=\left(\begin{array}{c:c} \boldsymbol{B}_1 & \boldsymbol{B}_2\\ \hdashline \boldsymbol{B}_3 & \boldsymbol{B}_4\end{array}\right),$$

则

$$\boldsymbol{AB}=\left(\begin{array}{c:c} \boldsymbol{A}_1\boldsymbol{B}_1+\boldsymbol{A}_2\boldsymbol{B}_3 & \boldsymbol{A}_1\boldsymbol{B}_2+\boldsymbol{A}_2\boldsymbol{B}_4\\ \hdashline \boldsymbol{A}_3\boldsymbol{B}_1+\boldsymbol{A}_4\boldsymbol{B}_3 & \boldsymbol{A}_3\boldsymbol{B}_2+\boldsymbol{A}_4\boldsymbol{B}_4\end{array}\right),$$

其中, $\boldsymbol{A}_1=\boldsymbol{B}_3=\boldsymbol{E}_2$, $\boldsymbol{A}_4=\boldsymbol{O}$, $\boldsymbol{B}_2=\boldsymbol{O}$. 因此, 有

$$\boldsymbol{AB}=\left(\begin{array}{c:c} \boldsymbol{B}_1+\boldsymbol{A}_2 & \boldsymbol{A}_2\boldsymbol{B}_4\\ \hdashline \boldsymbol{A}_3\boldsymbol{B}_1 & \boldsymbol{O}\end{array}\right)=\begin{pmatrix} 2 & 5 & 3\\ 3 & 1 & 1\\ 5 & 6 & 0\\ 9 & 9 & 0\end{pmatrix}.$$

例 14 设 $\boldsymbol{A}, \boldsymbol{B}$ 分别是 2×3,3×2 型矩阵, 且分别按照列和行进行分块如下:

$$\boldsymbol{A}=\left(\begin{array}{c:c:c}1 & 2 & 0\\ 2 & 0 & -1\end{array}\right),\quad \boldsymbol{B}=\left(\begin{array}{cc}3 & 1\\ \hdashline 2 & 0\\ \hdashline -1 & 1\end{array}\right).$$

验证

$$\boldsymbol{AB}=col_1(\boldsymbol{A})row_1(\boldsymbol{B})+col_2(\boldsymbol{A})row_2(\boldsymbol{B})+col_3(\boldsymbol{A})row_3(\boldsymbol{B}).$$

其中, $col_j(\boldsymbol{A}), j=1,2,3$ 指 $\boldsymbol{A}$ 的第 j 列, $row_i(\boldsymbol{B}), i=1,2,3$ 指 $\boldsymbol{B}$ 的第 i 行.

解 按照矩阵乘法法则, 得

$$\begin{aligned}col_1(\boldsymbol{A})row_1(\boldsymbol{B})&=\begin{pmatrix}1\\2\end{pmatrix}\begin{pmatrix}3 & 1\end{pmatrix}=\begin{pmatrix}3 & 1\\6 & 2\end{pmatrix},\\ col_2(\boldsymbol{A})row_2(\boldsymbol{B})&=\begin{pmatrix}2\\0\end{pmatrix}\begin{pmatrix}2 & 0\end{pmatrix}=\begin{pmatrix}4 & 0\\0 & 0\end{pmatrix},\\ col_3(\boldsymbol{A})row_3(\boldsymbol{B})&=\begin{pmatrix}0\\-1\end{pmatrix}\begin{pmatrix}-1 & 1\end{pmatrix}=\begin{pmatrix}0 & 0\\1 & -1\end{pmatrix}.\end{aligned}$$

因此, 有

$$\begin{pmatrix}3 & 1\\6 & 2\end{pmatrix}+\begin{pmatrix}4 & 0\\0 & 0\end{pmatrix}+\begin{pmatrix}0 & 0\\1 & -1\end{pmatrix}=\begin{pmatrix}7 & 1\\7 & 1\end{pmatrix}=\boldsymbol{AB}.$$

根据分块矩阵的乘法运算及例 14, 可以得到矩阵乘法的行列展开表述.

定理 1.4 (矩阵乘法的行列展开) 设 $\boldsymbol{A}$ 是 $m\times n$ 矩阵, $\boldsymbol{B}$ 是 $n\times l$ 矩阵, 且 $\boldsymbol{A}, \boldsymbol{B}$ 分别按照列和行分块, 则

$$\begin{aligned}\boldsymbol{AB}&=(col_1(\boldsymbol{A}), col_2(\boldsymbol{A}),\cdots, col_n(\boldsymbol{A}))\begin{pmatrix}row_1(\boldsymbol{B})\\row_2(\boldsymbol{B})\\\vdots\\row_n(\boldsymbol{B})\end{pmatrix}\\&=col_1(\boldsymbol{A})row_1(\boldsymbol{B})+col_2(\boldsymbol{A})row_2(\boldsymbol{B})+\cdots+col_n(\boldsymbol{A})row_n(\boldsymbol{B}).\end{aligned}$$

证明 根据分块矩阵的乘法定义, 只需考虑 $\boldsymbol{AB}$ 中第 i 行 j 列元素的计算, 即可完成证明.

▶ **课堂练习**

已知矩阵 $\boldsymbol{A}, \boldsymbol{B}$ 分块如下:

$$\boldsymbol{A}=\left(\begin{array}{cc:c}1 & 0 & 2\\0 & 1 & 1\\ \hdashline 4 & 3 & 0\end{array}\right),\quad \boldsymbol{B}=\left(\begin{array}{c:cc}3 & 0 & 0\\5 & 1 & 0\\ \hdashline 4 & 3 & 0\end{array}\right).$$

判断 $\boldsymbol{AB}, \boldsymbol{BA}$ 能否按照分块矩阵乘法进行计算, 若能计算, 计算出其值.

1.4 矩阵初等变换与等价标准形

在本节中, 我们进一步讨论消元法的本质, 并将其应用于矩阵加以分析和讨论.

1.4.1 矩阵初等变换

在引言中, 我们定义了线性方程组消元法的三种变换, 将这三种变换应用至矩阵的行或列上, 我们可以定义矩阵的三种初等行 (列) 变换.

矩阵的三种初等行 (列) 变换

1. **交换行 (列) 变换** 交换矩阵 $\boldsymbol{A}$ 中的第 i 行 (列) 和第 j 行 (列), $i \neq j$, 记作 $r_i \leftrightarrow r_j(c_i \leftrightarrow c_j)$;
2. **倍乘行 (列) 变换** 以常数 k 乘矩阵 $\boldsymbol{A}$ 中的第 i 行 (列), $k \neq 0$, 记作 $kr_i(kc_i)$;
3. **加乘行 (列) 变换** 将矩阵 $\boldsymbol{A}$ 中第 j 行 (列) 乘 k 加到 $\boldsymbol{A}$ 中的第 i 行 (列) 上, 记作 $r_i + kr_j(c_i + kc_j)$.

矩阵的初等行变换和初等列变换统称为矩阵的**初等变换**. 矩阵的初等变换是线性代数的基本工具. 通过以下例题, 我们熟悉它的使用.

例 15 设矩阵

$$\boldsymbol{A}=\begin{pmatrix}1 & 2 & 3\\4 & 5 & 6\\7 & 8 & 9\end{pmatrix}.$$

计算矩阵 $\boldsymbol{A}$ 依次施行以下初等变换后的结果.

$$r_2+(-4)r_1,\quad r_3+(-7)r_1,\quad r_3+(-2)r_2,\quad -\frac{1}{3}r_2.$$

解　根据矩阵的初等变换定义, 我们得到

$$\begin{pmatrix}1&2&3\\4&5&6\\7&8&9\end{pmatrix}\xrightarrow[r_3+(-7)r_1]{r_2+(-4)r_1}\begin{pmatrix}1&2&3\\0&-3&-6\\0&-6&-12\end{pmatrix}$$

$$\xrightarrow[-\frac{1}{3}r_2]{r_3+(-2)r_2}\begin{pmatrix}1&2&3\\0&1&2\\0&0&0\end{pmatrix}.$$

在对一个矩阵进行一系列初等变换时, 变换具有顺序性, 后一变换应当在前一变换的结果基础之上再进行, 变换的先后顺序直接影响变换后的结果.

例 16　对矩阵

$$\begin{pmatrix}1&1\\1&1\end{pmatrix}$$

依次施行初等变换 r_1-r_2, r_2-r_1, 计算变换后的结果.

解　根据矩阵初等变换定义, 有

$$\begin{pmatrix}1&1\\1&1\end{pmatrix}\xrightarrow{r_1-r_2}\begin{pmatrix}0&0\\1&1\end{pmatrix}\xrightarrow{r_2-r_1}\begin{pmatrix}0&0\\1&1\end{pmatrix}.$$

▶ **课堂练习**

将例 15 中的初等变换顺序反过来对矩阵 $\boldsymbol{A}$ 进行变换, 计算变换后的结果.

1.4.2　矩阵等价标准形及计算

从例 15 中, 我们看到, 对一个矩阵 $\boldsymbol{A}$ 实施初等变换后, 矩阵 $\boldsymbol{A}$ 变为另一矩阵 $\boldsymbol{B}$. 一般情况下, $\boldsymbol{A}$ 与 $\boldsymbol{B}$ 已经不再相等. 因此, 为刻画 $\boldsymbol{A}$ 与 $\boldsymbol{B}$ 之间的关系, 我们引入矩阵等价的定义.

定义 1.3　若矩阵 $\boldsymbol{A}$ 经过有限次初等变换后得到另一矩阵 $\boldsymbol{B}$, 则称 $\boldsymbol{A}$ 与 $\boldsymbol{B}$ 等价, 记作 $\boldsymbol{A}\sim\boldsymbol{B}$. 若 $\boldsymbol{A}$ 只经过初等行 (列) 变换得到 $\boldsymbol{B}$, 则称 $\boldsymbol{A}$ 与 $\boldsymbol{B}$ 行 (列) 等价, 记作 $\boldsymbol{A}\overset{r}{\sim}\boldsymbol{B}$ $(\boldsymbol{A}\overset{c}{\sim}\boldsymbol{B})$.

等价是将讨论对象进行分类的重要依据, 且满足以下三个性质.

(1) **自反性**　$\boldsymbol{A}\sim\boldsymbol{A}$;

(2) **对称性**　若 $\boldsymbol{A}\sim\boldsymbol{B}$, 则 $\boldsymbol{B}\sim\boldsymbol{A}$;

(3) **传递性**　若 $\boldsymbol{A}\sim\boldsymbol{B}$, $\boldsymbol{B}\sim\boldsymbol{C}$, 则 $\boldsymbol{A}\sim\boldsymbol{C}$.

容易验证矩阵的等价定义满足上述三条性质.

例 17 (矩阵等价的验证) 验证下列每组矩阵中的两个矩阵是否等价.

(1) $\begin{pmatrix} 1 & 1 \\ 2 & 1 \end{pmatrix}$, $\begin{pmatrix} 1 & 1 \\ 3 & 1 \end{pmatrix}$; (2) $\begin{pmatrix} 3 & 3 \\ 2 & 2 \end{pmatrix}$, $\begin{pmatrix} 1 & 1 \\ 1 & 1 \end{pmatrix}$.

解 对于第 (1) 组, 可以构造初等变换序列如下:

$$\begin{pmatrix} 1 & 1 \\ 2 & 1 \end{pmatrix} \xrightarrow{2r_2} \begin{pmatrix} 1 & 1 \\ 4 & 2 \end{pmatrix} \xrightarrow{r_2 - r_1} \begin{pmatrix} 1 & 1 \\ 3 & 1 \end{pmatrix}.$$

对于第 (2) 组, 可以构造初等变换序列如下:

$$\begin{pmatrix} 3 & 3 \\ 2 & 2 \end{pmatrix} \xrightarrow{r_1 - r_2} \begin{pmatrix} 1 & 1 \\ 2 & 2 \end{pmatrix} \xrightarrow{r_2 - r_1} \begin{pmatrix} 1 & 1 \\ 1 & 1 \end{pmatrix}.$$

根据定义, 两组矩阵中的两个矩阵都等价, 且为行等价.

对于给定矩阵 $\boldsymbol{A}$, 与 $\boldsymbol{A}$ 等价的矩阵有无穷多个, 我们自然希望找到一些有利于分析的特殊等价矩阵. 以下定义的三类矩阵是在矩阵分析中非常重要的三种形式. 为叙述方便, 我们先引入两个定义.

1. 若一个矩阵中某行 (列) 的所有元素全为 0, 则称该行 (列) 为**零行 (列)**, 否则称为**非零行 (列)**;

2. 在每个非零行中, 首个非零元称为**主元**, 主元所在的列称为**主元列**.

下面, 我们给出矩阵的三类重要形式.

1. 行阶梯形矩阵 若一个矩阵满足以下两条, 则称为行阶梯形矩阵.

(1) 所有零行在非零行之下;

(2) 所有非零行中, 下一行的主元的列标严格大于上一行的主元的列标.

2. 简化行阶梯形矩阵 若一个矩阵是行阶梯形矩阵, 且

(1) 所有主元为 1;

(2) 每个主元是其所在列唯一的非零元.

3. 等价标准形矩阵 若矩阵左上角是一个单位阵, 其余元素全为零.

图 1.2(a),(b),(c) 分别表示行阶梯形矩阵, 简化行阶梯形矩阵, 等价标准形矩阵.

$$\begin{pmatrix} \bigstar & \blacktriangle & \blacktriangle & \blacktriangle & \blacktriangle \\ 0 & \bigstar & \blacktriangle & \blacktriangle & \blacktriangle \\ 0 & 0 & 0 & \bigstar & \blacktriangle \\ 0 & 0 & 0 & 0 & 0 \end{pmatrix} \quad \begin{pmatrix} 1 & 0 & \blacktriangle & 0 & \blacktriangle \\ 0 & 1 & \blacktriangle & 0 & \blacktriangle \\ 0 & 0 & 0 & 1 & \blacktriangle \\ 0 & 0 & 0 & 0 & 0 \end{pmatrix} \quad \begin{pmatrix} 1 & 0 & 0 & 0 & 0 \\ 0 & 1 & 0 & 0 & 0 \\ 0 & 0 & 1 & 0 & 0 \\ 0 & 0 & 0 & 0 & 0 \end{pmatrix}$$

(a) 行阶梯形矩阵 (b) 简化行阶梯形矩阵 (c) 等价标准形矩阵

图 1.2 矩阵的三种等价形式示意图, 其中 ★ 表示主元,▲ 表示任意数

例 18 判断下列矩阵哪些是行阶梯形矩阵, 哪些是简化行阶梯形矩阵, 哪些是等价标准形矩阵.

$$(1)\begin{pmatrix}2&3&1\\0&4&1\\0&1&0\end{pmatrix};\quad(2)\begin{pmatrix}1&2&1\\0&1&1\\0&0&1\end{pmatrix};\quad(3)\begin{pmatrix}0&1&0\\0&0&1\\0&0&0\end{pmatrix}.$$

解 (1) 根据矩阵元素, 我们可以看到第 2 行和第 3 行中第 2 列都非零, 因此不满足以上三种形式.

(2) 根据矩阵元素, 可以看出它是行阶梯形矩阵, 但不满足简化行阶梯形矩阵中的第 2 条要求.

(3) 根据矩阵元素, 可以看出它是简化行阶梯形矩阵, 但不满足等价标准形中左上角是单位阵的条件.

下面我们给出矩阵变换为等价标准形的一种计算步骤, 整个步骤分为三个阶段. 在本书中, 我们将主要使用前两个阶段的变换过程.

矩阵变换为行阶梯形矩阵的计算步骤 (第一阶段)

1. 从矩阵的最左边的非零列开始, 将其作为主元列. 如需要, 通过加乘行变换或交换行变换, 使得主元列首行元素不为 0;
2. 利用加乘行变换将该主元列中主元以下的元素都变为 0;
3. 暂时不考虑第一行元素, 以及该主元列左边的元素, 对剩余子矩阵重复以上两个步骤, 直到没有非零行为止.

通过以上三步, 我们可以将矩阵变换为行阶梯形矩阵. 在此基础上继续下列步骤可将矩阵变换为简化行阶梯形矩阵.

行阶梯形矩阵变换为简化行阶梯形矩阵的计算步骤 (第二阶段)

4. 从行阶梯形矩阵最右边的主元列开始, 利用加乘行变换, 依次将主元以上的元素都变为 0;
5. 利用倍乘行变换将每一个主元变为 1.

例 19 用初等行变换将下列矩阵 $\boldsymbol{A}$ 依次变换为行阶梯形和简化行阶梯形.

$$\boldsymbol{A}=\begin{pmatrix}0&3&-6&6&4&-5\\3&-7&8&-5&8&9\\3&-9&12&-9&6&15\end{pmatrix}.$$

解 第一步, 从最左列开始将其视为主元列, 由于该列第 1 行元素为 0, 根据交换行变换, 交换 1,3 两行, 得

$$\xrightarrow{r_1 \leftrightarrow r_3} \begin{matrix} \text{第 3 行} \\ \\ \text{第 1 行} \end{matrix} \begin{pmatrix} \underline{3} & -9 & 12 & -9 & 6 & 15 \\ 3 & -7 & 8 & -5 & 8 & 9 \\ 0 & 3 & -6 & 6 & 4 & -5 \end{pmatrix}.$$

主元列

第二步, 将第 1 行的 3 作为主元, 用加乘行变换将该主元列下方元素变为 0, 得

$$\xrightarrow{r_2+(-1)r_1} \begin{pmatrix} \underline{3} & -9 & 12 & -9 & 6 & 15 \\ 0 & \underline{2} & -4 & 4 & 2 & -6 \\ 0 & 3 & -6 & 6 & 4 & -5 \end{pmatrix}.$$

第三步, 暂时不考虑第 1 行和第 1 列, 对剩下子矩阵重复上述两个步骤, 得

$$\xrightarrow{r_3+(-\frac{3}{2})r_2} \begin{pmatrix} \underline{3} & -9 & 12 & -9 & 6 & 15 \\ 0 & \underline{2} & -4 & 4 & 2 & -6 \\ 0 & 0 & 0 & 0 & \underline{1} & 4 \end{pmatrix}.$$

主元列 主元列 主元列

通过上面三个步骤, 我们得到矩阵 $\boldsymbol{A}$ 的等价行阶梯形. 在此基础上继续实施初等行变换, 最终可得到其简化行阶梯形.

第四步, 上面得到的行阶梯形矩阵共有三个主元列分别为第 1 列, 第 2 列和第 5 列, 我们从右到左, 先从第 5 列开始依次将主元列中非主元位置上的元素变为 0. 利用加乘行变换, 分别实施 $r_2+(-2r_3)$,$r_1+(-6r_3)$, 再处理第 2 列, 实施 $r_1+\dfrac{9}{2}r_2$, 得到

$$\xrightarrow[r_1+\frac{9}{2}r_2]{\substack{r_2+(-2r_3) \\ r_1+(-6r_3)}} \begin{pmatrix} \underline{3} & 0 & -6 & 9 & 0 & -72 \\ 0 & \underline{2} & -4 & 4 & 0 & -14 \\ 0 & 0 & 0 & 0 & \underline{1} & 4 \end{pmatrix}.$$

第五步, 将上面矩阵中主元, 通过倍乘行变换变为 1, 分别实施 $\dfrac{1}{3}r_1$, $\dfrac{1}{2}r_2$, 得

$$\xrightarrow[\frac{1}{2}r_2]{\frac{1}{3}r_1} \begin{pmatrix} \underline{1} & 0 & -2 & 3 & 0 & -24 \\ 0 & \underline{1} & -2 & 2 & 0 & -7 \\ 0 & 0 & 0 & 0 & \underline{1} & 4 \end{pmatrix}.$$

上式即为矩阵 $\boldsymbol{A}$ 的简化行阶梯形.

注意 将一个矩阵变换为行阶梯形及简化行阶梯形时, 只能使用初等行变换.

不同的变换过程可能得到不同的行阶梯形矩阵, 但是对于简化行阶梯形矩阵, 我们有如下定理:

定理 1.5 每一个矩阵行等价于唯一的简化行阶梯形矩阵.

例 20 (同一矩阵的不同变换顺序) 将矩阵

$$A=\begin{pmatrix}2&1&3\\1&2&0\\2&2&1\end{pmatrix}$$

通过初等变换化为简化行阶梯形矩阵.

解 下面我们给出两种不同的变换顺序将矩阵 $\boldsymbol{A}$ 化为行阶梯形矩阵.

变换一

$$\begin{pmatrix}2&1&3\\1&2&0\\2&2&1\end{pmatrix}\xrightarrow[r_3+(-1)r_1]{r_2-\frac{1}{2}r_1}\begin{pmatrix}2&1&3\\0&\dfrac{3}{2}&-\dfrac{3}{2}\\0&1&-2\end{pmatrix}\xrightarrow{r_3+(-\frac{2}{3})r_2}\begin{pmatrix}2&1&3\\0&\dfrac{3}{2}&-\dfrac{3}{2}\\0&0&-1\end{pmatrix}.$$

可以看到, 在变换中过早的出现分数会使得后续的计算变得相对复杂. 因此, 我们可以适当的使用三种初等行变换简化计算过程.

变换二

$$\begin{pmatrix}2&1&3\\1&2&0\\2&2&1\end{pmatrix}\xrightarrow{r_2\leftrightarrow r_1}\begin{pmatrix}1&2&0\\2&1&3\\2&2&1\end{pmatrix}\xrightarrow[r_3+(-2)r_1]{r_2+(-2)r_1}\begin{pmatrix}1&2&0\\0&-3&3\\0&-2&1\end{pmatrix}$$

$$\xrightarrow[r_3+(-2)r_2]{\frac{1}{3}r_2}\begin{pmatrix}1&2&0\\0&-1&1\\0&0&-1\end{pmatrix}.$$

在上述变换中, 通过使用交换、倍乘将主元先化为 1, 对于后续的计算的简化将会有一定的帮助.

通过上述两种不同方法, 可以看出, 不同的变换顺序得到的行阶梯形矩阵并不相同. 在这两种不同的行阶梯形矩阵的基础之上, 我们继续变换得到其简化行阶梯形矩阵, 过程如下:

$$\begin{pmatrix}2&1&3\\0&\dfrac{3}{2}&-\dfrac{3}{2}\\0&0&-1\end{pmatrix}\xrightarrow[\substack{r_2+\frac{3}{2}r_3\\ r_1-3r_3}]{(-1)r_3}\begin{pmatrix}2&1&0\\0&\dfrac{3}{2}&0\\0&0&1\end{pmatrix}\xrightarrow[r_1-r_2]{\frac{2}{3}r_2}\begin{pmatrix}2&0&0\\0&1&0\\0&0&1\end{pmatrix}\xrightarrow{\frac{1}{2}r_1}\begin{pmatrix}1&0&0\\0&1&0\\0&0&1\end{pmatrix}.$$

$$\begin{pmatrix}1&2&0\\0&-1&1\\0&0&-1\end{pmatrix}\xrightarrow[r_2-r_3]{(-1)r_3}\begin{pmatrix}1&2&0\\0&-1&0\\0&0&1\end{pmatrix}\xrightarrow[r_1-2r_2]{(-1)r_2}\begin{pmatrix}1&0&0\\0&1&0\\0&0&1\end{pmatrix}.$$

从上述结果可以看出, 不同的变换顺序下, 最终得到的简化阶梯形矩阵相同.

在上述简化行阶梯形的基础上，我们只需要再实施类似的列变换，则可得到矩阵 $\boldsymbol{A}$ 的等价标准形. 具体计算步骤如下:

简化行阶梯形矩阵变换为等价标准形的计算步骤 (第三阶段)

6. 将主元列依次交换到矩阵最左边，使得左上角构成单位阵;
7. 利用加乘列变换将非主元列的所有元素变为 0.

由于矩阵简化阶梯形的唯一性，我们可以类似地得到如下定理.

定理 1.6 每一个 $m \times n$ 矩阵都等价于唯一的一个等价标准形，即

$$\boldsymbol{A}_{m\times n} \sim \begin{pmatrix} \boldsymbol{E}_r & \boldsymbol{O}_{r\times(n-r)} \\ \boldsymbol{O}_{(m-r)\times r} & \boldsymbol{O}_{(m-r)\times(n-r)} \end{pmatrix},$$

其中，$0 \leqslant r \leqslant \min(m,n)$.

例 21 (续) 计算例 19 中矩阵的等价标准形.

解 例 19 中，我们已经得到矩阵的简化行阶梯形矩阵，在此基础上，我们继续执行下列操作.

第六步，将所有的主元列通过交换列变换移至矩阵左边，得到

$$\begin{pmatrix} 1 & 0 & 0 & 3 & -2 & -24 \\ 0 & 1 & 0 & 2 & -2 & -7 \\ 0 & 0 & 1 & 0 & 0 & 4 \end{pmatrix}.$$

第七步，通过前三列，利用加乘列变换，将非主元列的所有元素变为 0，例如 $c_4+(-3)c_1$,$c_4+(-2)c_2$ 可以将第四列变为 0，依次类推，得到

$$\begin{pmatrix} 1 & 0 & 0 & 0 & 0 & 0 \\ 0 & 1 & 0 & 0 & 0 & 0 \\ 0 & 0 & 1 & 0 & 0 & 0 \end{pmatrix}.$$

上述矩阵即矩阵 $\boldsymbol{A}$ 的等价标准形矩阵.

▶ **课堂练习**

1. 将下列矩阵先化为行阶梯形矩阵，再化为简化行阶梯形矩阵.

$$\begin{pmatrix} 1 & 6 & 3 & 2 & 8 \\ 2 & 10 & 5 & 2 & 1 \\ -1 & 2 & 7 & 3 & 1 \end{pmatrix}.$$

2. 对下列两组行阶梯形矩阵, 不通过初等变换, 判断每组内两个矩阵的简化行阶梯形矩阵是否相同, 请说明理由.

$$(1)\begin{pmatrix}1&3&2\\0&1&2\end{pmatrix},\ \begin{pmatrix}1&3&2\\0&0&0\end{pmatrix};\quad (2)\begin{pmatrix}1&2&2&1\\0&1&2&1\\0&0&2&1\end{pmatrix},\ \begin{pmatrix}1&2&1&1\\0&1&1&1\\0&0&1&1\end{pmatrix}.$$

1.5　初等变换性质

本节中, 我们将讨论初等变换与矩阵运算之间的联系. 同时, 进一步分析矩阵在初等变换下的不变特征.

1.5.1　初等变换矩阵与矩阵乘法的联系

为了更方便地分析矩阵初等变换的性质, 我们将上一小节中定义的三种初等变换施加于单位矩阵 $\boldsymbol{E}_n$ 上, 分别得

$$\boldsymbol{E}_n \xrightarrow[(c_i\leftrightarrow c_j)]{r_i\leftrightarrow r_j} \begin{pmatrix}1&&&&&\\&\ddots&&&&\\&&0&&1&\\&&&\ddots&&\\&&1&&0&\\&&&&&\ddots&\\&&&&&&1\end{pmatrix}\begin{matrix}\\\\i\\\\j\\\\\\\end{matrix} \triangleq \boldsymbol{E}_n^{(i,j)},$$

$$\boldsymbol{E}_n \xrightarrow[(kc_i)]{kr_i} \begin{pmatrix}1&&&&&\\&\ddots&&&&\\&&1&&&\\&&&k&&\\&&&&1&\\&&&&&\ddots&\\&&&&&&1\end{pmatrix} i \triangleq \boldsymbol{E}_n^{((k)i)},$$

$$\boldsymbol{E}_n \xrightarrow[(c_j+kc_i)]{r_i+kr_j} \begin{pmatrix} 1 & & & & & & \\ & \ddots & & & & & \\ & & 1 & & k & & \\ & & & \ddots & & & \\ & & & & 1 & & \\ & & & & & \ddots & \\ & & & & & & 1 \end{pmatrix} \begin{matrix} \\ \\ i \\ \\ j \\ \\ \\ \end{matrix} \triangleq \boldsymbol{E}_n^{(i+(k)j)}.$$

定义 1.4 以上三种类型的 n 阶方阵统称为 n 阶**初等变换矩阵**.

例 22 指出下列矩阵中的初等变换矩阵, 并用初等变换矩阵符号表示.

(1) $\begin{pmatrix} 0 & 1 & 0 \\ 1 & 0 & 0 \\ 0 & 0 & 1 \end{pmatrix}$; (2) $\begin{pmatrix} 1 & 0 & 2 \\ 0 & 1 & 0 \\ 0 & 0 & 1 \end{pmatrix}$; (3) $\begin{pmatrix} 2 & 0 & 0 \\ 0 & 1 & 0 \\ 0 & 0 & 1 \end{pmatrix}$; (4) $\begin{pmatrix} 0 & 0 & 1 \\ 1 & 0 & 0 \\ 0 & 1 & 0 \end{pmatrix}$.

解 根据初等变换矩阵的定义, (1), (2), (3) 为三阶初等变换矩阵, 符号分别为 (1) $\boldsymbol{E}_3^{(1,2)}$; (2) $\boldsymbol{E}_3^{(1+(2)3)}$; (3) $\boldsymbol{E}_3^{((2)1)}$.

方阵 (4) 不是初等变换矩阵,(4) 可以视为三阶单位阵通过两次初等变换得到的结果, 如

$$\begin{pmatrix} 1 & 0 & 0 \\ 0 & 1 & 0 \\ 0 & 0 & 1 \end{pmatrix} \xrightarrow{r_1 \leftrightarrow r_2} \begin{pmatrix} 0 & 1 & 0 \\ 1 & 0 & 0 \\ 0 & 0 & 1 \end{pmatrix} \xrightarrow{r_1 \leftrightarrow r_3} \begin{pmatrix} 0 & 0 & 1 \\ 1 & 0 & 0 \\ 0 & 1 & 0 \end{pmatrix}.$$

利用初等变换矩阵, 我们可以建立矩阵初等变换与矩阵乘法间的联系.

例 23 (初等变换与矩阵乘法) 对矩阵

$$\boldsymbol{A} = \begin{pmatrix} 1 & 0 & 2 \\ 3 & 1 & 5 \end{pmatrix}$$

分别实施三组初等变换

(1) $r_1 \leftrightarrow r_2, c_1 \leftrightarrow c_2$; (2) $2r_1, 2c_1$; (3) $r_1 + 2r_2, c_1 + 2c_2$.

写出变换对应的初等变换矩阵, 观察初等变换与矩阵乘法的联系.

解 对于第 (1) 组初等变换, 构造对应的初等变换矩阵如下:

$$\boldsymbol{E}_2^{(1,2)} = \begin{pmatrix} 0 & 1 \\ 1 & 0 \end{pmatrix}, \quad \boldsymbol{E}_3^{(1,2)} = \begin{pmatrix} 0 & 1 & 0 \\ 1 & 0 & 0 \\ 0 & 0 & 1 \end{pmatrix}.$$

将其分别乘于矩阵 $\boldsymbol{A}$ 的左边和右边, 同时我们将对应的初等变换作用于矩阵 $\boldsymbol{A}$, 对比得到

$$\boldsymbol{E}_2^{(1,2)}\boldsymbol{A}=\begin{pmatrix}0&1\\1&0\end{pmatrix}\begin{pmatrix}1&0&2\\3&1&5\end{pmatrix}=\begin{pmatrix}3&1&5\\1&0&2\end{pmatrix}\Leftrightarrow \boldsymbol{A}\xrightarrow{r_1\leftrightarrow r_2}\begin{pmatrix}3&1&5\\1&0&2\end{pmatrix},$$

$$\boldsymbol{A}\boldsymbol{E}_3^{(1,2)}=\begin{pmatrix}1&0&2\\3&1&5\end{pmatrix}\begin{pmatrix}0&1&0\\1&0&0\\0&0&1\end{pmatrix}=\begin{pmatrix}0&1&2\\1&3&5\end{pmatrix}\Leftrightarrow \boldsymbol{A}\xrightarrow{c_1\leftrightarrow c_2}\begin{pmatrix}0&1&2\\1&3&5\end{pmatrix}.$$

类似地, 对于第 (2) 组初等变换, 构造对应的初等变换矩阵如下:

$$\boldsymbol{E}_2^{((2)1)}=\begin{pmatrix}2&0\\0&1\end{pmatrix},\quad \boldsymbol{E}_3^{((2)1)}=\begin{pmatrix}2&0&0\\0&1&0\\0&0&1\end{pmatrix}.$$

同样地, 我们有

$$\boldsymbol{E}_2^{((2)1)}\boldsymbol{A}=\begin{pmatrix}2&0\\0&1\end{pmatrix}\begin{pmatrix}1&0&2\\3&1&5\end{pmatrix}=\begin{pmatrix}2&0&4\\3&1&5\end{pmatrix}\Leftrightarrow \boldsymbol{A}\xrightarrow{2r_1}\begin{pmatrix}2&0&4\\3&1&5\end{pmatrix},$$

$$\boldsymbol{A}\boldsymbol{E}_3^{((2)1)}=\begin{pmatrix}1&0&2\\3&1&5\end{pmatrix}\begin{pmatrix}2&0&0\\0&1&0\\0&0&1\end{pmatrix}=\begin{pmatrix}2&0&2\\6&1&5\end{pmatrix}\Leftrightarrow \boldsymbol{A}\xrightarrow{2c_1}\begin{pmatrix}2&0&2\\6&1&5\end{pmatrix}.$$

对于第 (3) 组初等变换, 构造对应的初等变换矩阵如下:

$$\boldsymbol{E}_2^{(1+(2)2)}=\begin{pmatrix}1&2\\0&1\end{pmatrix},\quad \boldsymbol{E}_3^{(2+(2)1)}=\begin{pmatrix}1&0&0\\2&1&0\\0&0&1\end{pmatrix}.$$

同样地, 得到

$$\boldsymbol{E}_2^{(1+(2)2)}\boldsymbol{A}=\begin{pmatrix}1&2\\0&1\end{pmatrix}\begin{pmatrix}1&0&2\\3&1&5\end{pmatrix}=\begin{pmatrix}7&2&12\\3&1&5\end{pmatrix}\Leftrightarrow \boldsymbol{A}\xrightarrow{r_1+2r_2}\begin{pmatrix}7&2&12\\3&1&5\end{pmatrix},$$

$$\boldsymbol{A}\boldsymbol{E}_3^{(2+(2)1)}=\begin{pmatrix}1&0&2\\3&1&5\end{pmatrix}\begin{pmatrix}1&0&0\\2&1&0\\0&0&1\end{pmatrix}=\begin{pmatrix}1&0&2\\5&1&5\end{pmatrix}\Leftrightarrow \boldsymbol{A}\xrightarrow{c_1+2c_2}\begin{pmatrix}1&0&2\\5&1&5\end{pmatrix}.$$

从上例中, 我们可以看出**对矩阵实施初等行 (列) 变换等价于在矩阵左 (右) 边乘对应的初等变换矩阵**. 因此, 我们得到如下定理.

定理 1.7 设 $\boldsymbol{A}$ 是 $m\times n$ 矩阵, 则

1. 对矩阵实施初等变换 $r_i \leftrightarrow r_j(c_i \leftrightarrow c_j)$ 等价于矩阵 $\boldsymbol{A}$ 左乘 (右乘) 初等变换矩阵 $\boldsymbol{E}_m^{(i,j)}$ $(\boldsymbol{E}_n^{(i,j)})$;

2. 对矩阵实施初等变换 $kr_i(kc_i)$ 等价于矩阵 $\boldsymbol{A}$ 左乘 (右乘) 初等变换矩阵 $\boldsymbol{E}_m^{((k)i)}$ $(\boldsymbol{E}_n^{((k)i)})$;

3. 对矩阵实施初等变换 $r_i + kr_j(c_j + kc_i)$ 等价于矩阵 $\boldsymbol{A}$ 左乘 (右乘) 初等变换矩阵 $\boldsymbol{E}_m^{(i+(k)j)}$ $(\boldsymbol{E}_n^{(i+(k)j)})$.

通常, 我们会对矩阵实施一系列初等行和列变换, 根据定理 1.7, 这等价于在矩阵 $\boldsymbol{A}$ 的左右两边依次乘对应的初等变换矩阵. 注意到初等变换的顺序, 先实施的初等变换对应的初等变换矩阵在乘法过程中应当优先执行.

例 24 设

$$\boldsymbol{A} = \begin{pmatrix} 0 & 2 & 1 \\ 3 & -1 & 4 \\ 1 & 0 & 7 \end{pmatrix}.$$

计算 $\boldsymbol{E}_3^{(3,1)}\boldsymbol{E}_3^{((2)1)}\boldsymbol{A}\boldsymbol{E}_3^{(1+(2)2)}$.

解 我们可以根据矩阵乘法直接计算, 得到

$$\boldsymbol{E}_3^{(3,1)}\boldsymbol{E}_3^{((2)1)}\boldsymbol{A}\boldsymbol{E}_3^{(1+(2)2)} = \begin{pmatrix} 0 & 0 & 1 \\ 0 & 1 & 0 \\ 1 & 0 & 0 \end{pmatrix}\begin{pmatrix} 2 & 0 & 0 \\ 0 & 1 & 0 \\ 0 & 0 & 1 \end{pmatrix}\boldsymbol{A}\begin{pmatrix} 1 & 2 & 0 \\ 0 & 1 & 0 \\ 0 & 0 & 1 \end{pmatrix} = \begin{pmatrix} 1 & 2 & 7 \\ 3 & 5 & 4 \\ 0 & 4 & 2 \end{pmatrix}$$

也可以利用定理 1.7, 将上述乘法视为对矩阵 $\boldsymbol{A}$ 施行的连续初等变换. 在实施变换中, 按照**从内到外, 先左后右**的顺序实施, 即

$$\begin{pmatrix} 0 & 2 & 1 \\ 3 & -1 & 4 \\ 1 & 0 & 7 \end{pmatrix} \xrightarrow{2r_1} \begin{pmatrix} 0 & 4 & 2 \\ 3 & -1 & 4 \\ 1 & 0 & 7 \end{pmatrix} \xrightarrow{r_1 \leftrightarrow r_3} \begin{pmatrix} 1 & 0 & 7 \\ 3 & -1 & 4 \\ 0 & 4 & 2 \end{pmatrix} \xrightarrow{c_2 + 2c_1} \begin{pmatrix} 1 & 2 & 7 \\ 3 & 5 & 4 \\ 0 & 4 & 2 \end{pmatrix}.$$

根据定理 1.7, 及矩阵等价的定义 1.3, 利用初等变换矩阵, 我们有:

定理 1.8 设 $\boldsymbol{A}$ 是 $m \times n$ 矩阵, 若矩阵 $\boldsymbol{A}$ 与 $\boldsymbol{B}$ 等价, 则存在若干 m 阶初等变换矩阵 $\boldsymbol{P}_1, \boldsymbol{P}_2, \cdots, \boldsymbol{P}_s$ 和若干 n 阶初等变换矩阵 $\boldsymbol{Q}_1, \boldsymbol{Q}_2, \cdots, \boldsymbol{Q}_t$, $s, t \geqslant 0$, 使得

$$\boldsymbol{B} = \boldsymbol{P}_s\boldsymbol{P}_{s-1}\cdots\boldsymbol{P}_1\boldsymbol{A}\boldsymbol{Q}_1\boldsymbol{Q}_2\cdots\boldsymbol{Q}_t.$$

即

$$\boldsymbol{A} \sim \boldsymbol{B} \Leftrightarrow \boldsymbol{B} = \boldsymbol{P}_s\boldsymbol{P}_{s-1}\cdots\boldsymbol{P}_1\boldsymbol{A}\boldsymbol{Q}_1\boldsymbol{Q}_2\cdots\boldsymbol{Q}_t.$$

类似地, 我们有

(1) $\boldsymbol{A} \overset{r}{\sim} \boldsymbol{B} \Leftrightarrow \boldsymbol{B} = \boldsymbol{P}_s\boldsymbol{P}_{s-1}\cdots\boldsymbol{P}_1\boldsymbol{A}$;

(2) $\boldsymbol{A} \overset{c}{\sim} \boldsymbol{B} \Leftrightarrow \boldsymbol{B} = \boldsymbol{A}\boldsymbol{Q}_1\boldsymbol{Q}_2\cdots\boldsymbol{Q}_t$.

作为定理的简单应用, 我们有如下重要推论.

推论 1.1 若矩阵 $\boldsymbol{A} \sim \boldsymbol{O}$, 则 $\boldsymbol{A} = \boldsymbol{O}$.

证明 根据等价的对称性, 若 $\boldsymbol{A} \sim \boldsymbol{O}$, 则 $\boldsymbol{O} \sim \boldsymbol{A}$. 根据定理 1.8, 存在初等变换矩阵 $\boldsymbol{P}_s, \cdots, \boldsymbol{P}_1$ 及 $\boldsymbol{Q}_1, \cdots, \boldsymbol{Q}_t$ 使得

$$\boldsymbol{A} = \boldsymbol{P}_s\boldsymbol{P}_{s-1}\cdots\boldsymbol{P}_1\boldsymbol{O}\boldsymbol{Q}_1\boldsymbol{Q}_2\cdots\boldsymbol{Q}_t = \boldsymbol{O}.$$

因此, 推论成立.

▶ **课堂练习**

1. 写出表达式 $\boldsymbol{E}_3^{(1,2)}, \boldsymbol{E}_2^{((3)1)}, \boldsymbol{E}_4^{(2+(4)1)}$ 对应的初等变换矩阵.
2. 对矩阵 $\boldsymbol{A}$ 用矩阵乘法形式表示下列初等列变换.

(1) $c_2 \leftrightarrow c_3$; (2) $c_1 + 3c_2$.

1.5.2 矩阵的秩

本节中, 我们再次从矩阵的等价标准形出发, 深入讨论矩阵在初等变换过程中的不变性, 即矩阵中的另一重要概念——矩阵的秩.

根据定理 1.6, 任意给定矩阵 $\boldsymbol{A}$, 其唯一等价标准形为

$$\begin{pmatrix} \boldsymbol{E}_r & \boldsymbol{O}_{r\times(n-r)} \\ \boldsymbol{O}_{(m-r)\times r} & \boldsymbol{O}_{(m-r)\times(n-r)} \end{pmatrix}.$$

其中, 左上角单位阵的阶 r 也由给定的矩阵唯一确定. 由此, 对于 r, 我们引入矩阵秩的定义.

定义 1.5 设 $\boldsymbol{A}$ 是 $m \times n$ 型矩阵. 若

$$\boldsymbol{A} \sim \begin{pmatrix} \boldsymbol{E}_r & \boldsymbol{O}_{r\times(n-r)} \\ \boldsymbol{O}_{(m-r)\times r} & \boldsymbol{O}_{(m-r)\times(n-r)} \end{pmatrix}.$$

则称 r 为矩阵 $\boldsymbol{A}$ 的秩, 记作 $r(\boldsymbol{A})$.

根据定义, 显然 $0 \leqslant r(\boldsymbol{A}) \leqslant \min\{m, n\}$, 且我们根据推论 1.1 有

推论 1.2 设 $\boldsymbol{A}$ 是一个矩阵, 则 $r(\boldsymbol{A}) = 0$ 当且仅当 $\boldsymbol{A} = \boldsymbol{O}$.

证明 一方面, 由矩阵秩的定义可得, 若 $r(\boldsymbol{A}) = 0$, 则 $\boldsymbol{A} \sim \boldsymbol{O}$. 由推论 1.1 可得, $\boldsymbol{A} = \boldsymbol{O}$.

另一方面, 若 $\boldsymbol{A} = \boldsymbol{O}$, 根据秩的定义, 显然有 $r(\boldsymbol{A}) = 0$.

根据矩阵化为等价标准形的步骤, 我们可以看出, 从行阶梯形矩阵化为简化行阶梯形矩阵, 再到等价标准形的过程中, 矩阵主元的个数不会发生变化. 因此, 我们可以得到如下推论.

推论 1.3 矩阵 $\boldsymbol{A}$ 的秩等于 $\boldsymbol{A}$ 的等价行阶梯形矩阵中非零行的个数, 即主元的个数.

以上推论给出了计算矩阵秩的一个相对简便的方法, 即只需要将给定矩阵化为行阶梯形矩阵, 统计出非零行的个数即可.

例 25 计算矩阵

$$\boldsymbol{A}=\begin{pmatrix}1&1&0&0&1\\2&1&1&0&0\\-4&1&-1&1&1\\-2&2&0&1&1\end{pmatrix}$$

的秩.

解 计算矩阵的秩, 我们只需将其化为行阶梯形矩阵即可. 根据初等行变换, 得到

$$\boldsymbol{A}\sim\begin{pmatrix}1&1&0&0&1\\0&-1&1&0&-2\\0&0&4&1&-5\\0&0&0&0&0\end{pmatrix}.$$

因此, 非零行有 3 行, 根据定义 $r(\boldsymbol{A})=3$.

根据等价的定义, 我们可以得到以下简单结论.

推论 1.4 设 $\boldsymbol{A}$,$\boldsymbol{B}$ 是同型矩阵, 若 $r(\boldsymbol{A})=r(\boldsymbol{B})$, 则 $\boldsymbol{A}\sim\boldsymbol{B}$.

证明 设 $\boldsymbol{A},\boldsymbol{B}$ 都是 $m\times n$ 矩阵. 设 $r(\boldsymbol{A})=r(\boldsymbol{B})=r$, 根据矩阵秩的定义, 得

$$\boldsymbol{A}\sim\begin{pmatrix}\boldsymbol{E}_r&\boldsymbol{O}_{r\times(n-r)}\\\boldsymbol{O}_{(m-r)\times r}&\boldsymbol{O}_{(m-r)\times(n-r)}\end{pmatrix},\quad \boldsymbol{B}\sim\begin{pmatrix}\boldsymbol{E}_r&\boldsymbol{O}_{r\times(n-r)}\\\boldsymbol{O}_{(m-r)\times r}&\boldsymbol{O}_{(m-r)\times(n-r)}\end{pmatrix}.$$

根据等价的传递性, 可得 $\boldsymbol{A}\sim\boldsymbol{B}$.

根据推论 1.4, 我们可以将同型矩阵等价到有限的类中分别进行讨论, 即根据秩将矩阵进行等价分类.

例 26 设 $\boldsymbol{A}$ 是任意二阶方阵, 根据矩阵的秩, 讨论 $\boldsymbol{A}$ 的不同等价类.

解 由于 $\boldsymbol{A}$ 是二阶方阵, 根据矩阵秩的定义, 首先, 对于给定方阵 $\boldsymbol{A}$, 其等价于以下三类中的一类.

$$\mathbf{I}\begin{pmatrix}0&0\\0&0\end{pmatrix},\quad \mathbf{II}\begin{pmatrix}1&0\\0&0\end{pmatrix},\quad \mathbf{III}\begin{pmatrix}1&0\\0&1\end{pmatrix}.$$

若 $\boldsymbol{A}$ 属于第 I 类, 即 A 等价于 $\boldsymbol{O}$, 根据推论 1.1, 则 $\boldsymbol{A}=\boldsymbol{O}$. 因此, 第一类中只包含二阶零阵, 即

$$\mathbf{I}=\{\boldsymbol{A}|\boldsymbol{A}=\boldsymbol{O}\}.$$

若 $\boldsymbol{A}$ 属于第 II 类, 则 $\boldsymbol{A}$ 的等价行阶梯形矩阵中只含有一个主元. 根据行阶梯的计算方法, 可得, 此时当且仅当方阵中的两行对应成比例, 即存在 k 使得 $r_1=kr_2$ 或 $r_2=kr_1$, 即

$$\mathbf{II}=\{\boldsymbol{A}|\exists k\in\mathbf{R},\ r_1=kr_2 \text{ 或 } r_2=kr_1\}.$$

若 $\boldsymbol{A}$ 属于第 III 类, 则等价于 $\boldsymbol{A}$ 中两行都非零, 且不成比例. 即

$$\mathbf{III}=\{\boldsymbol{A}|\forall k\in\mathbf{R},\ r_1\neq kr_2 \text{ 且 } r_i\neq\boldsymbol{O}, i=1,2\}.$$

关于矩阵的秩, 以下结论在后续讨论中将经常使用, 我们不加证明地罗列出来.

定理 1.9 设 $\boldsymbol{A}$ 是 $m\times n$ 矩阵, $\boldsymbol{B}$ 是 $m\times l$ 矩阵, $\boldsymbol{C}$ 是 $n\times p$ 矩阵, $\boldsymbol{D}$ 是 $m\times n$ 矩阵. 则以下各条成立.

(1) $r(\boldsymbol{A})=r(\boldsymbol{A}^{\mathrm{T}})$;

(2) $r(\boldsymbol{A})\leqslant r((\boldsymbol{A},\boldsymbol{B}))$, 其中 $(\boldsymbol{A},\boldsymbol{B})$ 表示将矩阵 $\boldsymbol{B}$ 置于 $\boldsymbol{A}$ 后得到的矩阵;

(3) $\max\{r(\boldsymbol{A}),r(\boldsymbol{B})\}\leqslant r((\boldsymbol{A},\boldsymbol{B}))\leqslant r(\boldsymbol{A})+r(\boldsymbol{B})$;

(4) $r(\boldsymbol{AC})\leqslant\min\{r(\boldsymbol{A}),\ r(\boldsymbol{C})\}$;

(5) $r(\boldsymbol{A}+\boldsymbol{D})\leqslant r(\boldsymbol{A})+r(\boldsymbol{D})$.

▶ 课堂练习

1. 求下列矩阵的秩.

$$\begin{pmatrix}1&2&3\\4&5&6\end{pmatrix};\quad\begin{pmatrix}1&2\\3&4\\5&6\end{pmatrix};\quad\begin{pmatrix}1&3&2&4\\2&-1&1&3\\3&2&2&5\end{pmatrix}.$$

2. 根据矩阵的秩, 将下列矩阵分类.

(1) $\begin{pmatrix}1&1\\2&2\end{pmatrix}$; (2) $\begin{pmatrix}1&2\\2&1\end{pmatrix}$; (3) $\begin{pmatrix}1&2\\2&4\end{pmatrix}$; (4) $\begin{pmatrix}1&2\\3&4\end{pmatrix}$; (5) $\begin{pmatrix}1&1\\1&1\end{pmatrix}$.

1.6 矩阵的逆

在本章第 2 节中, 我们定义了矩阵的加法, 减法和乘法运算. 自然地, 我们会考虑如何定义矩阵的“除法”, 即矩阵的逆. 本节中, 我们将给出矩阵逆的定义并利用初等变换给出矩阵逆的一种计算方法.

1.6.1 矩阵逆的定义及基本性质

在数中, 若 $a \neq 0$, 则存在 b, 满足 $ab = 1$, 我们称 b 为 a 的倒数, 并记作 $b = \dfrac{1}{a}$. 利用倒数定义, 我们可以定义数的除法概念, $\dfrac{a}{b} = a \cdot \dfrac{1}{b}$. 性质 1.1 表明矩阵中的单位阵 $\boldsymbol{E}$ 在矩阵乘法运算中的性质类似于数中的 1. 因此, 将数的倒数定义的思想进行迁移, 我们可以类似地定义矩阵逆的概念.

定义 1.6 设 $\boldsymbol{A}$ 是 n 阶方阵. 若存在同型方阵 $\boldsymbol{B}$, 满足

$$\boldsymbol{AB} = \boldsymbol{BA} = \boldsymbol{E},$$

则称矩阵 $\boldsymbol{A}$ 可逆, 并称 $\boldsymbol{B}$ 是 $\boldsymbol{A}$ 的一个逆.

相反地, 若方阵 $\boldsymbol{A}$ 不满足上述定义条件, 则称 $\boldsymbol{A}$ **不可逆**.

注意, 由于矩阵乘法不满足交换律, 因此, 在矩阵逆的定义中, 我们要求 $\boldsymbol{AB} = \boldsymbol{BA}$.

根据定义, 显然, 若 $\boldsymbol{B}$ 是 $\boldsymbol{A}$ 的逆, 则 $\boldsymbol{B}$ 也可逆, 并且 $\boldsymbol{A}$ 也是 $\boldsymbol{B}$ 的一个逆, 即 $\boldsymbol{A}, \boldsymbol{B}$ 互为逆矩阵.

例 27 验证下列两组矩阵中的两个方阵互为逆矩阵.

(1) $\boldsymbol{A} = (a), \boldsymbol{B} = \begin{pmatrix} \dfrac{1}{a} \end{pmatrix}, a \neq 0$;

(2) $\boldsymbol{A} = \begin{pmatrix} a & b \\ c & d \end{pmatrix}, \boldsymbol{B} = \dfrac{1}{ad - bc}\begin{pmatrix} d & -b \\ -c & a \end{pmatrix}, ad - bc \neq 0$.

解 对于 (1), $\boldsymbol{A}$ 为 1 阶方阵, 根据矩阵乘法运算

$$(a)\begin{pmatrix} \dfrac{1}{a} \end{pmatrix} = \begin{pmatrix} \dfrac{1}{a} \end{pmatrix}(a) = \begin{pmatrix} a \cdot \dfrac{1}{a} \end{pmatrix} = (1) = \boldsymbol{E}_1.$$

因此, 当 $a \neq 0$ 时, $\boldsymbol{A}, \boldsymbol{B}$ 互逆, 即非零的一阶方阵都可逆.

对于 (2), 容易验证 $\boldsymbol{AB} = \boldsymbol{BA} = \boldsymbol{E}_2$, 需特别注意, 此时要求 $ad - bc \neq 0$.

当 $ad - bc = 0$ 时, 我们可以举例验证, 此时 $\boldsymbol{A}$ 不可逆. 例如, 令

$$A = \begin{pmatrix} 1 & 0 \\ 0 & 0 \end{pmatrix}.$$

此时, $a=1, b=c=d=0$, 即 $ad-bc=0$. 根据定义, 若 $\boldsymbol{B}$ 是 $\boldsymbol{A}$ 的逆矩阵, 设

$$B=\begin{pmatrix} b_1 & b_2 \\ b_3 & b_4 \end{pmatrix},$$

则

$$\boldsymbol{AB}=\begin{pmatrix} 1 & 0 \\ 0 & 0 \end{pmatrix}\begin{pmatrix} b_1 & b_2 \\ b_3 & b_4 \end{pmatrix}=\begin{pmatrix} b_1 & b_2 \\ 0 & 0 \end{pmatrix}.$$

显然, 无论 b_i 取何值, 上式右端不可能等于 $\boldsymbol{E}_2$. 因此, $\boldsymbol{A}$ 不可逆.

根据上述讨论, 我们看到, 类似于自然数中 0 不存在倒数一样, 并非所有的方阵都存在逆矩阵.

非奇异阵与奇异阵

可逆矩阵也称为非奇异阵 (non-singular matrix), 不可逆矩阵也称为奇异阵 (singular matrix).

随机给定一个 n 阶方阵, 其为可逆矩阵的概率远大于不可逆的概率. 例如给定一个 1 阶方阵, 当且仅当 $a=0$ 时, 方阵不可逆. 因此, 我们可以将方阵可逆视为一种一般的、普遍的情形, 即 "non-singular". 相反地, 方阵不可逆可视为一种特殊、非普遍的情形, 即 "singular".

注意到, 在定义 1.6 中, 我们称 $\boldsymbol{B}$ 是 $\boldsymbol{A}$ 的 "一个" 逆, 自然地, 我们会考虑, $\boldsymbol{A}$ 是否存在另外的逆矩阵 $\boldsymbol{C}$. 下面定理回答了这个问题.

定理 1.10 (逆的唯一性) 若 $\boldsymbol{A}$ 可逆, 则逆唯一.

证明 设 $\boldsymbol{B}, \boldsymbol{C}$ 都是 $\boldsymbol{A}$ 的逆, 则根据定义 1.6, 我们有

$$\boldsymbol{B}=\boldsymbol{BE}=\boldsymbol{B}(\boldsymbol{AC})=(\boldsymbol{BA})\boldsymbol{C}=\boldsymbol{EC}=\boldsymbol{C}.$$

即逆唯一.

根据方阵逆的唯一性, 我们记 $\boldsymbol{A}$ 的逆为 $\boldsymbol{A}^{-1}$.

根据矩阵逆的定义, 矩阵逆运算具有如下常用性质.

定理 1.11 (逆的运算性质) 设 $\boldsymbol{A}, \boldsymbol{B}$ 是可逆矩阵, $k \neq 0$. 则以下等式成立.

(1) $(\boldsymbol{A}^{-1})^{-1}=\boldsymbol{A}$; (2) $(\boldsymbol{AB})^{-1}=\boldsymbol{B}^{-1}\boldsymbol{A}^{-1}$;

(3) $(\boldsymbol{A}^{\mathrm{T}})^{-1}=(\boldsymbol{A}^{-1})^{\mathrm{T}}$; (4) $(k\boldsymbol{A})^{-1}=\frac{1}{k}\boldsymbol{A}^{-1}$.

证明 (1)(4) 的证明留给读者, 下面证明 (2)(3). 根据矩阵逆的定义, 我们只需利用乘法进行验证.

(2) $\boldsymbol{E}=\boldsymbol{B}^{-1}\boldsymbol{E}\boldsymbol{B}=\boldsymbol{B}^{-1}(\boldsymbol{A}^{-1}\boldsymbol{A})\boldsymbol{B}=(\boldsymbol{B}^{-1}\boldsymbol{A}^{-1})\boldsymbol{A}\boldsymbol{B}$

$\quad =\boldsymbol{A}\boldsymbol{E}\boldsymbol{A}^{-1}=\boldsymbol{A}(\boldsymbol{B}\boldsymbol{B}^{-1})\boldsymbol{A}^{-1}=(\boldsymbol{A}\boldsymbol{B})(\boldsymbol{B}^{-1}\boldsymbol{A}^{-1})$

(3) $\boldsymbol{E}=(\boldsymbol{A}^{-1}\boldsymbol{A})^{\mathrm{T}}=\boldsymbol{A}^{\mathrm{T}}(\boldsymbol{A}^{-1})^{\mathrm{T}}$

$\quad =(\boldsymbol{A}\boldsymbol{A}^{-1})^{\mathrm{T}}=(\boldsymbol{A}^{-1})^{\mathrm{T}}\boldsymbol{A}^{\mathrm{T}}$

因此, (2)(3) 成立.

定理 1.11 中第 (2) 条实际也表明, **若 $\boldsymbol{A},\boldsymbol{B}$ 可逆, 且满足矩阵乘法, 则 $\boldsymbol{A}\boldsymbol{B}$ 也可逆**. 因此, 我们也可得到简单结论: 若 $\boldsymbol{A}$ 为 n 阶可逆方阵, $\boldsymbol{B}$ 为 n 阶不可逆方阵, 则 $\boldsymbol{A}\boldsymbol{B}$ 不可逆.

例 28 设 $\boldsymbol{A}$ 是 n 阶方阵, 若 $2\boldsymbol{A}+\boldsymbol{A}^2=\boldsymbol{E}$, 证明

(1) $\boldsymbol{A}$ 可逆, 并计算 $\boldsymbol{A}$ 的逆;

(2) $\boldsymbol{A}+\boldsymbol{E}$ 可逆, 并计算 $\boldsymbol{A}+\boldsymbol{E}$ 的逆.

解 (1) 根据矩阵乘法, 我们有

$$2\boldsymbol{A}+\boldsymbol{A}^2=(2\boldsymbol{E}+\boldsymbol{A})\boldsymbol{A}=\boldsymbol{A}(2\boldsymbol{E}+\boldsymbol{A})=\boldsymbol{E}.$$

因此, 根据矩阵逆的定义, $\boldsymbol{A}$ 可逆, 且 $\boldsymbol{A}^{-1}=2\boldsymbol{E}+\boldsymbol{A}$.

(2) 为计算 $\boldsymbol{A}+\boldsymbol{E}$ 的逆, 对原等式变形, 得

$$\boldsymbol{E}+2\boldsymbol{A}+\boldsymbol{A}^2=(\boldsymbol{A}+\boldsymbol{E})^2=2\boldsymbol{E}.$$

因此, 根据矩阵逆的定义, 有

$$(\boldsymbol{A}+\boldsymbol{E})\left(\frac{\boldsymbol{A}+\boldsymbol{E}}{2}\right)=\left(\frac{\boldsymbol{A}+\boldsymbol{E}}{2}\right)(\boldsymbol{A}+\boldsymbol{E})=\boldsymbol{E}.$$

故 $\boldsymbol{A}+\boldsymbol{E}$ 可逆, 且 $(\boldsymbol{A}+\boldsymbol{E})^{-1}=\dfrac{\boldsymbol{A}+\boldsymbol{E}}{2}$.

我们知道, 矩阵的乘法运算性质与数的乘法运算性质有很大差别, 例如矩阵乘法不具有交换律、消去律. 但当乘法中一个因子可逆时, 我们可以得到矩阵乘法更多类似于数的乘法运算性质.

例 29 若 $\boldsymbol{A}$ 是 n 阶可逆矩阵, 且 $\boldsymbol{A}\boldsymbol{B}_{n\times m}=\boldsymbol{O}$, 则 $\boldsymbol{B}=\boldsymbol{O}_{n\times m}$.

证明 因为 $\boldsymbol{A}$ 可逆, 则

$$\boldsymbol{B}=\boldsymbol{E}\boldsymbol{B}=\boldsymbol{A}^{-1}\boldsymbol{A}\boldsymbol{B}=\boldsymbol{A}^{-1}\boldsymbol{O}=\boldsymbol{O}.$$

根据分块矩阵的乘法, 我们可以将矩阵的逆类似地推广至分块矩阵的逆运算上.

例 30　设 $\boldsymbol{D}$ 是 n 阶方阵, 且具有如下分块形式

$$\boldsymbol{D}=\begin{pmatrix}\boldsymbol{A} & \boldsymbol{O}\\ \boldsymbol{C} & \boldsymbol{B}\end{pmatrix}.$$

其中, $\boldsymbol{A},\boldsymbol{B}$ 分别是 r_1 和 r_2 阶的可逆矩阵, $\boldsymbol{C}$ 为 $r_2\times r_1$ 矩阵. 证明 $\boldsymbol{D}$ 可逆, 并求 $\boldsymbol{D}^{-1}$.

解　构造 n 阶方阵 $\boldsymbol{U}$, 并分块为

$$\boldsymbol{U}=\begin{pmatrix}\boldsymbol{X} & \boldsymbol{W}\\ \boldsymbol{Z} & \boldsymbol{Y}\end{pmatrix},$$

其中, $\boldsymbol{X}$, $\boldsymbol{Y}$ 分别为 r_1 和 r_2 阶方阵. 则 $\boldsymbol{D}$, $\boldsymbol{U}$ 满足分块矩阵乘法条件, 设

$$\boldsymbol{D}\boldsymbol{U}=\begin{pmatrix}\boldsymbol{A} & \boldsymbol{O}\\ \boldsymbol{C} & \boldsymbol{B}\end{pmatrix}\begin{pmatrix}\boldsymbol{X} & \boldsymbol{W}\\ \boldsymbol{Z} & \boldsymbol{Y}\end{pmatrix}=\begin{pmatrix}\boldsymbol{E}_{r_1} & \boldsymbol{O}\\ \boldsymbol{O} & \boldsymbol{E}_{r_2}\end{pmatrix}.$$

根据分块矩阵乘法, 比较上式两端得

$$\boldsymbol{A}\boldsymbol{X}=\boldsymbol{E}_{r_1},\ \boldsymbol{A}\boldsymbol{W}=\boldsymbol{O},\ \boldsymbol{C}\boldsymbol{X}+\boldsymbol{B}\boldsymbol{Z}=\boldsymbol{O},\ \boldsymbol{C}\boldsymbol{W}+\boldsymbol{B}\boldsymbol{Y}=\boldsymbol{E}_{r_2}.$$

根据 $\boldsymbol{A}$, $\boldsymbol{B}$ 可逆, 得

$$\boldsymbol{X}=\boldsymbol{A}^{-1},\ \boldsymbol{W}=\boldsymbol{O},\ \boldsymbol{Z}=-\boldsymbol{B}^{-1}\boldsymbol{C}\boldsymbol{A}^{-1},\ \boldsymbol{Y}=\boldsymbol{B}^{-1}.$$

因此, 有

$$\boldsymbol{U}=\begin{pmatrix}\boldsymbol{X} & \boldsymbol{W}\\ \boldsymbol{Z} & \boldsymbol{Y}\end{pmatrix}=\begin{pmatrix}\boldsymbol{A}^{-1} & \boldsymbol{O}\\ -\boldsymbol{B}^{-1}\boldsymbol{C}\boldsymbol{A}^{-1} & \boldsymbol{B}^{-1}\end{pmatrix}.$$

容易验证, $\boldsymbol{U}\boldsymbol{D}=\boldsymbol{E}$. 根据定义 1.6, $\boldsymbol{D}$ 可逆, 且 $\boldsymbol{D}^{-1}=\boldsymbol{U}$.

对于分块对角阵, 我们能够得到一般的结论如下:

定理 1.12　设 $\boldsymbol{A}$ 为 n 阶方阵. 若

$$\boldsymbol{A}=\begin{pmatrix}\boldsymbol{A}_{k_1}^1 & & & \\ & \boldsymbol{A}_{k_2}^2 & & \\ & & \ddots & \\ & & & \boldsymbol{A}_{k_s}^s\end{pmatrix},$$

其中 $\boldsymbol{A}_{k_i}^i, i=1,\cdots,s$ 是 k_i 阶可逆矩阵, 则 $\boldsymbol{A}$ 可逆, 且

$$\boldsymbol{A}^{-1}=\begin{pmatrix}(\boldsymbol{A}_{k_1}^1)^{-1} & & & \\ & (\boldsymbol{A}_{k_2}^2)^{-1} & & \\ & & \ddots & \\ & & & (\boldsymbol{A}_{k_s}^s)^{-1}\end{pmatrix}.$$

证明 根据分块矩阵的乘法运算, 得

$$\boldsymbol{A}\boldsymbol{A}^{-1}=\boldsymbol{A}^{-1}\boldsymbol{A}=\begin{pmatrix}\boldsymbol{A}_{k_1}^1(\boldsymbol{A}_{k_1}^1)^{-1} & & & \\ & \boldsymbol{A}_{k_2}^2(\boldsymbol{A}_{k_2}^2)^{-1} & & \\ & & \ddots & \\ & & & \boldsymbol{A}_{k_s}^s(\boldsymbol{A}_{k_s}^s)^{-1}\end{pmatrix}$$

$$=\begin{pmatrix}\boldsymbol{E}_{k_1} & & & \\ & \boldsymbol{E}_{k_2} & & \\ & & \ddots & \\ & & & \boldsymbol{E}_{k_s}\end{pmatrix}.$$

因此, 定理成立.

特别地, 当 $k_i=1$ 时, 即当 $\boldsymbol{A}$ 为对角阵时, 我们有如下结论:

推论 1.5 设 $\boldsymbol{A}$ 是对角阵. 若主对角线上元素为 $a_{ii}\neq 0, i=1,2,\cdots,n$, 则 $\boldsymbol{A}$ 可逆, 且

$$\boldsymbol{A}^{-1}=\begin{pmatrix}\frac{1}{a_{11}} & & & \\ & \frac{1}{a_{22}} & & \\ & & \ddots & \\ & & & \frac{1}{a_{nn}}\end{pmatrix}.$$

证明 根据定理 1.12, 及例 27(1), 推论成立.

▶ 课堂练习

1. 根据定义求下列矩阵的逆

(1) $\begin{pmatrix}1 & 3\\ 0 & 1\end{pmatrix}$; (2) $\begin{pmatrix}2 & 0\\ 0 & 3\end{pmatrix}$.

2. 设 $\boldsymbol{A},\boldsymbol{B}$ 都是 n 阶方阵. 若 $\boldsymbol{A}$, $\boldsymbol{AB}$ 可逆, 证明: $\boldsymbol{B}$ 可逆, 并计算 $\boldsymbol{B}^{-1}$.

3. 设 $\boldsymbol{A}$ 是 n 阶可逆方阵. 若 $\boldsymbol{A},\boldsymbol{B},\boldsymbol{C}$ 满足矩阵乘法, 若 $\boldsymbol{AB}=\boldsymbol{AC}$, 证明: $\boldsymbol{B}=\boldsymbol{C}$.

4. 设 $\boldsymbol{A}$ 是 n 阶方阵. 若 $\boldsymbol{A}^3=\boldsymbol{E}$, 证明: $\boldsymbol{A}$ 可逆, 并计算 $\boldsymbol{A}$ 的逆.

1.6.2 利用初等变换求逆

在 1.5 节中, 由定理 1.7 可知, 矩阵的乘法与初等变换有密切关系. 本小节中, 我们将深入讨论矩阵逆与初等变换的关系.

首先, 根据初等变换矩阵与逆的定义, 我们直接验证如下定理成立.

定理 1.13　初等变换矩阵都是可逆矩阵, 且

$$(\boldsymbol{E}_n^{(i,j)})^{-1} = \boldsymbol{E}_n^{(i,j)},\quad (\boldsymbol{E}_n^{((k)i)})^{-1} = \boldsymbol{E}_n^{((\frac{1}{k})i)},\quad (\boldsymbol{E}_n^{(i+(k)j)})^{-1} = \boldsymbol{E}_n^{(i+(-k)j)}.$$

另一方面, 我们也可以通过初等变换思想解释上述定理.

首先, 我们注意到

$$\boldsymbol{E}_n^{(i,j)}\boldsymbol{E}_n^{(i,j)} = \boldsymbol{E}_n^{(i,j)}\boldsymbol{E}_n^{(i,j)}\boldsymbol{E}_n,$$

因此, 根据初等变换矩阵的定义, 可以将 $\boldsymbol{E}_n^{(i,j)}\boldsymbol{E}_n^{(i,j)}\boldsymbol{E}_n$ 理解为对单位阵 $\boldsymbol{E}_n$ 连续实施两次同样的初等行变换. 即

$$\boldsymbol{E}_n^{(i,j)}\boldsymbol{E}_n^{(i,j)}\boldsymbol{E}_n \Leftrightarrow \boldsymbol{E}_n \xrightarrow{r_i \leftrightarrow r_j} \boldsymbol{E}_n^{(i,j)} \xrightarrow{r_i \leftrightarrow r_j} \boldsymbol{E}_n,$$

因此 $\boldsymbol{E}_n^{(i,j)}\boldsymbol{E}_n^{(i,j)} = \boldsymbol{E}_n^{(i,j)}\boldsymbol{E}_n^{(i,j)}\boldsymbol{E}_n = \boldsymbol{E}_n$. 根据逆的唯一性, $(\boldsymbol{E}_n^{(i,j)})^{-1} = \boldsymbol{E}_n^{(i,j)}$.

根据定理 1.6, 任意 n 阶方阵 $\boldsymbol{A}$ 都等价于对角阵

$$\boldsymbol{\Lambda} = \begin{pmatrix} \boldsymbol{E}_r & \boldsymbol{O}_{r\times(n-r)} \\ \boldsymbol{O}_{(n-r)\times r} & \boldsymbol{O}_{(n-r)\times(n-r)} \end{pmatrix}.$$

特别地, 当 $\boldsymbol{A}$ 可逆时, 有

定理 1.14　n 阶方阵可逆当且仅当 $\boldsymbol{A} \sim \boldsymbol{E}_n$.

证明　一方面, 当 $\boldsymbol{A} \sim \boldsymbol{E}_n$ 时, 根据定理 1.8, 存在初等变换矩阵 $\boldsymbol{P}_s, \cdots, \boldsymbol{P}_1$, $\boldsymbol{Q}_1, \cdots, \boldsymbol{Q}_t$, 使得

$$\boldsymbol{A} = \boldsymbol{P}_s\boldsymbol{P}_{s-1}\cdots\boldsymbol{P}_1\boldsymbol{E}_n\boldsymbol{Q}_1\boldsymbol{Q}_2\cdots\boldsymbol{Q}_t = \boldsymbol{P}_s\boldsymbol{P}_{s-1}\cdots\boldsymbol{P}_1\boldsymbol{Q}_1\boldsymbol{Q}_2\cdots\boldsymbol{Q}_t.$$

根据定理 1.11(2) 及定理 1.13, 得 $\boldsymbol{A}$ 可逆, 且

$$\boldsymbol{A}^{-1} = \boldsymbol{Q}_t^{-1}\cdots\boldsymbol{Q}_2^{-1}\boldsymbol{Q}_1^{-1}\boldsymbol{P}_1^{-1}\boldsymbol{P}_2^{-1}\cdots\boldsymbol{P}_s^{-1}.$$

另一方面, 若 $\boldsymbol{A}$ 可逆, 设 $\boldsymbol{F}$ 是 $\boldsymbol{A}$ 的等价标准形, 则

$$\boldsymbol{A} = \boldsymbol{P}_s\boldsymbol{P}_{s-1}\cdots\boldsymbol{P}_1\boldsymbol{F}\boldsymbol{Q}_1\boldsymbol{Q}_2\cdots\boldsymbol{Q}_t,$$

即

$$\boldsymbol{F} = \boldsymbol{P}_1^{-1}\boldsymbol{P}_2^{-1}\cdots\boldsymbol{P}_s^{-1}\boldsymbol{A}\boldsymbol{Q}_t^{-1}\boldsymbol{Q}_{t-1}^{-1}\cdots\boldsymbol{Q}_1^{-1}.$$

因此, $\boldsymbol{F}$ 也可逆, 故 $\boldsymbol{F} = \boldsymbol{E}_n$, 因为若 $\boldsymbol{F}$ 中有任意一行为零, 则 $\boldsymbol{F}$ 不可逆.

综上, 定理成立.

从上述定理的证明中, 我们能够得到如下推论.

推论 1.6 设 $\boldsymbol{A}$ 是 n 阶方阵. 若 $\boldsymbol{A}$ 可逆, 则 $\boldsymbol{A}=\boldsymbol{P}_1\boldsymbol{P}_2\cdots\boldsymbol{P}_s$, 其中 $\boldsymbol{P}_i, i=1,\cdots,s$ 是初等变换矩阵.

上述推论表明**任意可逆矩阵可以分解为若干初等变换矩阵的乘积**.

注意到 $r(\boldsymbol{E}_n)=n$, 因此, 我们有

推论 1.7 设 $\boldsymbol{A}$ 是 n 阶方阵, $\boldsymbol{A}$ 可逆当且仅当 $r(\boldsymbol{A})=n$.

定理 1.14 的证明过程也给出了通过初等变换求逆矩阵的方法.

根据推论 1.6, 设可逆矩阵 $\boldsymbol{A}=\boldsymbol{P}_1\boldsymbol{P}_2\cdots\boldsymbol{P}_s$. 则由定理 1.11, 可得

$$\boldsymbol{A}^{-1}=\boldsymbol{P}_s^{-1}\boldsymbol{P}_{s-1}^{-1}\cdots\boldsymbol{P}_1^{-1}.$$

观察下列两式

$$\boldsymbol{P}_s^{-1}\boldsymbol{P}_{s-1}^{-1}\cdots\boldsymbol{P}_1^{-1}\boldsymbol{A}=\boldsymbol{E}_n,$$
$$\boldsymbol{P}_s^{-1}\boldsymbol{P}_{s-1}^{-1}\cdots\boldsymbol{P}_1^{-1}\boldsymbol{E}_n=\boldsymbol{A}^{-1}.$$

根据定理 1.13, 可知 $\boldsymbol{P}_s^{-1},\boldsymbol{P}_{s-1}^{-1},\cdots,\boldsymbol{P}_1^{-1}$ 也是初等变换矩阵. 利用初等变换解释上述两式, **若存在一系列初等行变换作用在方阵 $\boldsymbol{A}$ 上, 将 $\boldsymbol{A}$ 变换为 $\boldsymbol{E}_n$, 则将同样的初等行变换作用在 $\boldsymbol{E}_n$ 上, 则 $\boldsymbol{E}_n$ 变换为 $\boldsymbol{A}^{-1}$**.

由此, 我们给出利用初等行变换求矩阵逆的步骤如下:

初等行变换求 n 阶方阵逆的计算步骤

1. 将 n 阶单位阵 $\boldsymbol{E}$ 放在方阵 $\boldsymbol{A}$ 后面, 构成 $n\times 2n$ 的矩阵 $(\boldsymbol{A}\mid\boldsymbol{E})$, 为了区别两个矩阵, 中间用 “|” 隔开;

2. 对 $\boldsymbol{A}$ 实施初等行变换将 $\boldsymbol{A}$ 变成 $\boldsymbol{E}$, 同时对 $\boldsymbol{E}$ 实施同样的初等行变换, 将 $\boldsymbol{E}$ 变成 $\boldsymbol{A}^{-1}$, 即通过初等行变换将 $(\boldsymbol{A}|\boldsymbol{E})$ 变换为 $(\boldsymbol{E}|\boldsymbol{A}^{-1})$.

例 31 通过初等行变换求下列矩阵 $\boldsymbol{A}$ 的逆.

$$\boldsymbol{A}=\begin{pmatrix}1&-1&3\\2&-1&4\\-1&2&-4\end{pmatrix}.$$

解 首先, 将 3 阶单位阵放于方阵 $\boldsymbol{A}$ 之后, 构成 3×6 的矩阵 $(\boldsymbol{A}|\boldsymbol{E})$. 再对 $(\boldsymbol{A}|\boldsymbol{E})$ 实施初等行变换, 将 $\boldsymbol{A}$ 变换为 $\boldsymbol{E}$. 过程如下:

$$(\boldsymbol{A}|\boldsymbol{E})=\left(\begin{array}{ccc:ccc}1&-1&3&1&0&0\\2&-1&4&0&1&0\\-1&2&-4&0&0&1\end{array}\right)\xrightarrow[r_3+r_1]{r_2+(-2)r_1}\left(\begin{array}{ccc:ccc}1&-1&3&1&0&0\\0&1&-2&-2&1&0\\0&1&-1&1&0&1\end{array}\right)$$

$$\xrightarrow[r_2+2r_3]{r_3+(-1)r_2}\left(\begin{array}{ccc:ccc}1&-1&3&1&0&0\\0&1&0&4&-1&2\\0&0&1&3&-1&1\end{array}\right)$$

$$\xrightarrow[r_1+r_2]{r_1+(-3)r_3}\left(\begin{array}{ccc:ccc}1&0&0&-4&2&-1\\0&1&0&4&-1&2\\0&0&1&3&-1&1\end{array}\right),$$

因此, 得到

$$\boldsymbol{A}^{-1}=\begin{pmatrix}-4&2&-1\\4&-1&2\\3&-1&1\end{pmatrix}.$$

▶ **课堂练习**

1. 利用矩阵的秩判断下列方阵是否可逆.

(1) $\begin{pmatrix}1&2\\2&4\end{pmatrix}$; (2) $\begin{pmatrix}1&2&3\\4&5&6\\7&8&9\end{pmatrix}$; (3) $\begin{pmatrix}1&1&1\\1&2&3\\1&4&9\end{pmatrix}$.

2. 利用初等变换计算下列方阵的逆.

(1) $\begin{pmatrix}3&1\\2&4\end{pmatrix}$; (2) $\begin{pmatrix}1&2&1\\-1&1&3\\2&4&6\end{pmatrix}$; (3) $\begin{pmatrix}1&2&3\\2&2&1\\3&4&3\end{pmatrix}$.

1.6.3 矩阵方程问题

从前面内容中我们看到方阵 $\boldsymbol{A}$ 可逆的条件给矩阵乘法带来诸多好的性质, 尤其是消去律. 因此, 在此基础上, 我们可以在矩阵中讨论类似于数中的一元一次方程问题.

已知矩阵 $\boldsymbol{A},\boldsymbol{B},\boldsymbol{X}$ 满足矩阵乘法条件, 且

$$\boldsymbol{AX}=\boldsymbol{B},$$

若 $\boldsymbol{A},\boldsymbol{B}$ 已知, 求解矩阵 $\boldsymbol{X}$ 的问题, 我们称为**矩阵方程问题**. 类似地, 矩阵方程形式还包括 $\boldsymbol{AXB}=\boldsymbol{C}$, $\boldsymbol{XA}=\boldsymbol{B}$ 等.

解矩阵方程, 需要计算出 $\boldsymbol{X}$ 中每个元素. 设 $\boldsymbol{A}$ 是 $m\times n$ 矩阵, $\boldsymbol{B}$ 是 $m\times l$ 矩阵, 则未知矩阵 $\boldsymbol{X}$ 为 $n\times l$ 矩阵, 包含 $n\times l$ 个未知元. 同时根据矩阵乘法及矩阵相等的条件, 我们能建立 $m\times l$ 个方程. 因此, 一个矩阵方程等价于一个包含 $n\times l$ 元, $m\times l$ 个方程的线性方程组. 通常, 这样的方程组计算量较大, 或可能无解, 或有无穷解. 因此, 在本节中, 我们针对一些特殊的矩阵方程进行分析.

在讨论矩阵方程问题前, 我们先给出如下定义.

定义 1.7 设 $\boldsymbol{A}$ 是一个 $m\times n$ 矩阵,

(1) 若 $r(\boldsymbol{A})=m$, 即矩阵的秩等于矩阵的行数, 则称 $\boldsymbol{A}$ 为**行满秩矩阵**;

(2) 若 $r(\boldsymbol{A})=n$, 即矩阵的秩等于矩阵的列数, 则称 $\boldsymbol{A}$ 为**列满秩矩阵**;

(3) 若 $r(\boldsymbol{A})=n=m$, 即当 $\boldsymbol{A}$ 为方阵时, 且矩阵的秩等于方阵的阶数, 则称 $\boldsymbol{A}$ 为**满秩矩阵**.

根据推论 1.7, 及满秩阵的定义, 显然有**方阵可逆当且仅当方阵满秩**.

下面, 我们针对定义 1.7 中的矩阵类型, 讨论矩阵方程的求解问题.

(1) $\boldsymbol{A}$ 为满秩阵

此时, $\boldsymbol{A}$ 可逆. 根据可逆矩阵的定义, 对于 $\boldsymbol{AX}=\boldsymbol{B}$ 的形式, 可按如下过程进行求解.

$$\boldsymbol{AX}=\boldsymbol{B}\Rightarrow \boldsymbol{A}^{-1}\boldsymbol{AX}=\boldsymbol{A}^{-1}\boldsymbol{B}\Rightarrow \boldsymbol{X}=\boldsymbol{A}^{-1}\boldsymbol{B}.$$

因此, 解矩阵方程转化为求方阵 $\boldsymbol{A}$ 的逆及两个矩阵乘法的问题. 在求解中, 需注意矩阵乘法的左右位置.

类似地, 对于 $\boldsymbol{XA}=\boldsymbol{B}$, $\boldsymbol{AXB}=\boldsymbol{C}$ 的矩阵方程, 求解如下:

$$\boldsymbol{XA}=\boldsymbol{B}\Rightarrow \boldsymbol{XAA}^{-1}=\boldsymbol{BA}^{-1}\Rightarrow \boldsymbol{X}=\boldsymbol{BA}^{-1}.$$

$$\boldsymbol{AXB}=\boldsymbol{C}\Rightarrow \boldsymbol{A}^{-1}\boldsymbol{AXBB}^{-1}=\boldsymbol{A}^{-1}\boldsymbol{CB}^{-1}\Rightarrow \boldsymbol{X}=\boldsymbol{A}^{-1}\boldsymbol{CB}^{-1}.$$

例 32 设矩阵

$$\boldsymbol{A}=\begin{pmatrix}1&2&3\\2&2&1\\3&4&3\end{pmatrix},\quad \boldsymbol{B}=\begin{pmatrix}2&1\\5&3\end{pmatrix},\quad \boldsymbol{C}=\begin{pmatrix}1&3\\2&0\\0&1\end{pmatrix}.$$

求矩阵 $\boldsymbol{X}$, 满足 $\boldsymbol{AXB}=\boldsymbol{C}$.

解 根据初等变换求逆的方法, 我们得到 $\boldsymbol{A},\boldsymbol{B}$ 可逆, 且

$$\boldsymbol{A}^{-1}=\begin{pmatrix}1&3&-2\\-\dfrac{3}{2}&-3&\dfrac{5}{2}\\1&1&-1\end{pmatrix},\quad \boldsymbol{B}^{-1}=\begin{pmatrix}3&-1\\-5&2\end{pmatrix}.$$

再根据逆矩阵的性质, 我们有

$$\boldsymbol{AXB}=\boldsymbol{C}\Rightarrow \boldsymbol{A}^{-1}\boldsymbol{AXBB}^{-1}=\boldsymbol{A}^{-1}\boldsymbol{CB}^{-1}\Rightarrow \boldsymbol{X}=\boldsymbol{A}^{-1}\boldsymbol{CB}^{-1}.$$

因此, 根据乘法运算, 得

$$X = A^{-1}CB^{-1} = \begin{pmatrix} 1 & 3 & -2 \\ -\frac{3}{2} & -3 & \frac{5}{2} \\ 1 & 1 & -1 \end{pmatrix} \begin{pmatrix} 1 & 3 \\ 2 & 0 \\ 0 & 1 \end{pmatrix} \begin{pmatrix} 3 & -1 \\ -5 & 2 \end{pmatrix}$$

$$= \begin{pmatrix} 16 & -5 \\ -\frac{25}{2} & \frac{7}{2} \\ -1 & 1 \end{pmatrix}.$$

在求解矩阵方程中, 我们也可利用矩阵逆的运算性质, 对矩阵方程进行化简, 再计算.

例 33 设矩阵

$$A = \begin{pmatrix} 1 & 0 & 1 \\ 0 & 2 & 6 \\ 1 & 6 & 1 \end{pmatrix}.$$

若 $AX + E = A^2 + X$, 求矩阵 X.

解 首先, 根据矩阵乘法的分配律等性质, 将原方程转化为

$$(A - E)X = A^2 - E.$$

因此, 问题变为解以 X 为未知矩阵的矩阵方程问题. 根据初等变换求逆的方法, 我们可判定 $A - E$ 可逆, 故

$$\begin{aligned} & (A - E)X = (A - E)(A + E) \\ \Rightarrow\ & (A - E)^{-1}(A - E)X = (A - E)^{-1}(A - E)(A + E) \\ \Rightarrow\ & X = A + E, \end{aligned}$$

因此, 有

$$X = A + E = \begin{pmatrix} 2 & 0 & 1 \\ 0 & 3 & 6 \\ 1 & 6 & 2 \end{pmatrix}.$$

利用矩阵初等变换求逆的思想, 还可以将上述矩阵方程求解过程再化简.

我们可以将 $A^{-1}AX = X$ 视为对矩阵 AX 实施一系列初等变换, 使得 AX 变换为 X, 即将 A 变换为 E. 因此, 将同样的初等变换作用于 B 上, 则 B 变换为 $A^{-1}B$. 因此, 类似于利用初等行变换求解方阵逆的过程, 我们得到 $AX = B$ 的另一个更加简便的求解方法.

$$(A|B) \rightarrow (E|A^{-1}B).$$

例 34 解矩阵方程 $\boldsymbol{AX}=\boldsymbol{B}$, 其中

$$\boldsymbol{A}=\begin{pmatrix}1&1\\2&3\end{pmatrix},\quad \boldsymbol{B}=\begin{pmatrix}2&0&1\\1&1&-1\end{pmatrix}.$$

解 构造矩阵 $(\boldsymbol{A}|\boldsymbol{B})$, 并利用初等变换如下.

$$(\boldsymbol{A}|\boldsymbol{B})=\left(\begin{array}{cc:ccc}1&1&2&0&1\\2&3&1&1&-1\end{array}\right)\xrightarrow[r_1-r_2]{r_2-2r_1}\left(\begin{array}{cc:ccc}1&0&5&-1&4\\0&1&-3&1&-3\end{array}\right).$$

因此, 得

$$X=\begin{pmatrix}5&-1&4\\-3&1&-3\end{pmatrix}.$$

(2) $\boldsymbol{A}$ 列 (行) 满秩

首先, 设 $\boldsymbol{A}$ 为 $m\times n$ 矩阵, $m\neq n$, 且 $\boldsymbol{A}$ 为列满秩矩阵. 因此, $\boldsymbol{A}$ 等价于如下简化行阶梯形矩阵.

$$\boldsymbol{A}\overset{r}{\sim}\begin{pmatrix}\boldsymbol{E}_n\\\boldsymbol{O}_{(m-n)\times n}\end{pmatrix}.$$

同时, 我们注意到

$$\begin{pmatrix}\boldsymbol{E}_n\\\boldsymbol{O}_{(m-n)\times n}\end{pmatrix}\boldsymbol{X}=\begin{pmatrix}\boldsymbol{X}_{n\times l}\\\boldsymbol{O}_{(m-n)\times l}\end{pmatrix}.$$

因此, 类似于 (1) 的初等变换方法, 我们可以得到在 $\boldsymbol{A}$ 为列满秩情形下, 利用初等变换计算如下

$$(\boldsymbol{A}|\boldsymbol{B})\to\left(\begin{pmatrix}\boldsymbol{E}_n\\\boldsymbol{O}_{(m-n)\times n}\end{pmatrix}\Bigg\vdots\ \boldsymbol{PB}\right)=\left(\begin{pmatrix}\boldsymbol{E}_n\\\boldsymbol{O}_{(m-n)\times n}\end{pmatrix}\Bigg\vdots\begin{pmatrix}\boldsymbol{C}_{n\times l}\\\boldsymbol{D}_{(m-n)\times l}\end{pmatrix}\right).$$

其中, $\boldsymbol{P}$ 是将 $\boldsymbol{A}$ 化为简化行阶梯形矩阵时的若干初等变换矩阵的乘积. 此时, 矩阵方程等价于

$$\begin{pmatrix}\boldsymbol{X}_{n\times l}\\\boldsymbol{O}_{(m-n)\times l}\end{pmatrix}=\begin{pmatrix}\boldsymbol{C}_{n\times l}\\\boldsymbol{D}_{(m-n)\times l}\end{pmatrix}.$$

因此, 若矩阵方程有解当且仅当 $\boldsymbol{D}=\boldsymbol{O}$. 此时, $\boldsymbol{X}=\boldsymbol{C}$.

例 35 解矩阵方程 $\boldsymbol{AX}=\boldsymbol{B}$, 其中

$$\boldsymbol{A}=\begin{pmatrix}1&2\\1&3\\2&4\end{pmatrix},\quad \boldsymbol{B}=\begin{pmatrix}3&0\\1&2\\6&0\end{pmatrix}.$$

解 构造矩阵 $(\boldsymbol{A}|\boldsymbol{B})$, 并利用初等变换如下:

$$(\boldsymbol{A}|\boldsymbol{B})=\left(\begin{array}{cc:cc}1&2&3&0\\1&3&1&2\\2&4&6&0\end{array}\right)\xrightarrow[\substack{r_3-2r_1\\r_1-2r_2}]{r_2-r_1}\left(\begin{array}{cc:cc}1&0&7&-4\\0&1&-2&2\\0&0&0&0\end{array}\right)$$

因此, 得

$$\boldsymbol{X}=\begin{pmatrix}7&-4\\-2&2\end{pmatrix}.$$

根据上述分析, 我们可以得到如下推论:

推论 1.8 设 $\boldsymbol{A}$ 是 $m\times n$ 型矩阵, $\boldsymbol{B}$ 是 $n\times l$ 型矩阵, 且

$$\boldsymbol{AB}=\boldsymbol{O}.$$

(1) 若 $r(\boldsymbol{A})=n$, 即 $\boldsymbol{A}$ 为列满秩时, $\boldsymbol{B}=\boldsymbol{O}$;
(2) 若 $r(\boldsymbol{B})=n$, 即 $\boldsymbol{B}$ 为行满秩时, $\boldsymbol{A}=\boldsymbol{O}$.

证明 下面我们只证明 (1).
首先, 当 $m=n$ 时, 矩阵 $\boldsymbol{A}$ 为 n 阶满秩阵, 即 $\boldsymbol{A}$ 可逆, 则显然 $\boldsymbol{B}=\boldsymbol{A}^{-1}\boldsymbol{O}=\boldsymbol{O}$.
其次, 当 $m>n$ 时, 根据 $r(\boldsymbol{A})=n$, 我们得到

$$\boldsymbol{A}\xrightarrow{\boldsymbol{P}_1,\boldsymbol{P}_2,\cdots,\boldsymbol{P}_s}\begin{pmatrix}\boldsymbol{E}_n\\\boldsymbol{O}_{(m-n)\times n}\end{pmatrix}.$$

记 $\boldsymbol{P}=\boldsymbol{P}_s\boldsymbol{P}_{s-1}\cdots\boldsymbol{P}_1$, 根据上述讨论, 得

$$\boldsymbol{PAB}=\begin{pmatrix}\boldsymbol{E}_n\\\boldsymbol{O}_{(m-n)\times n}\end{pmatrix}\boldsymbol{B}=\begin{pmatrix}\boldsymbol{B}\\\boldsymbol{O}_{(m-n)\times l}\end{pmatrix}=\boldsymbol{O}.$$

因此, $\boldsymbol{B}=\boldsymbol{O}$.

可类似地证明 (2).

1.6.4 密码学中的可逆矩阵

密码学是研究如何隐秘地传递信息的学科. 密码是通信双方按约定的法则进行信息特殊变换的一种重要保密手段.

待传输的未加密的信息称为**明文**, 传输过程中发送的加密信息称为**密文**.

将明文变为密文的过程称为**加密变换**, 将密文变为明文的过程称为**脱密变换**.

加密和脱密过程中使用的法则称为**密码体制**, 这些体制中使用的参数称为**密钥**.

从密码学使用开始, 已经形成许多的公开加密体制, 因此密钥成为密码编制的重要组成部分.

从数学角度, 密码加密解密过程如下:

$$\text{明文} \xrightarrow{f(\theta_1)} \text{密文} \xrightarrow{g(\theta_2)} \text{明文}$$

其中 f,g 为密码体制, θ_i 为密钥. 一般地, 加密解密都采用同一密码体制, 并且 $\theta_1=\theta_2$. 20 世纪 70 年代, 也有学者提出加密、脱密密钥分离, 构造出新的密码体制.

若方阵 $\boldsymbol{A}$ 可逆, 则使用矩阵乘法可以构造一组加密体制, 而 $\boldsymbol{A}$ 与 $\boldsymbol{A}^{-1}$ 自然形成一组密钥.

例 36 将英文字母 A, B, $\cdots$, Z 用数字 1 – 26 (密钥) 替换, 空格 "_" 用数字 27 (密钥) 替换. 将字符串 "I _ LOVE _ MATH _" 转换为 3×4 矩阵 (明文 $\boldsymbol{P}$), 并用数字加密表示, 可得第一次加密结果 $\boldsymbol{C}_1$.

$$\boldsymbol{P}=\begin{pmatrix} \mathrm{I} & \_ & \mathrm{L} & \mathrm{O} \\ \mathrm{V} & \mathrm{E} & \_ & \mathrm{M} \\ \mathrm{A} & \mathrm{T} & \mathrm{H} & \_ \end{pmatrix} \rightrightarrows \begin{pmatrix} 9 & 27 & 12 & 15 \\ 22 & 5 & 27 & 13 \\ 1 & 20 & 8 & 27 \end{pmatrix}=\boldsymbol{C}_1.$$

再构造 3×3 可逆矩阵 $\boldsymbol{K}$ (密钥), 并计算其逆矩阵 $\boldsymbol{K}^{-1}$ 如下:

$$\boldsymbol{K}=\begin{pmatrix} 0 & 1 & 2 \\ 1 & 0 & 3 \\ 4 & -3 & 8 \end{pmatrix}, \quad \boldsymbol{K}^{-1}=\begin{pmatrix} -\dfrac{9}{2} & 7 & -\dfrac{3}{2} \\ -2 & 4 & -1 \\ \dfrac{3}{2} & -2 & \dfrac{1}{2} \end{pmatrix}.$$

则第一次加密结果 $\boldsymbol{C}_1$ 与密钥 $\boldsymbol{K}$ 在矩阵乘法下生成最终密文 $\boldsymbol{C}$.

$$\begin{aligned} \boldsymbol{K}\cdot\boldsymbol{C}_1 &= \begin{pmatrix} 0 & 1 & 2 \\ 1 & 0 & 3 \\ 4 & -3 & 8 \end{pmatrix}\begin{pmatrix} 9 & 27 & 12 & 15 \\ 22 & 5 & 27 & 13 \\ 1 & 20 & 8 & 27 \end{pmatrix} \\ &= \begin{pmatrix} 24 & 45 & 43 & 67 \\ 12 & 87 & 36 & 96 \\ -22 & 253 & 31 & 237 \end{pmatrix}=\boldsymbol{C}. \end{aligned}$$

根据矩阵逆的性质, 密文 $\boldsymbol{C}$ 与密钥 $\boldsymbol{K}^{-1}$ 在乘法下可还原成第一次加密结果 $\boldsymbol{C}_1$.

$$\begin{aligned} \boldsymbol{K}^{-1}\cdot\boldsymbol{C} &= \begin{pmatrix} -\dfrac{9}{2} & 7 & -\dfrac{3}{2} \\ -2 & 4 & -1 \\ \dfrac{3}{2} & -2 & \dfrac{1}{2} \end{pmatrix}\begin{pmatrix} 24 & 45 & 43 & 67 \\ 12 & 87 & 36 & 96 \\ -22 & 253 & 31 & 237 \end{pmatrix} \\ &= \begin{pmatrix} 9 & 27 & 12 & 15 \\ 22 & 5 & 27 & 13 \\ 1 & 20 & 8 & 27 \end{pmatrix}=\boldsymbol{C}_1. \end{aligned}$$

再根据映射表, 可还原最终明文.

上述加密、脱密过程中, 我们使用两种加密手段, 并且使用特定的密钥 (包括字符到数字的映射、可逆矩阵的构造) 完成整个加密过程. 虽然所使用加密方法简单, 但组合使用多种简单加密手段仍然可以设计出较不易破解的加密过程.

当然, 现代密码学所涉及的学科包括：信息论、概率论、数论、计算复杂性理论、近世代数、离散数学、代数几何学和数字逻辑等, 加密体制仍然在不断的研究发展中.

▶ **课堂练习**

1. 设矩阵 $\boldsymbol{A}, \boldsymbol{B}$ 满足 $(2\boldsymbol{A}+\boldsymbol{X})-2(\boldsymbol{AB}-2\boldsymbol{X})=\boldsymbol{O}$, 其中

$$\boldsymbol{A}=\begin{pmatrix}3&0\\1&2\end{pmatrix},\quad \boldsymbol{B}=\begin{pmatrix}1&3\\2&1\end{pmatrix}.$$

求 $\boldsymbol{X}$.

2. 判断下列矩阵的秩, 并指出哪些是列满秩, 哪些是行满秩.

$$\begin{pmatrix}1&0&0\\0&0&1\end{pmatrix},\quad \begin{pmatrix}1&0\\1&0\\0&1\end{pmatrix},\quad \begin{pmatrix}1&0&1&0\\0&1&0&1\\0&0&0&0\end{pmatrix}.$$

1.7　计算机图形学中的矩阵

在计算机图形学中, 矩阵是数据的基本单位, 矩阵的各种运算、变换是图形处理的重要方法. 本节仅给出计算机图形学中图形存储、处理的一些基本概念和方法, 更深入的理论可参阅相关专业书籍.

1.7.1　图形的表示

在计算机中, 任意图形由点构成. 计算机通过记录图形中点, 并将其按照特定的方式相连, 即可表示一个图像的基本轮廓和形状.

例 37 (计算机曲线的存储)　屏幕中显示的曲线可以视为由许多离散的点组成. 通常我们只需记录曲线中部分关键的点, 这些点我们称之为**节点**. 这些节点之间, 计算机按照先后顺序, 使用各种插值算法 (例如最简单的线性插值), 将其首尾相连, 最终呈现在屏幕上的就是这些许多线段连接的曲线. 当然, 如果节点越多, 曲线

越光滑. 这类似于中学学习的描点法绘制函数曲线. 为了存储这些节点, 我们可以用矩阵方式来完成. 例如, 对于平面曲线, 我们可以用以下 $2\times n$ 的矩阵存储平面中的若干节点.

$$\begin{matrix} x\text{ 轴坐标} \\ y\text{ 轴坐标} \end{matrix} \underbrace{\begin{pmatrix} x_1 & x_2 & \cdots & x_n \\ y_1 & y_2 & \cdots & y_n \end{pmatrix}}_{n\text{个节点}}$$

例如, 下列矩阵表示大写字母 N 的顶点坐标.

$$\boldsymbol{A}=\begin{pmatrix} 0 & 1 & 1 & 2.5 & 3.5 & 3.5 & 2.5 & 2.5 & 1 & 0 \\ 0 & 0 & 3 & 0 & 0 & 5 & 5 & 2 & 5 & 5 \end{pmatrix}$$

将这些点依次连接起来, 并将首尾相连即得到 N 字的图形如图 1.3(a).

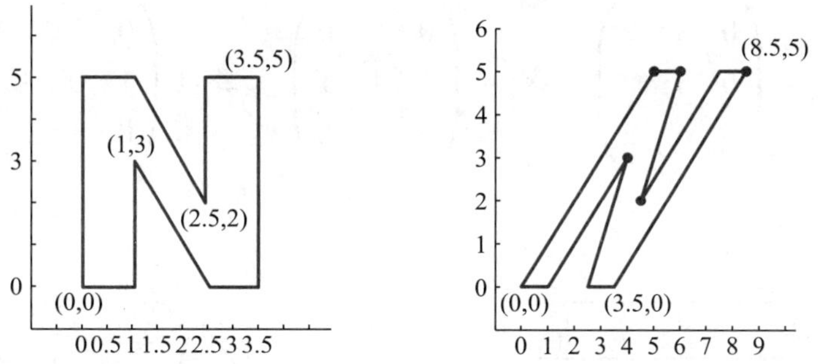

(a) 字母“N”图形　　(b) 字母“N”变形后图形

图 1.3　字母“N”顶点坐标示意图

类似地, 对于 3 维空间中的曲线, 我们可采用 $3\times n$ 的矩阵存储曲线中 n 个 3 维节点.

例 38 (3D 曲面的存储: 数字高程模型) 在测绘工程中, 3D 图形通常使用数字高程模型表示. 数字高程模型 (Digital Elevation Model), 简称 DEM, 是利用矩阵表示地面高程的一种实体地面模型, 是数字地形模型 (Digital Terrain Model, 简称 DTM) 的一个分支. DTM 是描述高程在内的各种地貌因子, 包括坡度、坡向等在内的空间分布, 而 DEM 是单纯的数字地貌模型, 其他因子均可在 DEM 基础上派生计算得到.

DEM 模型一般将三维地表投影至指定平面, 例如水平面 (xOy 面), 将投影平面分为规则网格面, 通过建立网格平面坐标 (x,y), 与高程坐标 z 的数据对应, 完整地反映地表形态. 通常为了增加精度, 可以考虑加细网格面, 得到更丰富的地表数据.

在计算机的帮助下, 可以通过插值方法补充无法测量的部分网格坐标或者网格点之间的数据, 以此绘制出地表曲面. 高程模型也可以用于一般空间立体图形和建筑物的测量表示中.

例 39　已知一建筑物长 50 米, 宽 20 米, 高 80 米, 呈长方体形, 请利用高程模型写出该建筑物的顶部坐标表示.

解　根据高程模型, 将顶部投影至水平地面, 投影图形为矩形. 选取其中一点为坐标原点, x 轴方向为长, y 轴方向为宽, 因此, 得到该矩形投影的顶点坐标为 $(0,0),(50,0),(0,20),(50,20)$. 四点对应的高程均为 80, 写成网格坐标形式如下

$$\boldsymbol{X}=\begin{pmatrix}0&50\\0&50\end{pmatrix},\ \boldsymbol{Y}=\begin{pmatrix}0&0\\20&20\end{pmatrix},\ \boldsymbol{Z}=\begin{pmatrix}80&80\\80&80\end{pmatrix}.$$

例 40　已知空间中曲面的 9 个点投影至 xOy 平面, 构成网格, 对应坐标及高程分别为

$$\boldsymbol{X}=\begin{pmatrix}0&1&2\\0&1&2\\0&1&2\end{pmatrix},\ \boldsymbol{Y}=\begin{pmatrix}0&0&0\\1&1&1\\2&2&2\end{pmatrix},\ \boldsymbol{Z}=\begin{pmatrix}0&1&0\\1&0&1\\0&1&0\end{pmatrix}.$$

其对应的图形如图 1.4 所示.

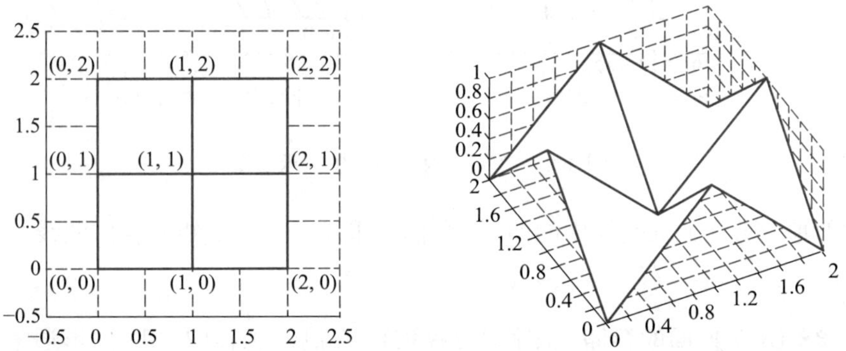

(a) 底面网格　　(b) 空间曲面

图 1.4　9 节点曲面示意图

当我们的网格划分越细, 得到的曲面越光滑, 例如"墨西哥帽子", 我们在横纵坐标区间都为 $[-10,10]$ 内, 每隔 0.5 划分一个点, 每个点的高程 z 由函数 $z=\frac{\sin\sqrt{x^2+y^2}}{\sqrt{x^2+y^2}}$ 确定, 因此我们可以得到整个图形三张的坐标表如下

$$\boldsymbol{X}=\begin{pmatrix}-10&-9.5&\cdots&10\\-10&-9.5&\cdots&10\\\vdots&\vdots&&\vdots\\-10&-9.5&\cdots&10\end{pmatrix}_{41},\quad \boldsymbol{Y}=\begin{pmatrix}-10&-10&\cdots&-10\\-9.5&-9.5&\cdots&-9.5\\\vdots&\vdots&&\vdots\\10&10&\cdots&10\end{pmatrix}_{41},$$

$$Z = \begin{pmatrix} 0.071 & 0.068 & \cdots & 0.071 \\ 0.068 & 0.059 & \cdots & 0.068 \\ \vdots & \vdots & & \vdots \\ 0.071 & 0.068 & \cdots & 0.071 \end{pmatrix}_{41}$$

对应的网格和空间曲面图形如图 1.5 所示.

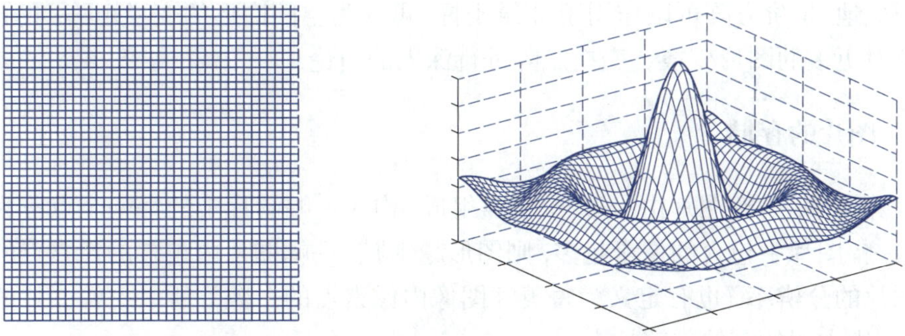

图 1.5 “墨西哥帽子”曲面示意图

1.7.2 图形的变换

当我们需要对图形进行变换时, 等价地, 可以视为对图形中各点的坐标进行变换.

给定平面中的任意一个点 (x, y) 和一个二阶方阵 $\boldsymbol{A}$, 在矩阵乘法的作用下可以得到新的点 (u, v).

$$\begin{pmatrix} u \\ v \end{pmatrix} = \begin{pmatrix} a_{11} & a_{12} \\ a_{21} & a_{22} \end{pmatrix} \begin{pmatrix} x \\ y \end{pmatrix}.$$

因此矩阵的乘法, 可以视为平面中点的坐标的一种变换. 我们称方阵 $\boldsymbol{A}$ 为这种变换的**变换矩阵**.

若任意给定的二阶方阵 $\boldsymbol{A}$, 以及平面中的图形 (点集) $\boldsymbol{S}$, 按照上述乘法, 都能得到变换后的图形 (点集) $\boldsymbol{T}$, 我们称 $\boldsymbol{T}$ 是点集 $\boldsymbol{S}$ 在变换 $\boldsymbol{A}$ 下的**像集**, 如图 1.6 所示.

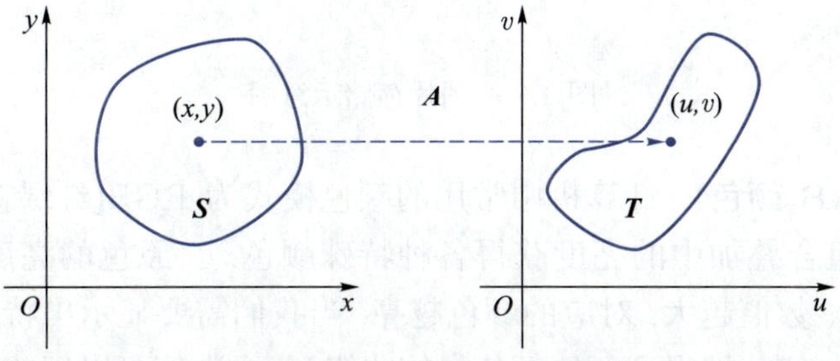

图 1.6 图形变换示意图

例 41　考虑例 37 中字母 "N" 的节点矩阵 $\boldsymbol{A}$, 若我们用一个二阶矩阵 $\boldsymbol{B}$, 乘以 $\boldsymbol{A}$ 得到新的一系列坐标点 $\boldsymbol{A}'$, 如下:

$$\boldsymbol{A}'=\boldsymbol{B}\boldsymbol{A}=\begin{pmatrix}1&1\\0&1\end{pmatrix}\boldsymbol{A}=\begin{pmatrix}0&1&4&2.5&3.5&8.5&7.5&4.5&6&5\\0&0&3&0&0&5&5&2&5&5\end{pmatrix}.$$

将 $\boldsymbol{A}'$ 表示的点依次连接起来可得到图形变化后的结果, 如图 1.3(b) 所示.

类似地, 3 阶方阵可以作用于 3 维坐标, 可视为空间图形的变换矩阵. 我们将在第五章对更多的图形变换、变换矩阵进行深入的讨论.

1.7.3　图片的存储

计算机中, 一幅图片由 $m\times n$ 个点组成. 构成一幅图片中的每一个点称为一个像素, 一幅图片中包含的像素越多, 则图形越细腻. 一幅图片内包含的像素点的数量称为图片的**分辨率** (也有定义为每英寸图像内像素点的个数). 所以一幅图片的分辨率越高, 则占据的存储空间越大.

一幅彩色图片通常由一个 3 维矩阵 $m\times n\times 3$ 表示, m,n 分别表示图片的行数和列数, 3 表示红、绿、蓝三颜色通道. 图 1.7 给出一幅包含 99×148 像素的图片, 三个矩阵分别表示三通道的颜色值, 一个像素的位置由其对应的矩阵的行数和列数表示.

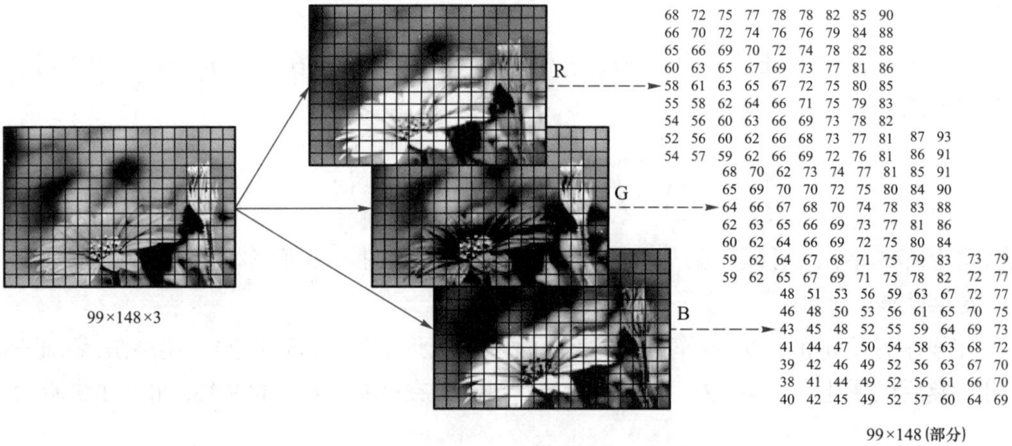

图 1.7　图片存储示意图

例 42 (RGB 颜色)　计算机中常用的颜色模式为 RGB(红绿蓝三原色) 模式. 三原色以其在组合叠加中的亮度获得各种特殊颜色. 三原色的亮度共 256 级, 用 $0\sim255$ 来表示, 数值越大, 对应的颜色越亮. 当我们需要显示出特殊颜色时, 只需要更改三原色的亮度, 即得到新的颜色中的数值. 三个数值可以用 1×3 的矩阵方式给出, 见表 1.4.

表 1.4　部分 RGB 颜色值表

矩阵	颜色	矩阵	颜色	矩阵	颜色
(0 0 0)	黑色	(255 255 255)	白色	(255 255 0)	黄色
(255 0 0)	红色	(160 32 240)	紫色	(0 255 255)	青色

本节简单地介绍了矩阵在计算机图形学中的入门应用, 更多的操作及算法都是基于图形的矩阵表示, 感兴趣的读者可以参考相关专业书籍.

习 题 1

1. 设矩阵

$$\boldsymbol{A}=\begin{pmatrix}2&0&-1\\3&5&0\end{pmatrix},\quad \boldsymbol{B}=\begin{pmatrix}7&2&1\\2&5&-1\end{pmatrix}$$

$$\boldsymbol{C}=\begin{pmatrix}1&3\\-1&3\end{pmatrix},\quad \boldsymbol{D}=\begin{pmatrix}3&5\\-1&4\end{pmatrix},\quad \boldsymbol{F}=\begin{pmatrix}-5\\3\end{pmatrix}.$$

根据矩阵运算计算下列各题.

(1) $-3\boldsymbol{A}-\boldsymbol{B},\quad \boldsymbol{CA},\quad \boldsymbol{CD},\quad \boldsymbol{DE}$;

(2) $\boldsymbol{C}\boldsymbol{C}^{\mathrm{T}},\quad (\boldsymbol{CD})^{\mathrm{T}},\quad \boldsymbol{C}^2,\quad \boldsymbol{F}^{\mathrm{T}}\boldsymbol{A}$;

(3) $(\boldsymbol{C}+\boldsymbol{D})(\boldsymbol{A}+\boldsymbol{B}),\quad (\boldsymbol{C}-3\boldsymbol{D})\boldsymbol{F},\quad \boldsymbol{DA}-\boldsymbol{B}$.

2. 设矩阵

$$\boldsymbol{U}=\begin{pmatrix}-1\\2\\-2\end{pmatrix},\quad \boldsymbol{V}=\begin{pmatrix}2\\-1\\-3\end{pmatrix}.$$

计算: $\boldsymbol{U}^{\mathrm{T}}\boldsymbol{V},\boldsymbol{V}^{\mathrm{T}}\boldsymbol{U},\boldsymbol{U}\boldsymbol{V}^{\mathrm{T}},\boldsymbol{V}\boldsymbol{U}^{\mathrm{T}}$.

3. 设方阵

$$\boldsymbol{A}=\begin{pmatrix}0&1&1\\0&0&1\\0&0&0\end{pmatrix}.$$

求 $\boldsymbol{A}^2,\boldsymbol{A}^3,\boldsymbol{A}^n$.

4. 设方阵

$$\boldsymbol{A}=\begin{pmatrix}1/6&1/2&1/3\\1/2&1/4&1/4\\1/3&1/4&5/12\end{pmatrix}.$$

计算 $\boldsymbol{A}^2,\boldsymbol{A}^3,\boldsymbol{A}^4$, 由此猜测 $\boldsymbol{A}^n$ 的结果.

5. 将下列矩阵转换为简化行阶梯形矩阵.

(1) $\begin{pmatrix} 1 & 1 & -3 & -1 & 1 \\ 3 & -1 & -3 & 4 & 4 \\ 1 & 5 & -9 & -8 & 0 \end{pmatrix}$; (2) $\begin{pmatrix} 0 & 2 & -3 & 1 \\ 0 & 2 & 3 & 4 \\ 0 & 1 & 4 & 8 \end{pmatrix}$;

(3) $\begin{pmatrix} 1 & 2 & 4 \\ 3 & 5 & 6 \\ 6 & -1 & 0 \\ 2 & -1 & 2 \end{pmatrix}$;　(4) $\begin{pmatrix} 2 & 3 & 1 & -3 & -7 \\ 1 & 2 & 0 & -2 & -4 \\ 3 & -2 & 8 & 3 & 0 \\ 2 & -3 & 7 & 4 & 0 \end{pmatrix}$.

6. 求可逆矩阵 $\boldsymbol{P}$, 使得 $\boldsymbol{PA}$ 为简化行阶梯形矩阵, 其中

$$\boldsymbol{A}=\begin{pmatrix} 3 & 2 & 1 \\ 1 & 2 & 3 \end{pmatrix}.$$

7. 计算下列矩阵的逆.

(1) $\begin{pmatrix} 0 & 0 & 2 \\ 0 & 3 & 0 \\ 1 & 0 & 0 \end{pmatrix}$;　(2) $\begin{pmatrix} 1 & 2 & 0 \\ 3 & 4 & 0 \\ 0 & 0 & 5 \end{pmatrix}$.

8. 利用初等变换求下列方阵的逆.

(1) $\begin{pmatrix} 1 & 2 & 1 \\ 2 & 3 & -1 \\ 1 & 0 & 6 \end{pmatrix}$;　(2) $\begin{pmatrix} 0 & 1 & 2 \\ 1 & 0 & 3 \\ 4 & -3 & 8 \end{pmatrix}$;

(3) $\begin{pmatrix} 1 & 0 & 0 & 0 \\ 1 & 1 & 0 & 0 \\ 1 & 1 & 1 & 0 \\ 1 & 1 & 1 & 1 \end{pmatrix}$; (4) $\begin{pmatrix} 3 & -2 & 0 & -1 \\ 0 & 2 & 2 & 1 \\ 1 & -2 & -3 & -2 \\ 0 & 1 & 2 & 1 \end{pmatrix}$.

9. 设矩阵 $\boldsymbol{A}^3=\boldsymbol{O}$, 证明 $\boldsymbol{A}+\boldsymbol{E}$ 可逆, 并计算 $(\boldsymbol{A}+\boldsymbol{E})^{-1}$.

10. 求解下列矩阵方程.

(1) $\begin{pmatrix} 3 & 1 \\ 2 & 6 \end{pmatrix}\boldsymbol{X}=\begin{pmatrix} 1 & -5 \\ 3 & 2 \end{pmatrix}$;

(2) $\begin{pmatrix} 1 & 5 \\ 6 & 2 \end{pmatrix}\boldsymbol{X}\begin{pmatrix} -1 & 3 \\ 2 & 7 \end{pmatrix}=\begin{pmatrix} 3 & 2 \\ 4 & 5 \end{pmatrix}$;

(3) $\boldsymbol{X}\begin{pmatrix} 2 & 1 & -1 \\ 2 & 1 & 0 \\ 1 & -1 & 1 \end{pmatrix}=\begin{pmatrix} 3 & 6 & -1 \\ 2 & 6 & 1 \\ 5 & 3 & 2 \end{pmatrix}$.

11. 设 $\boldsymbol{A}=\begin{pmatrix} 1 & 0 & 1 \\ 0 & 2 & 0 \\ 1 & 0 & 1 \end{pmatrix}$, 且 $\boldsymbol{AB}+\boldsymbol{E}=\boldsymbol{A}^2+\boldsymbol{B}$. 求 $\boldsymbol{B}$.

12. 设 $\boldsymbol{A}=\begin{pmatrix} 0 & 3 & 3 \\ 1 & 1 & 0 \\ -1 & 2 & 3 \end{pmatrix}$, 且 $\boldsymbol{AB}=\boldsymbol{A}+2\boldsymbol{B}$. 求 $\boldsymbol{B}$.

13. 求下列矩阵的秩.

(1) $\begin{pmatrix} 1 & -3 & 2 & -4 \\ -3 & 9 & -1 & 5 \\ 2 & -6 & 4 & -3 \\ -4 & 12 & 2 & 7 \end{pmatrix}$;　　(2) $\begin{pmatrix} 2 & 5 & -3 & -4 & 8 \\ 4 & 7 & -4 & -3 & 9 \\ 6 & 9 & -5 & 2 & 4 \\ 0 & -9 & 6 & 5 & -6 \end{pmatrix}$;

(3) $\begin{pmatrix} 1 & -2 & 9 & 5 & 4 \\ 1 & -1 & 6 & 5 & -3 \\ -2 & 0 & -6 & 4 & -2 \\ 4 & 1 & 9 & 1 & 9 \end{pmatrix}$.

14. 设 $\boldsymbol{A}$ 是 4×3 矩阵, $\boldsymbol{B}$ 是 3×4 矩阵, 证明 $\boldsymbol{AB}$ 不可逆.

15. 设 $\boldsymbol{A}$ 是 3×4 矩阵, $\boldsymbol{B}$ 是 4×3 矩阵, 举例说明 $\boldsymbol{AB}$ 可逆.

16. (**等差数列的矩阵表示**) 设 $a_i, i=1,2,\cdots$, 是公差为 d 的等差数列, 验证

$$(a_k, 1) = (a_{k-1}, 1)\begin{pmatrix} 1 & 0 \\ d & 1 \end{pmatrix} = (a_1, 1)\begin{pmatrix} 1 & 0 \\ d & 1 \end{pmatrix}^{k-1}, k \geqslant 2,$$

并由此验证等差数列的通项公式.

17. (**斐波那契数列的矩阵表示**) 设 a_i 是斐波那契数列, 即 $a_i = a_{i-1} + a_{i-2}, a_1 = 1, a_2 = 1$. 验证

$$(a_k, a_{k-1}) = (a_{k-1}, a_{k-2})\begin{pmatrix} 1 & 1 \\ 1 & 0 \end{pmatrix} = (1, 1)\begin{pmatrix} 1 & 1 \\ 1 & 0 \end{pmatrix}^{k-2}, k \geqslant 3,$$

并由此计算 a_n.

第二章 行 列 式

在讨论线性方程组解的一般理论之前, 我们还需要引入另一重要工具——行列式. 行列式的提出早于矩阵, 但同时, 行列式又可以视为对给定方阵的一种特殊运算, 其计算结果由一个方阵按照给定规则所确定. 1683 年, 日本数学家关孝和在其著作《解伏题之法》中第一次提出行列式的概念和行列式的展开算法. 1693 年, 德国数学家莱布尼茨 (Leibniz) 在给洛必达的信中使用并提出行列式的概念. 行列式从提出开始, 主要应用于线性方程组的求解, 直至 1812 年, 柯西将其应用于解析几何, 才激发了数学家对行列式应用的强烈兴趣. 经过不断发展, 行列式已经成为线性代数中的重要工具之一.

关孝和
1642—1708
日本数学家、日本算圣
关氏学派的创始人
《发微算法》

戈特弗里德·威廉·莱布尼茨
1646—1716
德国哲学家、数学家
微积分创始人
《神义论》
《单子论》

在本章中, 我们主要介绍行列式的基本运算规则及性质. 作为应用, 我们介绍其在线性方程组中的经典结论——克拉默法则, 以及行列式在解析几何中的应用.

2.1 行列式的概念

行列式可视为对 n 阶方阵 $\boldsymbol{A}$ 定义的一种特殊运算. 通常有以下三种记法

$$\det \boldsymbol{A},\quad |\boldsymbol{A}|,\quad \begin{vmatrix} a_{11} & \cdots & a_{1n} \\ \vdots & & \vdots \\ a_{n1} & \cdots & a_{nn} \end{vmatrix}.$$

为了叙述方便, 我们也将 n 阶方阵的行列式简称为 n **阶行列式**. n 阶行列式的定义方式有多种, 在本书中, 我们对方阵的阶采用递归的方式, 以此来定义 n 阶行列式的运算规则, 这样的定义方式称为**行列式的递归定义**. 其基本思想如下:

> **n 阶方阵行列式递归定义的思想**
> 1. 给出一阶方阵行列式的定义;
> 2. 将 n 阶行列式由 $n-1$ 阶行列式表示出来.

微视频
递归

根据以上思想, 若要计算 n 阶方阵的行列式, 需知道如何计算 $n-1$ 阶方阵的行列式, 以此类推, 直至 1 阶.

下面, 我们首先给出如下三个基本定义.

1. 1 阶行列式 设 $\boldsymbol{A}$ 是 1 阶方阵, 即 $\boldsymbol{A}=(a)$, 定义 $\boldsymbol{A}$ 的行列式为 a, 即

$$\det(a)=|a|=a.$$

注意, 这里的 $|a|$ 不是计算绝对值.

2. 余子式 设 $\boldsymbol{A}$ 是一个 n 阶方阵, $n\geqslant 2$. a_{ij} 是 $\boldsymbol{A}$ 中第 i 行 j 列的元素, 在 $\boldsymbol{A}$ 中将 a_{ij} 所在的第 i 行 j 列所有元素划去, 剩下的元素组成 $n-1$ 阶方阵, 该方阵的行列式称为 a_{ij} 的余子式, 记作 M_{ij}.

3. 代数余子式 在 a_{ij} 的余子式前添加正负号, 得 $(-1)^{i+j}M_{ij}$, 称为 a_{ij} 的代数余子式, 记为 A_{ij}, 即

$$A_{ij}=(-1)^{i+j}M_{ij}.$$

例 1 写出方阵

$$\boldsymbol{A}=\begin{pmatrix}1&2&0\\3&1&8\\4&0&2\end{pmatrix}$$

第一行每个元素的余子式和代数余子式.

解 方阵第一行的三个元素分别为 $a_{11}=1,a_{12}=2,a_{13}=0$, 对应的余子式为

$$M_{11}=\begin{vmatrix}1&8\\0&2\end{vmatrix},M_{12}=\begin{vmatrix}3&8\\4&2\end{vmatrix},M_{13}=\begin{vmatrix}3&1\\4&0\end{vmatrix}.$$

对应的代数余子式分别为

$$A_{11}=(-1)^{1+1}\begin{vmatrix}1&8\\0&2\end{vmatrix},A_{12}=(-1)^{1+2}\begin{vmatrix}3&8\\4&2\end{vmatrix},A_{13}=(-1)^{1+3}\begin{vmatrix}3&1\\4&0\end{vmatrix}.$$

根据行列式递归定义的思想, 若 $n-1$ 阶行列式已经定义, 在此基础上, 我们只需定义 n 阶行列式与某些 $n-1$ 阶行列式之间的关系. 由此, 我们引入行列式定义如下:

定义 2.1 (行列式第一行展开定义)　当 $n \geqslant 2$ 时,n 阶方阵 $\boldsymbol{A}$ 的行列式为 $\boldsymbol{A}$ 中第一行所有元素与其对应代数余子式乘积之和, 即

$$\det \boldsymbol{A} \stackrel{\text{def}}{=} a_{11}A_{11} + a_{12}A_{12} + \cdots + a_{1n}A_{1n} = \sum_{k=1}^{n} a_{1k}A_{1k}. \tag{2.1}$$

公式 (2.1) 称为行列式的**第一行展开公式**. 结合一阶行列式的定义, 任意 n 阶行列式都可通过不断展开降阶计算.

通常对于二阶和三阶行列式, 利用展开公式, 可以得到其直接的计算公式如下, 这些公式被称为二、三阶行列式的**对角线法则**.

二阶、三阶行列式对角线法则

1. 当 $\boldsymbol{A} = \begin{pmatrix} a_{11} & a_{12} \\ a_{21} & a_{22} \end{pmatrix}$ 时, $\det \boldsymbol{A} = a_{11}a_{22} - a_{12}a_{21}$.

2. 当 $\boldsymbol{A} = \begin{pmatrix} a_{11} & a_{12} & a_{13} \\ a_{21} & a_{22} & a_{23} \\ a_{31} & a_{32} & a_{33} \end{pmatrix}$ 时,

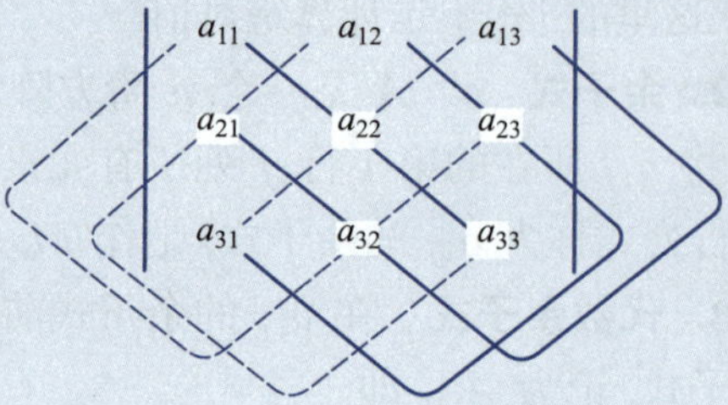

$$\begin{aligned}\det \boldsymbol{A} = & a_{11}a_{22}a_{33} + a_{12}a_{23}a_{31} \\ & + a_{13}a_{21}a_{32} - a_{13}a_{22}a_{31} \\ & - a_{12}a_{21}a_{33} - a_{11}a_{23}a_{32}.\end{aligned}$$

例 2　计算例 1 中方阵 $\boldsymbol{A}$ 的行列式.

解　由于 $\boldsymbol{A}$ 是三阶行列式, 根据定义, 按照第一行展开公式, 得

$$\begin{aligned}\det \boldsymbol{A} &= a_{11}A_{11} + a_{12}A_{12} + a_{13}A_{13} \\ &= 1 \cdot (-1)^{1+1} \begin{vmatrix} 1 & 8 \\ 0 & 2 \end{vmatrix} + 2 \cdot (-1)^{1+2} \begin{vmatrix} 3 & 8 \\ 4 & 2 \end{vmatrix} + 0 \cdot (-1)^{1+3} \begin{vmatrix} 3 & 1 \\ 4 & 0 \end{vmatrix} \\ &= 2 + 52 + 0 = 54.\end{aligned}$$

一般地, 对于三阶及以下的行列式, 可以按照对角线法则直接计算.

$$\begin{aligned}\det \boldsymbol{A} = & 1 \times 1 \times 2 + 2 \times 8 \times 4 + 3 \times 0 \times 0 - \\ & 0 \times 1 \times 4 - 2 \times 3 \times 2 - 1 \times 8 \times 0 \\ = & 54.\end{aligned}$$

定义 2.1 给出了行列式按第一行的展开公式, 一般地, 行列式可以按照任意行或任意列展开计算. 为了避免冗长的陈述, 本书省略下面定理的证明.

定理 2.1 (行列式任意行 (列) 展开定理) n 阶方阵 $\boldsymbol{A}$ 的行列式等于 $\boldsymbol{A}$ 中任意行 (列) 所有元素与其对应代数余子式乘积之和, 即

$$\det \boldsymbol{A} = a_{i1}A_{i1} + a_{i2}A_{i2} + \cdots + a_{in}A_{in} = \sum_{k=1}^{n} a_{ik}A_{ik}, \tag{2.2}$$

或

$$\det \boldsymbol{A} = a_{1j}A_{1j} + a_{2j}A_{2j} + \cdots + a_{nj}A_{nj} = \sum_{k=1}^{n} a_{kj}A_{kj}. \tag{2.3}$$

其中, $1 \leqslant i, j \leqslant n$.

公式 (2.2) 和 (2.3) 分别称为行列式的**任意行**和**任意列**展开公式. 需特别强调方阵的行列式为某行 (列) 元素与其**对应**的代数余子式乘积之和.

根据定理, 我们容易得到如下推论.

推论 2.1 若方阵 $\boldsymbol{A}$ 中某一行 (列) 的元素全为 0, 则 $\det \boldsymbol{A} = 0$.

证明 不妨假设 n 阶方阵 $\boldsymbol{A}$ 中第 i 行元素全为 0, 则根据定理 2.1, 我们将行列式按照第 i 行展开, 即

$$\det \boldsymbol{A} = 0 \cdot A_{i1} + \cdots + 0 \cdot A_{in} = 0.$$

结论成立.

在行列式的实际计算中, 通常根据方阵 $\boldsymbol{A}$ 的具体元素, 选择特殊的行或列使用展开公式进行计算, 可有效简化行列式计算. 直观地可以看到, 若某行或列中 “0” 比较多, 则计算量会相对较小.

例 3 计算下列方阵的行列式.

$$\boldsymbol{A} = \begin{pmatrix} 5 & 1 & 2 & 7 \\ 3 & 0 & 0 & 2 \\ 1 & 3 & 4 & 5 \\ 2 & 0 & 0 & 3 \end{pmatrix}.$$

解 根据方阵的特点, 第二行中 0 较多, 计算 $\boldsymbol{A}$ 的行列式时可以考虑将其按照第二行展开, 得

$$\det \boldsymbol{A} = 3 \times (-1)^{2+1} \begin{vmatrix} 1 & 2 & 7 \\ 3 & 4 & 5 \\ 0 & 0 & 3 \end{vmatrix} + 2 \times (-1)^{2+4} \begin{vmatrix} 5 & 1 & 2 \\ 1 & 3 & 4 \\ 2 & 0 & 0 \end{vmatrix}.$$

对于以上两个三阶行列式可以按照对角线法则进行计算, 也可以将其继续展开成二

阶行列式计算. 我们这里采取后者, 分别按照第三行展开, 得

$$\begin{aligned}\det \boldsymbol{A} &= 3\times(-1)^{2+1}\times 3\times(-1)^{3+3}\begin{vmatrix}1 & 2\\ 3 & 4\end{vmatrix}+\\ &\quad 2\times(-1)^{2+4}\times 2\times(-1)^{3+1}\begin{vmatrix}1 & 2\\ 3 & 4\end{vmatrix}\\ &= 18-8=10.\end{aligned}$$

根据余子式和代数余子式的定义, 我们注意到, **方阵 $\boldsymbol{A}$ 中某元素 a_{ij} 的余子式和代数余子式与该元素的取值无任何关系，只与该元素在方阵中的位置有关**. 利用该性质, 我们可以采取构造的方式对方阵某些计算进行分析.

例 4　设方阵

$$\boldsymbol{A}=\begin{pmatrix}4 & 5 & 6\\ 2 & 3 & 1\\ -1 & 2 & 0\end{pmatrix}.$$

计算 $A_{11}+A_{12}+A_{13}$.

解　根据代数余子式的定义, 可直接计算得到

$$A_{11}=\begin{vmatrix}3 & 1\\ 2 & 0\end{vmatrix}=-2,\quad A_{12}=-\begin{vmatrix}2 & 1\\ -1 & 0\end{vmatrix}=-1,\quad A_{13}=\begin{vmatrix}2 & 3\\ -1 & 2\end{vmatrix}=7,$$

因此, $A_{11}+A_{12}+A_{13}=4$.

换个角度思考该问题, 我们构造方阵 $\boldsymbol{B}$ 如下

$$\boldsymbol{B}=\begin{pmatrix}1 & 1 & 1\\ 2 & 3 & 1\\ -1 & 2 & 0\end{pmatrix}.$$

对比 $\boldsymbol{A},\boldsymbol{B}$, 我们会发现, 两个方阵第一行元素的代数余子式都相同, 即

$$A_{11}=B_{11},\quad A_{12}=B_{12},\quad A_{13}=B_{13}.$$

因此, 有

$$A_{11}+A_{12}+A_{13}=B_{11}+B_{12}+B_{13}.$$

而根据行列式的展开定义, $\det \boldsymbol{B}=B_{11}+B_{12}+B_{13}$, 根据对角线法则, 又可计算得到

$$\begin{aligned}\det \boldsymbol{B} &= 1\times 3\times 0+1\times 1\times(-1)+2\times 2\times 1-\\ &\quad 1\times 3\times(-1)-1\times 2\times 1-1\times 2\times 0\\ &= 4.\end{aligned}$$

因此, $A_{11}+A_{12}+A_{13}=\det \boldsymbol{B}=4$.

行列式的递归定义理论上给出了行列式的计算方法. 根据定义, 计算一个 2 阶行列式, 需要计算 2 个 1 阶行列式, 而计算一个 3 阶行列式, 需要计算 3 个 2 阶行列式, 以此类推, 计算 n 阶行列式需要计算 n 个 $n-1$ 阶行列式.

根据递归分析易得, 一般情况下, 计算一个 n 阶行列式共需进行 $n!(n-1)$ 次乘法运算及 $n!-1$ 次加法运算. 由此可见, 计算量巨大, 因此, 在下节中将继续深入讨论行列式的性质以简化计算.

▶ **课堂练习**

1. 已知方阵 $\boldsymbol{A}=\begin{pmatrix}1 & 2\\ 3 & 4\end{pmatrix}$, 请写出 $M_{11}, A_{11}, M_{21}, A_{21}$.

2. 根据行列式定义计算下列方阵的行列式.

$$\boldsymbol{A}=\begin{pmatrix}2 & 4\\ 1 & -1\end{pmatrix};\quad \boldsymbol{B}=\begin{pmatrix}1 & 3 & 2\\ -1 & 2 & 1\\ 0 & 1 & 2\end{pmatrix};\quad \boldsymbol{C}=\begin{pmatrix}0 & 1 & 0 & -1\\ 2 & 0 & 0 & 0\\ 0 & 3 & 0 & 2\\ 1 & -3 & 7 & 1\end{pmatrix}.$$

2.2 行列式的性质

上节最后, 我们看到, 单纯使用定义计算高阶行列式是非常复杂的. 因此, 本节重点讨论行列式的基本性质, 我们将通过这些性质, 化简行列式的计算. 对于这些性质的证明, 我们主要采用归纳法, 这也是行列式计算中的常用方法之一.

性质 2.1 设 $\boldsymbol{A}$ 是一个 n 阶方阵, 则 $\det \boldsymbol{A}=\det \boldsymbol{A}^{\mathrm{T}}$.

证明 我们对 n 采取归纳证明. 首先, 当 $n=1$ 时, $\boldsymbol{A}=\boldsymbol{A}^{\mathrm{T}}=(a)$, 因此 $\det \boldsymbol{A}=\det \boldsymbol{A}^{\mathrm{T}}=a$, 结论成立.

假设当 $n=k-1$ 时成立, 即对任意 $n-1$ 阶方阵 $\boldsymbol{A}$, $\det \boldsymbol{A}=\det \boldsymbol{A}^{\mathrm{T}}$. 下面考虑当 $n=k$ 时的情形. 设

$$\boldsymbol{A}=\begin{pmatrix}a_{11} & a_{12} & \cdots & a_{1n}\\ a_{21} & a_{22} & \cdots & a_{2n}\\ \vdots & \vdots & & \vdots\\ a_{n1} & a_{n2} & \cdots & a_{nn}\end{pmatrix},\quad \boldsymbol{A}^{\mathrm{T}}=\begin{pmatrix}a_{11} & a_{21} & \cdots & a_{n1}\\ a_{12} & a_{22} & \cdots & a_{n2}\\ \vdots & \vdots & & \vdots\\ a_{1n} & a_{2n} & \cdots & a_{nn}\end{pmatrix}.$$

根据定义, 按照第一行展开, 得

$$\det \boldsymbol{A}=a_{11}A_{11}+a_{12}A_{12}+\cdots+a_{1n}A_{1n}.$$

同理, 计算 $\boldsymbol{A}^{\mathrm{T}}$ 的行列式时, 按照第一列展开, 得

$$\det \boldsymbol{A}^{\mathrm{T}} = a_{11}A_{11}^{\mathrm{T}} + a_{12}A_{21}^{\mathrm{T}} + \cdots + a_{1n}A_{n1}^{\mathrm{T}}.$$

其中, A_{i1}^{T} 表示 $\boldsymbol{A}^{\mathrm{T}}$ 中的 i 行第 1 列元素对应的代数余子式. 由转置的关系及假设, 我们得

$$A_{i1}^{\mathrm{T}} = A_{1i}.$$

因此, $\det \boldsymbol{A} = \det \boldsymbol{A}^{\mathrm{T}}$, 结论成立.

根据性质 2.1, 在讨论行列式的计算时, 对方阵实施的各种行变换等价于对方阵转置实施相应的列变换. 因此, 下列各种性质中, 我们以行变换为例进行分析, 列变换下的结果一致, 证明过程类似.

性质 2.2 设 $\boldsymbol{A}$ 是一个 n 阶方阵, 其中, $n \geqslant 2$. 若对 $\boldsymbol{A}$ 实施一次交换行 (交换列) 变换后得到方阵 $\boldsymbol{B}$, 则 $\det \boldsymbol{B} = -\det \boldsymbol{A}$.

证明 首先, 当 $n=2$ 时, 根据二阶行列式的对角线法则, 容易验证结论成立.

假设当 $n=k-1$ 时, 结论成立, 即交换 $k-1$ 阶方阵中任意两行, 行列式值异号. 下面考虑当 $n=k$ 时, 设 $\boldsymbol{A}$ 以及交换 $\boldsymbol{A}$ 中第 i 行和 j 行后的方阵 $\boldsymbol{A}^{(i,j)}$ 如下:

$$\boldsymbol{A} = \begin{pmatrix} a_{11} & a_{12} & \cdots & a_{1n} \\ \vdots & \vdots & & \vdots \\ a_{i1} & a_{i2} & \cdots & a_{in} \\ \vdots & \vdots & & \vdots \\ a_{j1} & a_{j2} & \cdots & a_{jn} \\ \vdots & \vdots & & \vdots \\ a_{n1} & a_{n2} & \cdots & a_{nn} \end{pmatrix}, \quad \boldsymbol{A}^{(i,j)} = \begin{pmatrix} a_{11} & a_{12} & \cdots & a_{1n} \\ \vdots & \vdots & & \vdots \\ a_{j1} & a_{j2} & \cdots & a_{jn} \\ \vdots & \vdots & & \vdots \\ a_{i1} & a_{i2} & \cdots & a_{in} \\ \vdots & \vdots & & \vdots \\ a_{n1} & a_{n2} & \cdots & a_{nn} \end{pmatrix},$$

根据定理 2.1, 任取 $l \neq i,j$, 按照第 l 行展开计算 $\boldsymbol{A}$ 和 $\boldsymbol{A}^{(i,j)}$ 的行列式, 得

$$\det \boldsymbol{A} = a_{l1}A_{l1} + a_{l2}A_{l2} + \cdots + a_{ln}A_{ln};$$
$$\det \boldsymbol{A}^{(i,j)} = a_{l1}A_{l1}^{(i,j)} + a_{l2}A_{l2}^{(i,j)} + \cdots + a_{ln}A_{ln}^{(i,j)}.$$

根据假设, 有

$$A_{lk}^{(i,j)} = -A_{lk}, k = 1, 2, \cdots, n.$$

因此, $\det \boldsymbol{A}^{(i,j)} = -\det \boldsymbol{A}$. 结论成立.

推论 2.2 若方阵 $\boldsymbol{A}$ 中两行 (列) 相同, 则 $\det \boldsymbol{A} = 0$.

证明 设 $\boldsymbol{A}$ 中第 i 行和第 j 行相同,$i \neq j$, $\det \boldsymbol{A} = d$. 交换 i,j 两行得到方阵 $\boldsymbol{B}$.

一方面, 显然 $\boldsymbol{A}=\boldsymbol{B}$. 因此, $\det \boldsymbol{A}=\det \boldsymbol{B}=d$.

另一方面, 由性质 2.2, $\det \boldsymbol{B}=-\det \boldsymbol{A}=-d$. 因此, $d=-d$, 即 $\det \boldsymbol{A}=d=0$. 结论成立.

在定理 2.1 中, 我们特别强调在计算行列式时, 元素与其代数余子式对应相乘. 若元素与代数余子式不对应时, 我们有如下重要结论.

定理 2.2 设 $\boldsymbol{A}$ 是一个 n 阶方阵, 则

$$a_{i1}A_{j1}+a_{i2}A_{j2}+\cdots+a_{in}A_{jn}=0, i\neq j,$$
$$a_{1i}A_{1j}+a_{2i}A_{2j}+\cdots+a_{ni}A_{nj}=0, i\neq j.$$

证明 由上节例 4, 我们知道, 一个方阵中, 元素 a_{ij} 的代数余子式 A_{ij} 与 a_{ij} 的取值无关. 因此, 根据行列式的按行展开公式

$$a_{i1}A_{j1}+a_{i2}A_{j2}+\cdots+a_{in}A_{jn}$$

等价于计算方阵

$$\boldsymbol{B}=\begin{pmatrix} a_{11} & a_{12} & \cdots & a_{1n} \\ \vdots & \vdots & & \vdots \\ a_{i1} & a_{i2} & \cdots & a_{in} \\ \vdots & \vdots & & \vdots \\ a_{i1} & a_{i2} & \cdots & a_{in} \\ \vdots & \vdots & & \vdots \\ a_{n1} & a_{n2} & \cdots & a_{nn} \end{pmatrix} \begin{matrix} \\ \\ i \\ \\ j \\ \\ \\ \end{matrix}$$

的行列式, 根据推论 2.2, 显然, $\det \boldsymbol{B}=0$. 因此,

$$a_{i1}A_{j1}+a_{i2}A_{j2}+\cdots+a_{in}A_{jn}=\det \boldsymbol{B}=0.$$

定理成立.

性质 2.3 设 $\boldsymbol{A}$ 是一个 n 阶方阵. 若对 $\boldsymbol{A}$ 中某一行 (列) 实施一次倍乘行 (列) 变换后得到方阵 $\boldsymbol{B}$, 则 $\det \boldsymbol{B}=k\det \boldsymbol{A}$.

证明 设方阵 $\boldsymbol{B}$ 是由 $\boldsymbol{A}$ 实施一次倍乘行变换 kr_i 变换得到, 故有

$$b_{ij}=ka_{ij}, B_{ij}=A_{ij}, j=1,2,\cdots,n.$$

因此,

$$\det \boldsymbol{B}=\sum_{k=1}^{n}b_{ik}B_{ik}=\sum_{k=1}^{n}ka_{ik}A_{ik}=k\det \boldsymbol{A}.$$

结论成立.

注意 当 $k=0$ 时, 性质 2.3 仍然成立.

例 5 设 $\boldsymbol{A}$ 是 n 阶方阵, 且 $|\boldsymbol{A}|=3$. 计算 $|2\boldsymbol{A}|$.

解 注意到矩阵数量乘法中 $2\boldsymbol{A}$ 表示矩阵中所有元素都乘 2, 由于 $\boldsymbol{A}$ 是 n 阶方阵, 因此等价于实施了 n 次倍乘行变换, 根据性质 2.3, 得

$$|2\boldsymbol{A}|=2^n\cdot|\boldsymbol{A}|=3\cdot 2^n.$$

性质 2.3 也等价于: **若方阵中某行 (列) 所有元素有公因数 k, 则方阵的行列式等于 k 倍该行约去公因数后的行列式**. 上述等价性质在行列式计算中应用更为简便. 根据等价性质, 我们有如下推论.

推论 2.3 若方阵 $\boldsymbol{A}$ 中某两行 (列) 对应元素成比例, 则 $\det\boldsymbol{A}=0$.

证明 设方阵 $\boldsymbol{A}$ 中, 第 i,j 两行对应成比例, 即 $a_{ik}=ka_{jk}, k=1,2,\cdots,n$. 根据等价性质, $\det\boldsymbol{A}=k\det\boldsymbol{B}$. 其中, $\boldsymbol{B}$ 为 $\boldsymbol{A}$ 中第 i 行所有元素除以 k 得到. 因此, $\boldsymbol{B}$ 中 i,j 两行元素相同, 即 $\det\boldsymbol{B}=0$. 故 $\det\boldsymbol{A}=0$. 结论成立.

性质 2.4 设 $\boldsymbol{A}$ 是一个 n 阶方阵, 若 $\boldsymbol{A}$ 中第 i 行 (列) 元素可以写为

$$a_{ik}=b_{ik}+c_{ik}, k=1,\cdots,n.$$

则

$$\begin{vmatrix} a_{11} & a_{12} & \cdots & a_{1n} \\ \vdots & \vdots & & \vdots \\ b_{i1}+c_{i1} & b_{i2}+c_{i2} & \cdots & b_{in}+c_{in} \\ \vdots & \vdots & & \vdots \\ a_{n1} & a_{n2} & \cdots & a_{nn} \end{vmatrix}$$
$$=\begin{vmatrix} a_{11} & a_{12} & \cdots & a_{1n} \\ \vdots & \vdots & & \vdots \\ b_{i1} & b_{i2} & \cdots & b_{in} \\ \vdots & \vdots & & \vdots \\ a_{n1} & a_{n2} & \cdots & a_{nn} \end{vmatrix}+\begin{vmatrix} a_{11} & a_{12} & \cdots & a_{1n} \\ \vdots & \vdots & & \vdots \\ c_{i1} & c_{i2} & \cdots & c_{in} \\ \vdots & \vdots & & \vdots \\ a_{n1} & a_{n2} & \cdots & a_{nn} \end{vmatrix}.$$

证明 证明只需将行列式按照第 i 行展开, 利用加法分配律可得结论成立, 本书不再赘述.

性质 2.5 设 $\boldsymbol{A}$ 是一个 n 阶方阵, 若对 $\boldsymbol{A}$ 施行一次加乘行 (列) 变换得到方阵 $\boldsymbol{B}$, 则 $\det\boldsymbol{A}=\det\boldsymbol{B}$.

证明 若将 $\boldsymbol{A}$ 中第 j 行的 k 倍加到第 i 行上, 得到方阵 $\boldsymbol{B}$, 如下

$$B=\begin{pmatrix} a_{11} & a_{12} & \cdots & a_{1n} \\ \vdots & \vdots & & \vdots \\ a_{i1}+ka_{j1} & a_{i2}+ka_{j2} & \cdots & a_{in}+ka_{jn} \\ \vdots & \vdots & & \vdots \\ a_{n1} & a_{n2} & \cdots & a_{nn} \end{pmatrix}.$$

则根据性质 2.4 及推论 2.4 得

$$\det \boldsymbol{B}=\begin{vmatrix} a_{11} & a_{12} & \cdots & a_{1n} \\ \vdots & \vdots & & \vdots \\ a_{i1} & a_{i2} & \cdots & a_{in} \\ \vdots & \vdots & & \vdots \\ a_{n1} & a_{n2} & \cdots & a_{nn} \end{vmatrix}+\begin{vmatrix} a_{11} & a_{12} & \cdots & a_{1n} \\ \vdots & \vdots & & \vdots \\ ka_{j1} & ka_{j2} & \cdots & ka_{jn} \\ \vdots & \vdots & & \vdots \\ a_{n1} & a_{n2} & \cdots & a_{nn} \end{vmatrix}$$
$$=\det \boldsymbol{A}+0=\det \boldsymbol{A}.$$

结论成立.

在行列式的计算中, 灵活运用以上性质, 可简化计算.

例 6 计算下列方阵的行列式.

$$\boldsymbol{A}=\begin{pmatrix} 18 & 6 & 12 \\ 5 & 7 & 3 \\ 11 & 15 & 8 \end{pmatrix};\quad \boldsymbol{B}=\begin{pmatrix} 0 & 1 & 2 & -1 \\ 2 & 5 & -7 & 3 \\ 0 & 3 & 6 & 2 \\ -2 & -5 & 4 & -2 \end{pmatrix}.$$

解 方阵 $\boldsymbol{A}$ 虽然是 3 阶方阵, 但是由于方阵中数据值较大, 因此不便于直接使用对角线法则进行计算. 则计算量比较大. 故可考虑先通过以上性质, 将方阵中的数据变小后再计算. 根据性质 2.3 和性质 2.5, 得

$$\begin{vmatrix} 18 & 6 & 12 \\ 5 & 7 & 3 \\ 11 & 15 & 8 \end{vmatrix} \xlongequal[\text{性质 2.3}]{\text{第一行提取公因数 6}} 6\begin{vmatrix} 3 & 1 & 2 \\ 5 & 7 & 3 \\ 11 & 15 & 8 \end{vmatrix}$$
$$\xlongequal[\text{性质 2.5}]{\text{第 3 行加上第 2 行的 } (-2) \text{ 倍}} 6\begin{vmatrix} 3 & 1 & 2 \\ 5 & 7 & 3 \\ 1 & 1 & 2 \end{vmatrix}.$$

以上三阶行列式的数据值已经相对较小, 可以使用对角线法则进行计算, 当然也可以继续使用性质化简. 因此, 容易计算得到 $\det \boldsymbol{A}=132$.

对于方阵 $\boldsymbol{B}$, 我们可以通过性质及行列式定义作以下简化计算

$$\begin{vmatrix} 0 & 1 & 2 & -1 \\ 2 & 5 & -7 & 3 \\ 0 & 3 & 6 & 2 \\ -2 & -5 & 4 & -2 \end{vmatrix} = \begin{vmatrix} 0 & 1 & 2 & -1 \\ 2 & 5 & -7 & 3 \\ 0 & 3 & 6 & 2 \\ 0 & 0 & -3 & 1 \end{vmatrix} = -2\begin{vmatrix} 1 & 2 & -1 \\ 3 & 6 & 2 \\ 0 & -3 & 1 \end{vmatrix}$$

$$= -2\begin{vmatrix} 1 & 2 & -1 \\ 0 & 0 & 5 \\ 0 & -3 & 1 \end{vmatrix} = -2\cdot(1)\begin{vmatrix} 0 & 5 \\ -3 & 1 \end{vmatrix} = -30.$$

▶ 课堂练习

1. 根据行列式性质计算下列方阵的行列式.

$$\boldsymbol{A} = \begin{pmatrix} 1 & 2 & 3 \\ 4 & 5 & 6 \\ 7 & 8 & 9 \end{pmatrix}; \quad \boldsymbol{B} = \begin{pmatrix} 1 & 3 & 5 \\ 2 & 4 & 6 \\ 1 & 1 & 2 \end{pmatrix}.$$

2. 设 $\boldsymbol{A},\boldsymbol{B}$ 都是 3 阶方阵. 若 $|\boldsymbol{A}| = 2, |\boldsymbol{B}| = 3$, 根据行列式性质判断下列表达式是否正确, 并举例说明.

(1) $|3\boldsymbol{A}| = 6$;　(2) $|\boldsymbol{A}+\boldsymbol{B}| = 5$;　(3) $|\boldsymbol{A}| - |\boldsymbol{B}| = |\boldsymbol{A}-\boldsymbol{B}|$.

2.3　行列式的计算

本节中, 我们应用行列式的定义及各种性质, 讨论一般行列式的计算方法, 部分例题的结果也可以作为一般性结论使用.

1. 三角阵的行列式

例 7　证明: 上 (下) 三角阵的行列式等于其主对角元素之积.

证明　设 $\boldsymbol{A}$ 是 n 阶上三角阵, 即

$$\boldsymbol{A} = \begin{pmatrix} a_{11} & a_{12} & \cdots & a_{1n} \\ 0 & a_{22} & \cdots & a_{2n} \\ \vdots & \vdots & & \vdots \\ 0 & 0 & \cdots & a_{nn} \end{pmatrix}.$$

根据定理 2.1, 按照第一列展开有

$$\det \boldsymbol{A} = a_{11}A_{11} = a_{11}\cdot(-1)^{1+1}\cdot\begin{vmatrix} a_{22} & \cdots & a_{2n} \\ \vdots & & \vdots \\ 0 & \cdots & a_{nn} \end{vmatrix} = a_{11}\cdot\det A_{n-1}.$$

其中, A_{n-1} 是 $n-1$ 阶上三角阵, 由归纳假设, $\det A_1 = a_{22}\cdot a_{33}\cdot\cdots\cdot a_{nn}$, 因此, 有

$$\det \boldsymbol{A} = a_{11}a_{22}\cdots a_{nn}.$$

结论成立.

推论 2.4 对角阵行列式等于对角元素之积. 特别地, $\det \boldsymbol{E}_n = 1$.

例 8 计算反对角阵

$$\boldsymbol{A} = \begin{pmatrix} 0 & \cdots & 0 & a_1 \\ 0 & \cdots & a_2 & 0 \\ \vdots & \vdots & & \vdots \\ a_n & 0 & \cdots & 0 \end{pmatrix}$$

的行列式.

解 我们将方阵通过交换列变换为对角阵. 首先, 将第 n 列交换至第 1 列, 其余列的顺序不发生改变, 需要将第 n 列依次与第 $n-1$ 列, 第 $n-2$ 列,$\cdots$, 第 1 列交换, 共需要 $n-1$ 次列交换变换. 依此类推, 将变换后的第 n 列变到第 2 列, 共需要 $n-2$ 次列交换变换. 最后将 $\boldsymbol{A}$ 变换为对角阵共需要

$$(n-1)+(n-2)+\cdots+1 = \frac{n(n-1)}{2}$$

次列交换变换. 根据性质 2.2 及上述结论, 得

$$\det \boldsymbol{A} = (-1)^{\frac{n(n-1)}{2}}a_1a_2\cdots a_n.$$

2. 某行 (列) 之和相等方阵的行列式

例 9 计算下列行列式.

$$D = \begin{vmatrix} 1 & 2 & 3 & 4 \\ 2 & 3 & 4 & 1 \\ 3 & 4 & 1 & 2 \\ 4 & 1 & 2 & 3 \end{vmatrix}.$$

解 注意观察, 这类行列式, 每一行或每一列之和都相同, 因此我们可以将其余所有列加到第一列, 得到所有元素相同的一列. 根据性质 2.5, 性质 2.3 有

$$D=\begin{vmatrix}1&2&3&4\\2&3&4&1\\3&4&1&2\\4&1&2&3\end{vmatrix}=\begin{vmatrix}10&2&3&4\\10&3&4&1\\10&4&1&2\\10&1&2&3\end{vmatrix}=10\begin{vmatrix}1&2&3&4\\1&3&4&1\\1&4&1&2\\1&1&2&3\end{vmatrix}.$$

此时再根据性质 2.5, 利用加乘行变换将第一列除第一行外其余元素变为 0, 得

$$D=10\cdot\begin{vmatrix}1&2&3&4\\0&1&1&-3\\0&2&-2&-2\\0&-1&-1&-1\end{vmatrix}=10\cdot\begin{vmatrix}1&1&-3\\2&-2&-2\\-1&-1&-1\end{vmatrix}=160.$$

上式最后的三阶行列式, 可直接按照对角线法则计算.

3. 范德蒙德行列式

例 10 设 $a_1,a_2,\cdots,a_n$ 是任意的数, 行列式

$$V_n=\begin{vmatrix}1&1&\cdots&1\\a_1&a_2&\cdots&a_n\\a_1^2&a_2^2&\cdots&a_n^2\\\vdots&\vdots&&\vdots\\a_1^{n-1}&a_2^{n-1}&\cdots&a_n^{n-1}\end{vmatrix}$$

称为 n 阶范德蒙德 (Vandermonde) 行列式, 证明

$$V_n=\prod_{1\leqslant j<i\leqslant n}(a_i-a_j).$$

证明 我们对范德蒙德行列式的阶进行归纳证明. 从最后一行开始, 使用加乘行变换, 用后一行减去前一行的 a_1 倍, 得

$$V_n=\begin{vmatrix}1&1&\cdots&1\\0&a_2-a_1&\cdots&a_n-a_1\\0&a_2(a_2-a_1)&\cdots&a_n(a_n-a_1)\\\vdots&\vdots&&\vdots\\0&a_2^{n-2}(a_2-a_1)&\cdots&a_n^{n-2}(a_n-a_1)\end{vmatrix}$$

$$
= \begin{vmatrix} a_2 - a_1 & \cdots & a_n - a_1 \\ a_2(a_2 - a_1) & \cdots & a_n(a_n - a_1) \\ \vdots & & \vdots \\ a_2^{n-2}(a_2 - a_1) & \cdots & a_n^{n-2}(a_n - a_1) \end{vmatrix}
$$

$$
= \prod_{2 \leqslant i \leqslant n} (a_i - a_1) \cdot \begin{vmatrix} 1 & \cdots & 1 \\ a_2 & \cdots & a_n \\ \vdots & & \vdots \\ a_2^{n-2} & \cdots & a_n^{n-2} \end{vmatrix}.
$$

因此, 计算 n 阶范德蒙德行列式转化为计算 $n-1$ 阶范德蒙德行列式. 根据归纳假设, 有

$$
\begin{vmatrix} 1 & \cdots & 1 \\ a_2 & \cdots & a_n \\ \vdots & & \vdots \\ a_2^{n-2} & \cdots & a_n^{n-2} \end{vmatrix} = \prod_{2 \leqslant j < i \leqslant n} (a_i - a_j).
$$

因此

$$
V_n = \prod_{1 \leqslant j < i \leqslant n} (a_i - a_j).
$$

4. 伴随矩阵

定义 2.2 设 $\boldsymbol{A}$ 为 n 阶方阵, $n \geqslant 2$. 称方阵

$$
\boldsymbol{A}^* = \begin{pmatrix} A_{11} & A_{21} & \cdots & A_{n1} \\ A_{12} & A_{22} & \cdots & A_{n2} \\ \vdots & \vdots & & \vdots \\ A_{1n} & A_{2n} & \cdots & A_{nn} \end{pmatrix}
$$

为 $\boldsymbol{A}$ 的伴随矩阵.

伴随矩阵是一种重要的特殊矩阵, 具有如下性质.

性质 2.6 设 n 阶方阵 $\boldsymbol{A}$, $n \geqslant 2$, 则 $\boldsymbol{A} \cdot \boldsymbol{A}^* = \boldsymbol{A}^* \cdot \boldsymbol{A} = \det \boldsymbol{A} \cdot \boldsymbol{E}_n$.

证明 我们只证明 $\boldsymbol{A} \cdot \boldsymbol{A}^* = \det \boldsymbol{A} \cdot \boldsymbol{E}_n$, 其余留给读者.

设 $\boldsymbol{B} = \boldsymbol{A} \cdot \boldsymbol{A}^* = (b_{ij})$, 根据矩阵乘法定义及定理 2.2, 得

$$
b_{ij} = \begin{cases} \displaystyle\sum_{k=1}^{n} a_{ik} A_{ik} = \det A, & i = j, \\ \displaystyle\sum_{k=1}^{n} a_{ik} A_{jk} = 0, & i \neq j, \end{cases}
$$

因此, 结论成立.

根据以上性质, 我们得到如下推论.

推论 2.5 若 $\det \boldsymbol{A} \neq 0$, 则 $\boldsymbol{A}$ 可逆, 且

$$\boldsymbol{A}^{-1} = \frac{\boldsymbol{A}^*}{\det \boldsymbol{A}}.$$

根据以上推论, 我们得到计算矩阵逆的另一种方法. 在低阶的情况下, 可以考虑使用构造伴随矩阵的方法求逆.

例 11 求下列方阵 $\boldsymbol{A}$ 的逆.

$$\boldsymbol{A} = \begin{pmatrix} 3 & -4 & 5 \\ 2 & -3 & 1 \\ 3 & -5 & -1 \end{pmatrix}.$$

解 计算方阵的行列式有 $\det \boldsymbol{A} = -1$. 计算出 9 个代数余子式得到

$$A_{11} = 8,\ A_{12} = 5,\ A_{13} = -1,\ A_{21} = -29,\ A_{22} = -18,$$
$$A_{23} = 3,\ A_{31} = 11,\ A_{32} = 7,\ A_{33} = -1.$$

因此, $\boldsymbol{A}$ 的伴随矩阵和逆矩阵分别为

$$\boldsymbol{A}^* = \begin{pmatrix} 8 & -29 & 11 \\ 5 & -18 & 7 \\ -1 & 3 & -1 \end{pmatrix},\quad \boldsymbol{A}^{-1} = \frac{\boldsymbol{A}^*}{\det \boldsymbol{A}} = \begin{pmatrix} -8 & 29 & -11 \\ -5 & 18 & -7 \\ 1 & -3 & 1 \end{pmatrix}.$$

5. 方阵乘法的行列式

定理 2.3 设 $\boldsymbol{A},\boldsymbol{B}$ 是两个 n 阶方阵, 则 $\det \boldsymbol{AB} = \det \boldsymbol{A} \cdot \det \boldsymbol{B}$.

证明 构造如下分块矩阵

$$\boldsymbol{C} = \begin{pmatrix} \boldsymbol{A} & \boldsymbol{O} \\ \boldsymbol{E} & \boldsymbol{B} \end{pmatrix}.$$

根据行列式的性质, 可得 $\det \boldsymbol{C} = \det \boldsymbol{A} \cdot \det \boldsymbol{B}$ (参考习题 2, 第 8 题).

另一方面, 有

$$\begin{pmatrix} \boldsymbol{E} & -\boldsymbol{A} \\ \boldsymbol{O} & \boldsymbol{E} \end{pmatrix}\begin{pmatrix} \boldsymbol{A} & \boldsymbol{O} \\ \boldsymbol{E} & \boldsymbol{B} \end{pmatrix} = \begin{pmatrix} \boldsymbol{O} & -\boldsymbol{AB} \\ \boldsymbol{E} & \boldsymbol{B} \end{pmatrix}.$$

上面等式左边等价于对 $\boldsymbol{C}$ 实施块加乘行变换 $r_1 - \boldsymbol{A}r_2$, 因此行列式的值不变, 而等式右边的行列式为 $\det \boldsymbol{AB}$.

故定理得证.

结合上述定理及伴随矩阵性质, 我们得到方阵可逆与行列式之间的重要联系如下:

定理 2.4 方阵 $\boldsymbol{A}$ 可逆当且仅当 $\det \boldsymbol{A} \neq 0$.

证明 一方面, 若 $\boldsymbol{A}$ 可逆, 则 $\boldsymbol{A}\boldsymbol{A}^{-1} = \boldsymbol{E}$, 根据定理 2.3, 得

$$\det \boldsymbol{A}\boldsymbol{A}^{-1} = \det \boldsymbol{A} \cdot \det \boldsymbol{A}^{-1} = \det \boldsymbol{E} = 1.$$

因此, $\det \boldsymbol{A} \neq 0$.

另一方面, 若 $\det \boldsymbol{A} \neq 0$, 构造伴随矩阵 $\boldsymbol{A}^*$, 根据伴随矩阵的性质, 推论 2.5, 得到 $\boldsymbol{A}$ 可逆.

由于矩阵乘法不具备交换律, 因此在方阵可逆的定义中, 特别强调 $\boldsymbol{AB} = \boldsymbol{BA} = \boldsymbol{E}$. 根据定理 2.4, 下述推论则可以简化可逆定义.

推论 2.6 设 $\boldsymbol{A}$ 为 n 阶方阵. 若存在方阵 $\boldsymbol{B}$ 使得 $\boldsymbol{AB} = \boldsymbol{E}$, 则 $\boldsymbol{A}$ 可逆, 且 $\boldsymbol{B}$ 为 $\boldsymbol{A}$ 的逆.

证明 由定理 2.3, 若 $\boldsymbol{AB} = \boldsymbol{E}$, 则显然 $\det \boldsymbol{A} \neq 0$, 再根据定理 2.4, 则 $\boldsymbol{A}$ 可逆. 由可逆的唯一性, 可得 $\boldsymbol{B}$ 即为 $\boldsymbol{A}^{-1}$.

结论成立.

6. 抽象方阵的行列式计算

根据行列式性质, 我们可以分析计算抽象方阵的行列式.

例 12 设 $\boldsymbol{A}$ 是 3 阶方阵, 记 $\boldsymbol{\alpha}_i$ 为 $\boldsymbol{A}$ 中第 i 列元素. 若 $|\boldsymbol{\alpha}_1, \boldsymbol{\alpha}_2, \boldsymbol{\alpha}_3| = D$, 计算下列行列式.

$$|\boldsymbol{\alpha}_3, 2\boldsymbol{\alpha}_1 - \boldsymbol{\alpha}_2, \boldsymbol{\alpha}_1 + \boldsymbol{\alpha}_3|.$$

解 我们可将方阵 $(\boldsymbol{\alpha}_3, 2\boldsymbol{\alpha}_1 - \boldsymbol{\alpha}_2, \boldsymbol{\alpha}_1 + \boldsymbol{\alpha}_3)$ 视为方阵 $(\boldsymbol{\alpha}_1, \boldsymbol{\alpha}_2, \boldsymbol{\alpha}_3)$ 经过若干初等列变换得到. 变换过程如下

$$(\boldsymbol{\alpha}_1, \boldsymbol{\alpha}_2, \boldsymbol{\alpha}_3) \xrightarrow[c_2+2c_1]{(-1)c_2} (\boldsymbol{\alpha}_1, 2\boldsymbol{\alpha}_1 - \boldsymbol{\alpha}_2, \boldsymbol{\alpha}_3) \xrightarrow[c_3+c_1]{c_1 \leftrightarrow c_3} (\boldsymbol{\alpha}_3, 2\boldsymbol{\alpha}_1 - \boldsymbol{\alpha}_2, \boldsymbol{\alpha}_1 + \boldsymbol{\alpha}_3).$$

因此, 根据行列式的性质, 可得

$$|\boldsymbol{\alpha}_3, 2\boldsymbol{\alpha}_1 - \boldsymbol{\alpha}_2, \boldsymbol{\alpha}_1 + \boldsymbol{\alpha}_3| = D.$$

例 13 设 $\boldsymbol{A}$ 是 3 阶方阵, 若 $|\boldsymbol{A}| = 2$, 计算 $|\boldsymbol{A}^{-1} + 2\boldsymbol{A}^*|$.

解 因为 $\boldsymbol{A} \cdot \boldsymbol{A}^{-1} = \boldsymbol{E}_3$, 因此

$$|\boldsymbol{A} \cdot \boldsymbol{A}^{-1}| = |\boldsymbol{A}| \cdot |\boldsymbol{A}^{-1}| = 1,$$

即 $|\boldsymbol{A}^{-1}| = \dfrac{1}{2}$, 又因为 $\dfrac{\boldsymbol{A}^*}{|\boldsymbol{A}|} = \boldsymbol{A}^{-1}$, 及 $\boldsymbol{A}$ 是 3 阶方阵, 因此

$$|\boldsymbol{A}^{-1} + 2\boldsymbol{A}^*| = |\boldsymbol{A}^{-1} + 2|\boldsymbol{A}| \cdot \boldsymbol{A}^{-1}| = |(1 + 2|\boldsymbol{A}|) \cdot \boldsymbol{A}^{-1}| = 5^3 \cdot \frac{1}{2} = \frac{125}{2}.$$

▶ **课堂练习**

1. 计算下列行列式.

(1) $\begin{vmatrix} 1 & 1 & 1 \\ 1 & 3 & 2 \\ 1 & 9 & 4 \end{vmatrix}$; (2) $\begin{vmatrix} 1 & 2 & 2 \\ 2 & 1 & 2 \\ 2 & 2 & 1 \end{vmatrix}$.

2. 写出下列方阵的伴随矩阵, 并计算方阵的逆.

$$\boldsymbol{A}=\begin{pmatrix} 6 & 2 \\ 3 & 0 \end{pmatrix}; \quad \boldsymbol{B}=\begin{pmatrix} 1 & 1 & 1 \\ -1 & 1 & 2 \\ 1 & 1 & 4 \end{pmatrix}.$$

3. 已知 $|\boldsymbol{A}|=2$, $\boldsymbol{A}$ 是三阶方阵, 计算

(1) $|3\boldsymbol{A}^{-1}|$; (2) $|(3\boldsymbol{A})^{-1}|$; (3) $|\boldsymbol{A}^{-1}+\boldsymbol{A}^*|$; (4) $|(3\boldsymbol{A})^*|$.

2.4 克拉默法则

1750 年, 瑞士数学家克拉默在一篇论文中指出了行列式在解析几何中的应用, 并且给出了利用行列式求解 n 元 n 个方程的线性方程组的计算公式, 即克拉默法则.

由矩阵乘法, n 元线性方程组可以写为

$$\boldsymbol{AX}=\boldsymbol{b},$$

其中

$$\boldsymbol{A}=\begin{pmatrix} a_{11} & a_{12} & \cdots & a_{1n} \\ a_{21} & a_{22} & \cdots & a_{2n} \\ \vdots & \vdots & & \vdots \\ a_{n1} & a_{n2} & \cdots & a_{nn} \end{pmatrix}, \boldsymbol{X}=\begin{pmatrix} x_1 \\ x_2 \\ \vdots \\ x_n \end{pmatrix}, \boldsymbol{b}=\begin{pmatrix} b_1 \\ b_2 \\ \vdots \\ b_n \end{pmatrix}.$$

定理 2.5 (克拉默法则) 设 $\boldsymbol{A}$ 是 n 阶方阵, 若 $\boldsymbol{A}$ 的行列式不为 0, 则对于任意的向量 $\boldsymbol{b}$, 方程组 $\boldsymbol{AX}=\boldsymbol{b}$ 有唯一解, 且解为

$$x_i=\frac{\det \boldsymbol{A}_i}{\det \boldsymbol{A}},$$

其中 $\boldsymbol{A}_i$ 表示方阵 $\boldsymbol{A}$ 中第 i 列用 $\boldsymbol{b}$ 替换后的方阵.

证明 记 $\boldsymbol{E}_i(x)$ 表示单位阵中第 i 列由 $\boldsymbol{X}$ 替换后的方阵. 若 $\boldsymbol{AX}=\boldsymbol{b}$, 则

$$\boldsymbol{AE}_i(x)=\begin{pmatrix} a_{11} & a_{12} & \cdots & a_{1n} \\ a_{21} & a_{22} & \cdots & a_{2n} \\ \vdots & \vdots & & \vdots \\ a_{n1} & a_{n2} & \cdots & a_{nn} \end{pmatrix}\begin{pmatrix} 1 & \cdots & x_1 & \cdots & 0 \\ \vdots & & \vdots & & \vdots \\ 0 & \cdots & x_i & \cdots & 0 \\ \vdots & & \vdots & & \vdots \\ 0 & \cdots & x_n & \cdots & 1 \end{pmatrix}$$

$$=\begin{pmatrix} a_{11} & \cdots & b_1 & \cdots & a_{1n} \\ \vdots & & \vdots & & \vdots \\ a_{i1} & \cdots & b_i & \cdots & a_{in} \\ \vdots & & \vdots & & \vdots \\ a_{n1} & \cdots & b_n & \cdots & a_{nn} \end{pmatrix}=\boldsymbol{A}_i.$$

根据方阵乘法的行列式公式, 有

$$(\det \boldsymbol{A})(\det \boldsymbol{E}_i(x))=\det \boldsymbol{A}_i.$$

将 $\boldsymbol{E}_i(x)$ 按第 i 行展开, 容易算出 $\det \boldsymbol{E}_i(x)=x_i$, 因此, 当 $\det \boldsymbol{A}\neq 0$ 时,

$$x_i=\frac{\det \boldsymbol{A}_i}{\det \boldsymbol{A}}.$$

上述证明过程实质上也同时证明了方程组解的存在性.

推论 2.7 若线性方程组 $\boldsymbol{AX}=\boldsymbol{b}$ 中, $\boldsymbol{b}=\boldsymbol{O}$, 且 $\det \boldsymbol{A}\neq 0$, 则方程组有唯一解 $\boldsymbol{X}=\boldsymbol{O}$.

例 14 根据拉格朗日插值方法, 平面中 n 个点必定经过某个 $n-1$ 次多项式. 求通过点 $(1,0),(2,2),(3,1)$ 的二次曲线.

解 设二次曲线为

$$y=a_0+a_1x+a_2x^2,$$

其中, a_0,a_1,a_2 是未知系数, 由于曲线过已知三点, 因此有

$$\begin{cases} a_0+a_1+a_2=0, \\ a_0+2a_1+4a_2=2, \\ a_0+3a_1+9a_2=1. \end{cases}$$

上述方程组的系数矩阵为

$$\boldsymbol{A}=\begin{pmatrix} 1 & 1 & 1 \\ 1 & 2 & 4 \\ 1 & 3 & 9 \end{pmatrix}.$$

其行列式为范德蒙德行列式, $\det \boldsymbol{A} = 2 \neq 0$, 并且

$$\det \boldsymbol{A}_1 = -10, \quad \det \boldsymbol{A}_2 = 13, \quad \det \boldsymbol{A}_3 = -3.$$

因此, 根据克拉默法则, 有

$$a_1 = \frac{\det \boldsymbol{A}_1}{\det \boldsymbol{A}} = -5, \quad a_2 = \frac{\det \boldsymbol{A}_2}{\det \boldsymbol{A}} = \frac{13}{2}, \quad a_3 = \frac{\det \boldsymbol{A}_3}{\det \boldsymbol{A}} = \frac{-3}{2}.$$

▶ **课堂练习**

根据克拉默法则计算下列方程组的解.

(1) $\begin{cases} x_1 - x_2 = 1, \\ 2x_1 - x_2 = 4; \end{cases}$ (2) $\begin{cases} 2x_1 + x_2 = 7, \\ -3x_1 + x_3 = -8, \\ x_2 + 2x_3 = -3. \end{cases}$

2.5 行列式的应用

1812 年, 柯西在一篇论文中用行列式讨论了多面体体积的行列式计算公式, 由此激发了人们对行列式应用的强烈兴趣. 本节中, 我们就二阶、三阶行列式在几何中的应用作简要介绍, 其中的结论也可以视为行列式的几何解释.

2.5.1 平行四边形面积

首先, 我们考虑平面中两个点 (x_1, y_1) 和 (x_2, y_2). 则由这两个点可以自然地生成平行四边形如图 2.1(a) 所示.

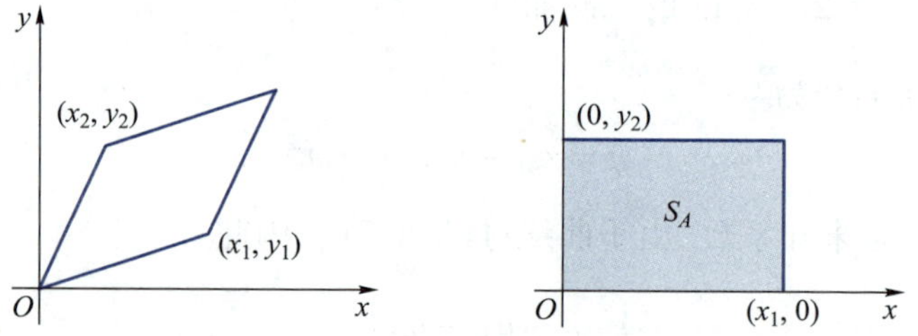

(a) 由任意两点确定的平行四边形 (b) 由特殊两点确定的平行四边形

图 2.1 平面中由两点确定的平行四边形

对于如上构造的平行四边形的面积, 我们有如下定理.

定理 2.6 设二阶方阵 $\boldsymbol{A} = \begin{pmatrix} x_1 & y_1 \\ x_2 & y_2 \end{pmatrix}$, 由 $\boldsymbol{A}$ 的行确定的平行四边形面积记

为 $S_{\boldsymbol{A}}$, 则

$$S_{\boldsymbol{A}} = |\det \boldsymbol{A}|.$$

这里“| |”表示绝对值.

证明 首先我们考虑一个简单情形, 若

$$\boldsymbol{A} = \begin{pmatrix} x_1 & 0 \\ 0 & y_2 \end{pmatrix},$$

则由 $\boldsymbol{A}$ 的行确定的平行四边形如图 2.1(b) 所示, 为矩形. 显然

$$S_{\boldsymbol{A}} = x_1 y_2 = |\det \boldsymbol{A}|.$$

下面考虑一般情形, 如图 2.2 所示, 设 L_1 是过原点和 (x_1, y_1) 的直线,L_2 是过 (x_2, y_2) 平行于 L_1 的直线.

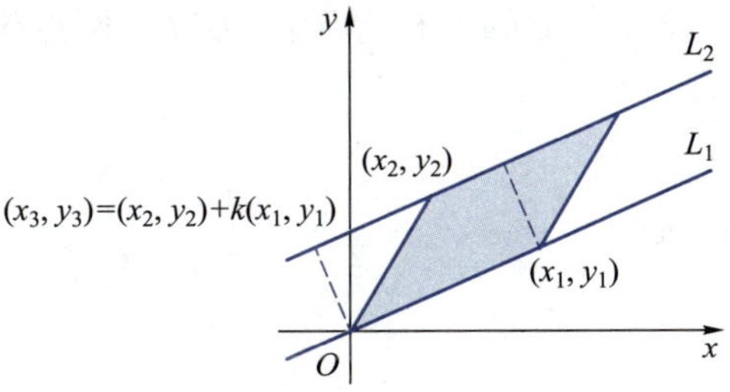

图 2.2 夹于两平行线之间的平行四边形之间的面积关系

根据解析几何的向量运算, 我们知道

$$(x_3, y_3) = (x_2, y_2) + k(x_1, y_1)$$

始终在直线 L_2 上, 根据几何性质, 显然由 (x_3, y_3) 与 (x_1, y_1) 构成的平行四边形面积与原平行四边形面积相同.

从矩阵角度出发, 上式可以看作是矩阵的加乘行 (列) 变换, 而根据行列式的性质, 矩阵施行加乘行 (列) 变换后, 行列式值不变. 因此, 再根据矩阵的初等变换, 我们有, 任意二阶方阵在只施行加乘行 (列) 变换下, 有

微视频

行列式的几何意义

$$\boldsymbol{A} = \begin{pmatrix} x_1 & y_1 \\ x_2 & y_2 \end{pmatrix} \sim \begin{pmatrix} x_1 & 0 \\ 0 & y_2' \end{pmatrix} = \boldsymbol{A}'.$$

综上所述, 我们有

$$S_{\boldsymbol{A}} = S_{\boldsymbol{A}'} = |\det \boldsymbol{A}'| = |\det \boldsymbol{A}|.$$

因此, 定理得证.

在三维空间中, 可以类似地证明三阶行列式与平行六面体体积间的关系如下.

定理 2.7 设三阶方阵

$$\boldsymbol{A}=\begin{pmatrix} x_1 & y_1 & z_1 \\ x_2 & y_2 & z_2 \\ x_3 & y_3 & z_3 \end{pmatrix}.$$

由 $\boldsymbol{A}$ 确定的空间平行六面体的体积为 $V_{\boldsymbol{A}}$, 则

$$V_{\boldsymbol{A}}=|\det \boldsymbol{A}|.$$

通过以上两个定理, 我们得到了计算平行四边形、三角形、平行六面体、四面体等一些规则几何图形的面积、体积的行列式方法.

例 15 计算由 $A(1,1)$,$B(3,2)$,$C(2,4)$ 围成的三角形的面积.

解 如图 2.3 所示, 将点 $A(1,1)$ 视为原点, 在此条件下, 其余两点的坐标为 $B'(2,1)$,$C'(1,3)$, 因此, 原三角形的面积等于由 B',C' 两点构成的平行四边形面积的一半. 根据定理, 得

$$S_{\triangle ABC}=S_{\triangle OB'C'}=\frac{1}{2}\left|\det\begin{pmatrix} 2 & 1 \\ 1 & 3 \end{pmatrix}\right|=\frac{5}{2}.$$

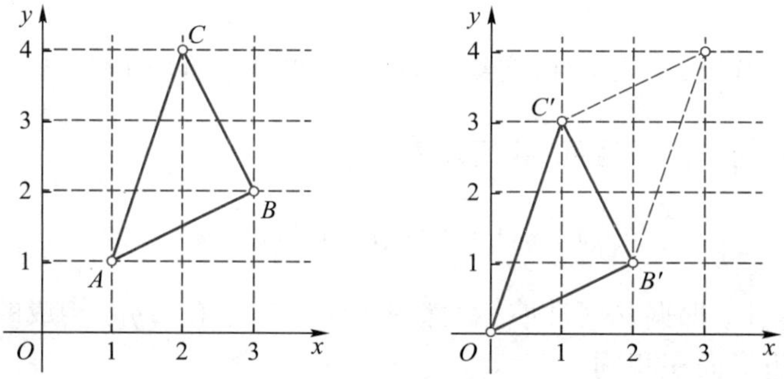

图 2.3　行列式计算三角形面积

例 16 (测绘中的行列式) 某博物馆外形为四面体, 在测量中, 操作人员选取底面一点为坐标原点, 其中一条边线为 x 轴建立直角坐标系, 得到平面三个顶点的坐标分别为 $(0,0),(60,0),(40,30)$, 博物馆顶部坐标为 $(30,15,20)$, 单位: m. 计算该建筑物的占地面积与体积.

解 该建筑底面为三角形, 根据测量结果, 由行列式计算得到底部占地面积为

$$S=\frac{1}{2}\left|\det\begin{pmatrix} 60 & 0 \\ 40 & 30 \end{pmatrix}\right|=900\ (\mathrm{m}^2).$$

该建筑呈四面体，体积为平行六面体的六分之一，因此，由行列式计算得到该建筑物的体积为

$$V=\frac{1}{6}\left|\det\begin{pmatrix}60&0&0\\40&30&0\\30&15&20\end{pmatrix}\right|=6\,000\ (\mathrm{m}^3).$$

2.5.2 一般图形的面积

从上一小节中，我们看到加乘行 (列) 变换不改变行列式的值，因此，在此变换下平行四边形的面积保持不变. 但当我们将矩阵的倍乘行变换实施在平行四边形的顶点时，显然四边形的面积将发生改变. 更一般的情况，对于封闭曲线围成的图形面积在这些变换下的关系，我们有如下定理.

定理 2.8 设 T_1 是平面的封闭曲线，记其围成的图形面积为 S_{T_1},(x,y) 是 T_1 上的点，$\boldsymbol{A}$ 是二阶矩阵，则在矩阵乘法运算下

$$\begin{pmatrix}u\\v\end{pmatrix}=\boldsymbol{A}\cdot\begin{pmatrix}x\\y\end{pmatrix}$$

表示 (x,y) 在变换矩阵 $\boldsymbol{A}$ 作用下得到的对应点. 设由 (u,v) 形成的封闭曲线 T_2 所围成的图形面积为 S_{T_2}，则

$$S_{T_2}=|\det\boldsymbol{A}|S_{T_1}.$$

定理的证明我们此处省略.

我们通过下列例题，说明该定理的应用.

例 17 计算椭圆 $\dfrac{x^2}{a^2}+\dfrac{y^2}{b^2}=1$ 的面积.

解 根据几何性质，我们不加证明地断言椭圆在如下方式下变化成圆. 设 (x,y) 是椭圆上一个点，在下列矩阵乘法下，对应地变化为圆上的点 (u,v)，如图 2.4 所示.

$$\begin{pmatrix}u\\v\end{pmatrix}=\begin{pmatrix}1/a&0\\0&1/b\end{pmatrix}\cdot\begin{pmatrix}x\\y\end{pmatrix}.$$

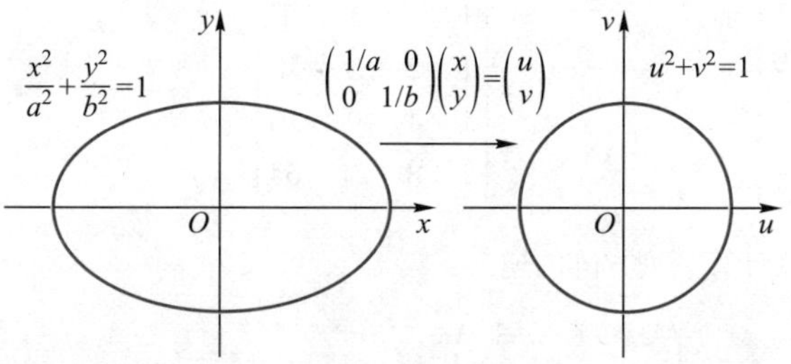

图 2.4 坐标变换下的椭圆与圆

根据矩阵乘法得

$$u=\frac{x}{a},\quad v=\frac{y}{b}.$$

因此, 由 (u,v) 构成的曲线为 $u^2+v^2=1$, 根据定理, 我们有

$$S_{圆}=\left\|\begin{vmatrix}1/a & 0\\ 0 & 1/b\end{vmatrix}\right\|\cdot S_{椭圆}=\frac{S_{椭圆}}{ab}.$$

即椭圆面积为 $ab\pi$.

习 题 2

1. 利用二阶、三阶行列式的对角线法则计算下列行列式.

(1) $\begin{vmatrix}1 & 4\\ 2 & -8\end{vmatrix}$; (2) $\begin{vmatrix}-5 & 7\\ 2 & 3\end{vmatrix}$; (3) $\begin{vmatrix}x & y\\ y & x\end{vmatrix}$;

(4) $\begin{vmatrix}-1 & 5 & 2\\ 1 & 4 & 0\\ 2 & 3 & 1\end{vmatrix}$; (5) $\begin{vmatrix}2 & 2 & 1\\ 1 & 2 & 2\\ 1 & 2 & 1\end{vmatrix}$; (6) $\begin{vmatrix}a & b & c\\ b & a & b\\ c & b & a\end{vmatrix}$.

2. 利用行列式按行按列展开公式, 计算下列四阶行列式.

(1) $\begin{vmatrix}3 & 1 & 1 & -2\\ 1 & 0 & -1 & 0\\ 3 & -1 & 0 & -5\\ 1 & -1 & 0 & -3\end{vmatrix}$; (2) $\begin{vmatrix}2 & 0 & 0 & 8\\ 1 & -7 & -5 & 0\\ 3 & 8 & 6 & 0\\ 0 & 7 & 5 & 4\end{vmatrix}$.

3. 利用行列式的性质, 计算下列行列式.

(1) $\begin{vmatrix}a^2 & ab & b^2\\ 2a & a+b & 2b\\ 1 & 1 & 1\end{vmatrix}$; (2) $\begin{vmatrix}ax+by & ay+bz & az+bx\\ ay+bz & az+bx & ax+by\\ az+bx & ax+by & ay+bz\end{vmatrix}$;

(3) $\begin{vmatrix}1 & 2 & 2 & 2\\ 2 & 1 & 2 & 2\\ 2 & 2 & 1 & 2\\ 2 & 2 & 2 & 1\end{vmatrix}$; (4) $\begin{vmatrix}1 & 1 & 0 & 0\\ -1 & 2 & 1 & 0\\ 0 & -1 & 3 & 1\\ 0 & 0 & -1 & 4\end{vmatrix}$;

(5) $\begin{vmatrix}1 & 1 & \cdots & 1\\ 1 & 1 & \cdots & 0\\ \vdots & \vdots & & \vdots\\ 1 & 0 & \cdots & 1\end{vmatrix}$; (6) $\begin{vmatrix}1 & 1 & 1 & 1\\ 1 & 2 & 3 & 4\\ 1 & 4 & 9 & 16\\ 1 & 8 & 27 & 64\end{vmatrix}$.

4. 利用伴随矩阵, 计算下列方阵的逆.

(1) $\begin{pmatrix}2 & 3 & 0\\ 1 & 3 & 4\\ 1 & 2 & 1\end{pmatrix}$; (2) $\begin{pmatrix}2 & 1 & 3\\ 1 & -1 & 1\\ 1 & 4 & -2\end{pmatrix}$.

5. 证明若 $|\boldsymbol{A}|=0$, 则 $|\boldsymbol{A}^*|=0$.

6. 若 4 阶方阵 $\boldsymbol{A}$ 的行列式为 2, 计算:

(1) $|2\boldsymbol{A}|$; (2) $|3\boldsymbol{A}^*|$; (3) $|2\boldsymbol{A}^{-1}|$; (4) $|2\boldsymbol{A}^{-1}+3\boldsymbol{A}^*|$.

7. 证明若方阵 $\boldsymbol{A}$ 可逆, 则 $\boldsymbol{A}^*$ 也可逆, 且 $(\boldsymbol{A}^*)^{-1}=(\boldsymbol{A}^{-1})^*$.

8. 设方阵 $\boldsymbol{A}$ 有如下分块形式

$$\boldsymbol{A}=\begin{pmatrix} \boldsymbol{A}_1 & & & \\ \boldsymbol{B} & \boldsymbol{A}_2 & & \\ \vdots & \vdots & \ddots & \\ \boldsymbol{C} & \boldsymbol{D} & \cdots & \boldsymbol{A}_s \end{pmatrix},$$

其中 $\boldsymbol{A}_i$ 是方阵, 证明:

$$\det \boldsymbol{A}=\det \boldsymbol{A}_1\cdot\det \boldsymbol{A}_2\cdot\cdots\cdot\det \boldsymbol{A}_s.$$

9. 利用克拉默法则, 求解下列线性方程组.

(1) $\begin{cases} x_1-x_2-x_3=2, \\ 2x_1-x_2-3x_3=1, \\ 3x_1+2x_2-5x_3=0; \end{cases}$ (2) $\begin{cases} x_1+2x_2+3x_3=2, \\ 2x_1+2x_2+5x_3=1, \\ 3x_1+5x_2+x_3=-1. \end{cases}$

10*. 计算下列行列式.

$$|\boldsymbol{A}_n|=\begin{vmatrix} 5 & 3 & 0 & \cdots & 0 & 0 \\ 2 & 5 & 3 & \cdots & 0 & 0 \\ 0 & 2 & 5 & \cdots & 0 & 0 \\ \vdots & \vdots & \vdots & & \vdots & \vdots \\ 0 & 0 & 0 & \cdots & 5 & 3 \\ 0 & 0 & 0 & \cdots & 2 & 5 \end{vmatrix}.$$

11. 根据下列已知点, 利用行列式计算其围成的三角形面积.

(1) $A(1,-1),\ B(2,5),\ C(3,-2)$; (2) $A(0,0),\ B(1,3),\ C(4,4)$.

12. 计算椭球体 $\dfrac{x^2}{a^2}+\dfrac{y^2}{b^2}+\dfrac{z^2}{c^2}=1$ 的体积.

13*. 验证平面中过 (x_1,y_1),(x_2,y_2) 两点的直线方程组为如下方程组

$$\begin{vmatrix} 1 & 1 & 1 \\ x & x_1 & x_2 \\ y & y_1 & y_2 \end{vmatrix}=0.$$

证明上述结论.

第三章　向量组的线性相关性理论

矩阵的初等变换是矩阵分析中重要的方法之一. 同时, 我们也注意到, 无论是初等行变换, 还是初等列变换, 我们总是将矩阵中的某行或某列作为整体进行变换. 我们将这些行和列提取出来, 形成线性代数另一重要研究对象——向量. 此时, 矩阵的初等变换就变成一系列向量之间的变换. 早在公元前 350 年, 亚里士多德 (Aristotle) 已经开始使用向量表示力. 19 世纪 80 年代, 美国的约西亚 · 威拉德 · 吉布斯 (Josiah Willard Gibbs) 和英国的奥利弗 · 亥维赛 (Oliver Heaviside) 各自独立将向量与四元素独立, 引入向量的数量积与向量积的概念. 从此, 向量被引入分析及解析几何, 并逐步完善, 成为现代数学中重要的工具之一.

亚里士多德
公元前384—前322
古希腊哲学家、
教育家、科学家
古希腊哲学集大成者
《形而上学》

约西亚 · 威拉德 · 吉布斯
1839—1903
美国物理化学家、
数学物理学家
创立向量分析

本章, 我们将对向量之间的关系作深入分析, 并介绍线性代数中另一重要方法——线性相关性分析.

3.1　线性相关性

本节, 我们介绍向量分析中最重要的基本概念.

3.1.1　向量组

定义 3.1　设 $a_1, a_2, \cdots, a_n$ 是 n 个数. 由这 n 个数构成的 $1 \times n$ 或 $n \times 1$ 矩阵

$$(a_1, a_2, \cdots, a_n), \quad \begin{pmatrix} a_1 \\ a_2 \\ \vdots \\ a_n \end{pmatrix},$$

分别称为 n **维行向量**和 n **维列向量**, 也统称为 n **维向量**. 同时, a_i 称为向量的第 i 个分量.

如果一个向量中每个分量都为 0, 则称为**零向量**, 记为 $\mathbf{0}$.

在本书中, 向量一般用希腊字母 $\boldsymbol{\alpha},\boldsymbol{\beta},\boldsymbol{\gamma}$ 等表示. 这里定义的向量, 与大家熟知的力学中的向量、解析几何中的向量, 有着完全相同的性质. 在线性代数中, 我们不仅限于二维, 三维向量的讨论, 我们更关注一般 n 维向量以及向量之间的代数关系.

为了更好地展开本章的讨论, 我们先罗列部分关于向量的基本运算.

向量的加法 设 $\boldsymbol{\alpha},\boldsymbol{\beta}$ 是两个 n 维的向量, 则 $\boldsymbol{\alpha}+\boldsymbol{\beta}$ 也是 n 维向量, 表示 $\boldsymbol{\alpha},\boldsymbol{\beta}$ 对应分量之和.

向量的数乘 设 $\boldsymbol{\alpha}$ 是 n 维向量,k 是一个数, 则 $k\boldsymbol{\alpha}$ 也是 n 维向量, 表示 $\boldsymbol{\alpha}$ 每个分量的 k 倍.

定义 3.2 设 $\boldsymbol{\alpha}_1,\boldsymbol{\alpha}_2,\cdots,\boldsymbol{\alpha}_m$ 是 m 个 n 维向量构成的集合. 我们称之为n **维向量组**, 记作

$$A:\boldsymbol{\alpha}_1,\boldsymbol{\alpha}_2,\cdots,\boldsymbol{\alpha}_m.$$

根据定义, 向量组 $A:(1,0,0),(0,1,0),(0,0,1)$ 是一个三维向量组, 包含 3 个向量.

3.1.2 线性组合

我们将多个研究对象 (变量、函数等) 乘以常数并相加的过程, 称为研究对象的**线性组合**.

线性组合是研究多条件或多目标问题的一个重要的技术手段. 下面的例子给出了线性组合方法的多个应用实例.

例 1 (条件极值中的线性组合) 考虑多元函数的极值问题. 设 f 是目标函数, $g=0$ 是约束条件, 则拉格朗日函数

$$L(\lambda)=f+\lambda g$$

是由函数 f 与 g 构成的线性组合.

例 2 (图片灰度计算中的线性组合) 设 R, G, B 是一张图片某个像素点的红、绿、蓝三原色亮度值, 则该图片灰度值

$$Gray = 0.3R + 0.59G + 0.11B$$

是由 R, G, B 值构成的线性组合.

例 3 (神经网络中的线性组合) 人工神经网络模拟人类大脑, 是由具有适应性的简单单元组成的广泛并行互联网络. 1943 年, 由 Mc Culloch 和 Pitts 提出的 "M-P 神经元模型" 一直沿用至今. 该模型中神经元接受来自 n 个其他神经元传递的信号 x_i, 这些输入信号通过带权重的连接进行传递, 即神经元接受到的信号

$$y = w_1x_1 + w_2x_2 + \cdots + w_nx_n$$

是输入信号 x_i 的线性组合, 如图 3.1(a) 所示.

例 4 (平面束方程中的线性组合) 设空间直线 L 的一般方程为

$$\begin{cases} A_1x + B_1y + C_1z + D_1 = 0, \\ A_2x + B_2y + C_2z + D_2 = 0, \end{cases}$$

则经过该直线的所有平面 (平面束)

$$A_1x + B_1y + C_1z + D_1 + \lambda(A_2x + B_2y + C_2z + D_2) = 0$$

是经过该直线的两个平面方程的线性组合, 如图 3.1(b) 所示.

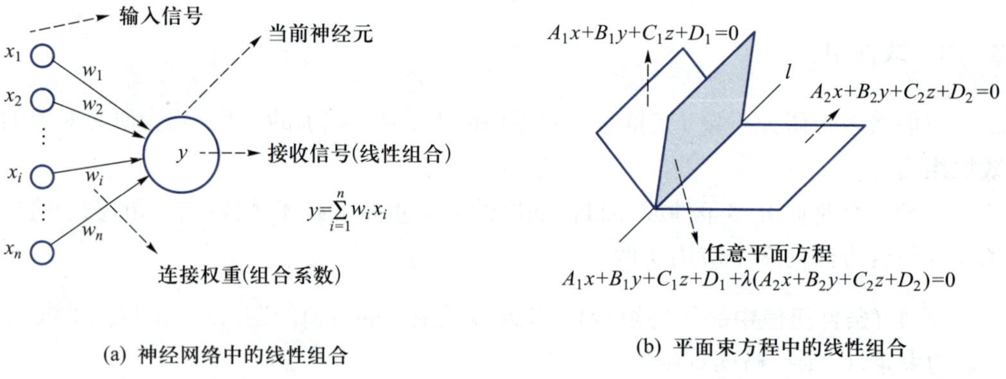

(a) 神经网络中的线性组合　　(b) 平面束方程中的线性组合

图 3.1　线性组合应用实例

将线性组合的思想应用于向量组中, 将向量作为研究对象, 自然地, 我们可以定义向量组的线性组合如下:

定义 3.3 (向量组的线性组合) 设 $A:\boldsymbol{\alpha}_1,\boldsymbol{\alpha}_2,\cdots,\boldsymbol{\alpha}_m$ 是一个 n 维向量组, $m\geqslant 1$, $k_1,k_2,\cdots,k_m$ 是 m 个数, 则

$$k_1\boldsymbol{\alpha}_1+k_2\boldsymbol{\alpha}_2+\cdots+k_m\boldsymbol{\alpha}_m$$

称为向量组 $\boldsymbol{\alpha}_1,\boldsymbol{\alpha}_2,\cdots,\boldsymbol{\alpha}_m$ 的一个**线性组合**, $k_1,k_2,\cdots,k_m$ 称为**组合系数**.

根据定义, 首先我们可以明确, n 维向量组的线性组合结果仍然是 n 维向量. 直观地, 通过调整组合系数, 我们可以利用少量的、有限的向量“组合出”大量的、无限多的新的向量.

例 5 设向量组 $A:\boldsymbol{\alpha}_1=(1,0),\boldsymbol{\alpha}_2=(0,1)$, 则向量组 A 可以通过线性组合得到平面中任意向量 (x,y). 因为

$$(x,y)=x(1,0)+y(0,1).$$

例 6 (RGB 颜色 (续)) 我们再次考虑计算机中颜色的表示. 将基础色红、绿、蓝用三维向量表示, 即

$$\boldsymbol{R}=(255,0,0),\quad \boldsymbol{G}=(0,255,0),\quad \boldsymbol{B}=(0,0,255).$$

则基于以上三个向量的线性组合, 我们可以得到各种颜色, 例如

$$1\cdot\boldsymbol{R}+1\cdot\boldsymbol{G}+1\cdot\boldsymbol{B}=(255,255,255)$$

表示白色. 因此, 我们只需要通过控制向量组 $\boldsymbol{R},\boldsymbol{G},\boldsymbol{B}$ 的组合系数就可以得到各种颜色. 表 3.1 中列举部分组合系数以及对应的颜色.

表 3.1 部分颜色在 RGB 模式下的组合系数

组合系数	颜色	组合系数	颜色	组合系数	颜色
(0 0 0)	黑色	(1 1 1)	白色	(1 1 0)	黄色
(1 0 0)	红色	(0.63 0.13 0.94)	紫色	(0 1 1)	青色

例 7 设 $\boldsymbol{\alpha}_1=(1,2,1),\boldsymbol{\alpha}_2=(2,3,0),\boldsymbol{\alpha}_3=(3,5,1)$. 计算 $\boldsymbol{\alpha}_1,\boldsymbol{\alpha}_2,\boldsymbol{\alpha}_3$ 在下列两组组合系数下的结果.

(1) $k_1=1,k_2=1,k_3=1$;

(2) $k_1=2,k_2=2,k_3=0$.

解 根据向量的加法和数乘运算, 得

(1) $1\cdot\boldsymbol{\alpha}_1+1\cdot\boldsymbol{\alpha}_2+1\cdot\boldsymbol{\alpha}_3=(6,10,2)$;

(2) $2\cdot\boldsymbol{\alpha}_1+2\cdot\boldsymbol{\alpha}_2+0\cdot\boldsymbol{\alpha}_3=(6,10,2)$.

从上例看出, 某些向量组可以在不同的组合系数下, 得到相同的结果. 因此, 我们自然地会思考线性组合中的如下问题.

线性组合的问题

向量组 A 在满足什么条件下, 使得不同的组合系数得到不同的组合结果?

在第一章中, 我们给出了矩阵乘法的两种计算方法, 从线性组合的观点, 矩阵乘法还可以解释为如下定理.

定理 3.1 (矩阵乘法的线性组合表示) 设 $\boldsymbol{A}$ 是 $m\times n$ 矩阵, $\boldsymbol{B}$ 是 $n\times l$ 矩阵, $\boldsymbol{C}=\boldsymbol{AB}$. 则 $\boldsymbol{C}$ 中第 i 列 $\boldsymbol{C}_i$ 是 $\boldsymbol{A}$ 中所有列 $\boldsymbol{A}_i$ 构成的向量组的线性组合, 且组合系数为 $\boldsymbol{B}$ 中第 i 列的各个元素. 即

$$\boldsymbol{C}_i=b_{1i}\boldsymbol{A}_1+b_{2i}\boldsymbol{A}_2+\cdots+b_{ni}\boldsymbol{A}_n.$$

例 8 设

$$\boldsymbol{A}=\begin{pmatrix}1&2\\3&4\end{pmatrix},\quad \boldsymbol{B}=\begin{pmatrix}5&6\\7&8\end{pmatrix}.$$

利用上述定理, $\boldsymbol{AB}$ 可如下计算.

$$\begin{pmatrix}1&2\\3&4\end{pmatrix}\begin{pmatrix}5&6\\7&8\end{pmatrix}=\left(5\begin{pmatrix}1\\3\end{pmatrix}+7\begin{pmatrix}2\\4\end{pmatrix},\ 6\begin{pmatrix}1\\3\end{pmatrix}+8\begin{pmatrix}2\\4\end{pmatrix}\right)=\begin{pmatrix}19&22\\43&50\end{pmatrix}.$$

微视频

向量空间

为下文叙述方便, 我们将向量组 A 在任意组合系数下得到的所有向量作为一个集合, 给出向量空间的定义如下:

定义 3.4 (向量空间) 设 $A:\boldsymbol{\alpha}_1,\boldsymbol{\alpha}_2,\cdots,\boldsymbol{\alpha}_m$ 是一个 n 维向量组. 称集合

$$S_A=\{\boldsymbol{\beta}|\boldsymbol{\beta}=k_1\boldsymbol{\alpha}_1+k_2\boldsymbol{\alpha}_2+\cdots+k_m\boldsymbol{\alpha}_m,k_i\in\mathbf{R},i=1,2,\cdots,m\}$$

为向量组 A 生成的**向量空间**.

根据定义 3.4 及例 5, 可以得到由 $(1,0),(0,1)$ 生成的向量空间即二维平面.

例 9 由向量组 $A:(1,0)$ 生成的向量空间 $S_A=\{(k,0),k\in\mathbf{R}\}$ 为 x 轴.

向量空间是线性代数理论中的基础和十分重要的概念. 本书不对其展开深入讨论. 在后续章节中, 我们仅引入向量空间概念对诸多结论进行直观解释.

▶ **课堂练习**

1. 设向量组 $A:\boldsymbol{\alpha}_1=(1,2,3),\boldsymbol{\alpha}_2=(3,0,-1),\boldsymbol{\alpha}_3=(-1,0,3)$. 计算向量组在下列组合系数下的结果.

(1) $k_1=1,k_2=0,k_3=2$; (2) $k_1=-1,k_2=1,k_3=5$.

2. 说明由下列向量组生成的向量空间的几何意义.

(1) $(1,0,0),(0,1,0),(0,0,1)$; (2) $(1,2,1),(2,1,1)$.

3. 对例 8 中的矩阵 $\boldsymbol{A},\boldsymbol{B}$, 对比矩阵乘法的三种运算方法, 计算 $\boldsymbol{AB}$.

3.1.3 线性表示

从例 6 中, 我们得到向量 $\boldsymbol{R},\boldsymbol{G},\boldsymbol{B}$ 的线性组合可以表示某一种颜色. 另一方面, 我们更关心, 对于给定的一个颜色, 如何表示成 $\boldsymbol{R},\boldsymbol{G},\boldsymbol{B}$ 的线性组合. 更一般地, 我们会考虑对于给定的一个向量和已知的向量组之间的关系如何? 为此, 我们引入如下定义.

定义 3.5 设 $A:\boldsymbol{\alpha}_1,\boldsymbol{\alpha}_2,\cdots,\boldsymbol{\alpha}_m$ 是一个 n 维向量组, $m\geqslant 1$, $\boldsymbol{\beta}$ 是一个 n 维向量. 若存在 $k_1,k_2,\cdots,k_m$, 使得

$$\boldsymbol{\beta}=k_1\boldsymbol{\alpha}_1+k_2\boldsymbol{\alpha}_2+\cdots+k_m\boldsymbol{\alpha}_m,$$

则称 $\boldsymbol{\beta}$ 可被向量组 $\boldsymbol{\alpha}_1,\boldsymbol{\alpha}_2,\cdots,\boldsymbol{\alpha}_m$ **线性表示**. $k_1,k_2,\cdots,k_m$ 称为 $\boldsymbol{\beta}$ 关于向量组 $\boldsymbol{\alpha}_1,\boldsymbol{\alpha}_2,\cdots,\boldsymbol{\alpha}_m$ 的线性表示系数, 也简称为**表示系数**.

上述定义表明, 若 $\boldsymbol{\beta}$ 可由向量组线性表示, 则 $\boldsymbol{\beta}$ 是向量组 $\boldsymbol{\alpha}_1,\boldsymbol{\alpha}_2,\cdots,\boldsymbol{\alpha}_m$ 的一个线性组合.

例 10 验证向量 $\boldsymbol{\beta}=(1,2,0)$ 可由向量组 $A:\boldsymbol{\alpha}_1=(2,1,1),\boldsymbol{\alpha}_2=(1,1,0),\boldsymbol{\alpha}_3=(2,1,3)$ 线性表示, 并计算表示系数.

解 不妨设 $\boldsymbol{\beta}$ 关于向量组 A 的表示系数为 k_1,k_2,k_3, 即

$$\boldsymbol{\beta}=k_1\boldsymbol{\alpha}_1+k_2\boldsymbol{\alpha}_2+k_3\boldsymbol{\alpha}_3.$$

这等价于线性方程组

$$\begin{cases}2k_1+k_2+2k_3=1,\\ k_1+k_2+k_3=2,\\ k_1+3k_3=0\end{cases}$$

有解. 根据克拉默法则, 上述方程组的系数矩阵行列式为 2, 且 $k_1=-\dfrac{3}{2},k_2=3,k_3=\dfrac{1}{2}$, 因此

$$\boldsymbol{\beta}=-\frac{3}{2}\boldsymbol{\alpha}_1+3\boldsymbol{\alpha}_2+\frac{1}{2}\boldsymbol{\alpha}_3.$$

例 11 说明 $(1,0,0)$ 不能由向量组 $(0,1,0),(0,0,1)$ 线性表示.

解 若 $(1,0,0)$ 可以由 $(0,1,0),(0,0,1)$ 线性表示, 设表示系数为 k_1, k_2. 注意向量的第一个分量, 则有如下等式

$$k_1 \cdot 0 + k_2 \cdot 0 = 1,$$

显然矛盾. 因此,$(1,0,0)$ 不可由 $(0,1,0),(0,0,1)$ 线性表示.

例 11 表明, 任意给定的向量不一定可以由给定的向量组 $\boldsymbol{\alpha}_1, \boldsymbol{\alpha}_2, \cdots, \boldsymbol{\alpha}_m$ 线性表示.

例 12 验证 $(1,1)$ 可由向量组 A: $(1,0),(0,1),(1,2)$ 线性表示, 但表出系数不唯一.

解 取两组系数 $k_1=1, k_2=1, k_3=0$ 和 $k_1=0, k_2=-1, k_3=1$, 容易验证, 两组系数都为 $(1,1)$ 关于向量组 A 的表示系数.

因此, 线性组合中的问题, 用线性表示的语言可描述如下:

线性表示的问题

若向量 $\boldsymbol{\beta}$ 可由向量组 A 线性表示, 则向量组 A 满足什么条件时, 表示系数唯一?

线性表示刻画了一个向量与一个向量组之间的线性关系. 作为自然的推广, 给定两个向量组, 我们也可以类似地定义向量组之间的关系如下:

定义 3.6 设 $A: \boldsymbol{\alpha}_1, \boldsymbol{\alpha}_2, \cdots, \boldsymbol{\alpha}_m$, $B: \boldsymbol{\beta}_1, \boldsymbol{\beta}_2, \cdots, \boldsymbol{\beta}_l$ 是两个 n 维向量组. 若向量组 B 中每一个向量 $\boldsymbol{\beta}_i, 1 \leqslant i \leqslant l$ 都可以被向量组 A 线性表示, 则称向量组 B 可被向量组 A 线性表示.

特别地, 若向量组 A 也能被向量组 B 线性表示, 则称**向量组 A, B 等价**.

例 13 验证向量组 $(1,0)$, $(0,1)$ 与向量组 $(1,1),(-1,1)$ 等价.

解 根据向量组等价的定义, 一方面

$$(1,1)=(1,0)+(0,1), \quad (-1,1)=-1 \cdot (1,0)+(0,1),$$

另一方面

$$(1,0)=\frac{1}{2} \cdot (1,1)+\left(-\frac{1}{2}\right) \cdot (-1,1), \quad (0,1)=\frac{1}{2} \cdot (1,1)+\frac{1}{2} \cdot (-1,1).$$

因此, 两个向量组可以相互表示, 根据定义 3.5, 即两个向量组等价.

利用向量空间定义, 下述定理给出了等价向量组的另一直观解释.

定理 3.2 设 A, B 是两个 n 维向量组, 则 A 与 B 等价当且仅当两个向量组生成的向量空间相同, 即 $S_A = S_B$.

从例 5, 例 13 中, 我们可以得到向量组 $(1,1)$,$(-1,1)$ 也可以生成二维平面. 不同的是, 同一个二维向量在两个向量组中的表示系数不相同. 例如

$$(1,3) = 1\cdot(1,0) + 3\cdot(0,1);$$
$$(1,3) = 2\cdot(1,1) + 1\cdot(-1,1).$$

如图 3.2 所示, $(1,0)$, $(0,1)$ 和 $(1,1)$, $(-1,1)$ 都可以构建平面坐标系. 任意向量关于向量组的表示系数相当于这些向量在对应坐标系下的坐标. 因此, 我们通常说的二维平面直角坐标系的坐标特指关于向量组 $(1,0)$, $(0,1)$ 的表示系数.

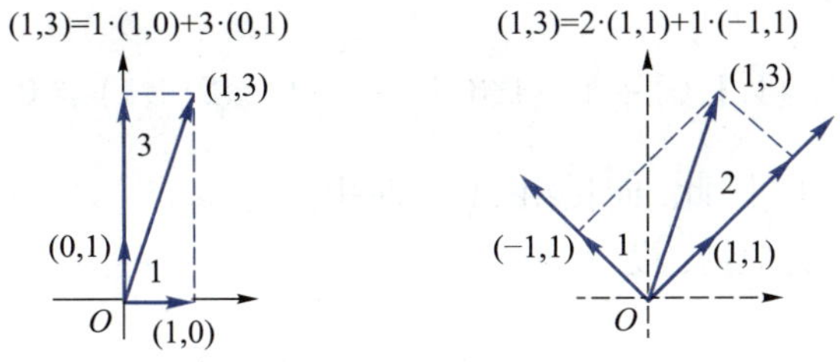

图 3.2 同一向量在不同向量组下的线性表示

▶ **课堂练习**

1. 计算向量 $(2,1)$ 关于向量组 $(1,1),(1,2),(1,3)$ 的表示系数, 并讨论表示系数是否唯一.

2. 若向量 $(3,3)$ 关于向量组 $(1,1),(2,a)$ 的表示系数不唯一, 讨论 a 的取值.

3. 构造与向量组 $(1,2,1),(2,5,2)$ 等价的向量组.

3.1.4 线性相关性

在上两节中, 对于给定的向量组, 我们更关心组合系数或表示系数的唯一性. 为解决该问题, 更清晰地刻画向量组内部向量之间的关系, 我们引入向量组线性相关和线性无关概念.

定义 3.7 设 $A: \boldsymbol{\alpha}_1, \boldsymbol{\alpha}_2, \cdots, \boldsymbol{\alpha}_m$ 是一个 n 维向量组, $m \geqslant 1$, 若存在不全为 0 的组合系数 $k_1, k_2, \cdots, k_m$, 使得

$$k_1\boldsymbol{\alpha}_1 + k_2\boldsymbol{\alpha}_2 + \cdots + k_m\boldsymbol{\alpha}_m = \mathbf{0},$$

则称向量组 A **线性相关**.

反之, 若上式成立当且仅当组合系数 $k_i=0,\ i=1,2,\cdots,m$, 则称向量组 A **线性无关**.

向量组线性相关或线性无关, 统称为向量组的**线性相关性**.

例 14　根据定义, 分析下列两个向量组的线性相关性.

(1) $A:\boldsymbol{\alpha}_1=(1,1,0),\ \boldsymbol{\alpha}_2=(1,3,1),\ \boldsymbol{\alpha}_3=(2,4,1)$;

(2) $B:\boldsymbol{\alpha}_1=(1,2,3),\ \boldsymbol{\alpha}_2=(1,0,1),\ \boldsymbol{\alpha}_3=(0,1,2)$.

解　对于向量组 A, 设

$$k_1\boldsymbol{\alpha}_1+k_2\boldsymbol{\alpha}_2+k_3\boldsymbol{\alpha}_3=\mathbf{0}.$$

取 $k_1=1,k_2=1,k_3=-1$, 得

$$1\cdot(1,1,0)+1\cdot(1,3,1)+(-1)\cdot(2,4,1)=\mathbf{0}.$$

根据定义, 存在 $k_i\neq 0$, 因此, 向量组 A 线性相关.

对于向量组 B, 类似地, 设

$$k_1\boldsymbol{\alpha}_1+k_2\boldsymbol{\alpha}_2+k_3\boldsymbol{\alpha}_3=\mathbf{0}.$$

由向量的加法, 上式等价于下列方程组

$$\begin{cases}k_1+k_2=0,\\2k_1+k_3=0,\\3k_1+k_2+2k_3=0.\end{cases}$$

上述方程组的系数矩阵

$$\boldsymbol{A}=\begin{pmatrix}1&1&0\\2&0&1\\3&1&2\end{pmatrix}$$

的行列式 $\det\boldsymbol{A}=-2$. 因此, 根据克拉默法则, 上述方程组有唯一零解. 根据定义, 向量组 B 线性无关.

由向量组的线性相关性定义, 可以得到向量相关性的一系列性质.

性质 3.1　任意向量组中若包含零向量, 则向量组一定线性相关.

证明　设含零向量组为 $\boldsymbol{\alpha}_1,\cdots,\boldsymbol{\alpha}_m,0,m\geqslant 0$. 显然有

$$0\cdot\boldsymbol{\alpha}_1+\cdots+0\cdot\boldsymbol{\alpha}_m+k\cdot 0=\mathbf{0},$$

其中, k 取任意非零常数上式也成立. 因此, 向量组线性相关.

性质 3.2 若向量组 A 只包含一个向量 $\boldsymbol{\alpha}$, 则向量组 A 线性无关当且仅当 $\boldsymbol{\alpha} \neq \mathbf{0}$.

证明 根据向量组相关性定义, 若 $k\boldsymbol{\alpha} = \mathbf{0}$, 则

$$\boldsymbol{\alpha} \neq \mathbf{0} \Rightarrow k = 0.$$

即向量组 A 线性无关.

另一方面, 由性质 3.1, 若 $\boldsymbol{\alpha} = \mathbf{0}$, 则向量组 A 线性相关.

综上, 结论成立.

性质 3.3 设向量组 $A : \boldsymbol{\alpha}, \boldsymbol{\beta}$, 包含两个向量, 则向量组 A 线性相关当且仅当 $\boldsymbol{\alpha}$ 平行于 $\boldsymbol{\beta}$.

证明 根据向量组相关性定义, 一方面, 若向量组 A 线性相关, 不妨设 $k_1 \neq 0$, 使得 $k_1\boldsymbol{\alpha} + k_2\boldsymbol{\beta} = \mathbf{0}$, 即

$$\boldsymbol{\alpha} = \frac{k_2}{k_1}\boldsymbol{\beta}.$$

因此, $\boldsymbol{\alpha}$ 平行于 $\boldsymbol{\beta}$.

另一方面, 不妨设 $\boldsymbol{\alpha} \neq \mathbf{0}$, 则 $\boldsymbol{\alpha}$ 平行于 $\boldsymbol{\beta}$ 等价于 $\boldsymbol{\beta} = k\boldsymbol{\alpha}$, 即

$$\boldsymbol{\beta} - k\boldsymbol{\alpha} = \mathbf{0}.$$

上式中 $\boldsymbol{\beta}$ 前系数不为 0. 因此, 向量组 A 线性相关.

综上, 结论成立.

性质 3.3 给出了向量组线性相关的直观几何解释. 两个二维向量线性相关, 则这两个向量共线. 类似地, 若三个三维向量线性相关, 则这三个向量共面. 如图 3.3 所示.

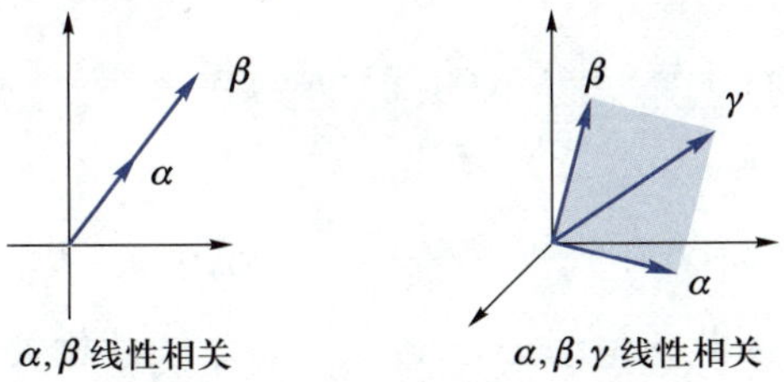

图 3.3 二维、三维空间中向量组线性相关示意图

例 15 设向量组 $A : \boldsymbol{\alpha}_1, \boldsymbol{\alpha}_2, \boldsymbol{\alpha}_3$ 线性无关. 令向量 $\boldsymbol{\beta}_1 = \boldsymbol{\alpha}_1 + \boldsymbol{\alpha}_2$, $\boldsymbol{\beta}_2 = \boldsymbol{\alpha}_2 + \boldsymbol{\alpha}_3$, $\boldsymbol{\beta}_3 = \boldsymbol{\alpha}_3 + \boldsymbol{\alpha}_1$. 证明: 向量组 $B : \boldsymbol{\beta}_1, \boldsymbol{\beta}_2, \boldsymbol{\beta}_3$ 线性无关.

证明 根据向量组线性相关性的定义, 设 $k_1\boldsymbol{\beta}_1 + k_2\boldsymbol{\beta}_2 + k_3\boldsymbol{\beta} = \mathbf{0}$. 根据条件, 将 $\boldsymbol{\beta}_i$ 由 $\boldsymbol{\alpha}_i$ 线性表示, 得到

$$k_1(\boldsymbol{\alpha}_1 + \boldsymbol{\alpha}_2) + k_2(\boldsymbol{\alpha}_2 + \boldsymbol{\alpha}_3) + k_3(\boldsymbol{\alpha}_3 + \boldsymbol{\alpha}_1) = \mathbf{0},$$

整理得

$$(k_1+k_3)\boldsymbol{\alpha}_1+(k_1+k_2)\boldsymbol{\alpha}_2+(k_2+k_3)\boldsymbol{\alpha}_3=\mathbf{0}.$$

由向量组 $\boldsymbol{\alpha}_1,\boldsymbol{\alpha}_2,\boldsymbol{\alpha}_3$ 线性无关, 得

$$\begin{cases}k_1+k_3=0,\\k_1+k_2=0,\\k_2+k_3=0.\end{cases}$$

根据克拉默法则, 上述方程组的系数矩阵行列式为 2, 只有零解, 即 $k_i=0$. 因此, 向量组 $B:\boldsymbol{\beta}_1,\boldsymbol{\beta}_2,\boldsymbol{\beta}_3$ 线性无关.

从线性表示的角度, 我们可以得到向量组线性相关的下述等价定义.

定理 3.3 (向量组线性相关等价定义) 向量组 $A:\boldsymbol{\alpha}_1,\boldsymbol{\alpha}_2,\cdots,\boldsymbol{\alpha}_m$ 线性相关当且仅当存在 $\alpha_i, 1\leqslant i\leqslant m$, 使得 $\boldsymbol{\alpha}_i$ 可由 $\boldsymbol{\alpha}_1,\cdots,\boldsymbol{\alpha}_{i-1},\boldsymbol{\alpha}_{i+1},\cdots,\boldsymbol{\alpha}_m$ 线性表示.

证明 一方面, 若向量组 $A:\boldsymbol{\alpha}_1,\boldsymbol{\alpha}_2,\cdots,\boldsymbol{\alpha}_m$ 线性相关, 则存在 $k_i\neq 0, 1\leqslant i\leqslant m$, 使得

$$k_1\boldsymbol{\alpha}_1+k_2\boldsymbol{\alpha}_2+\cdots+k_m\boldsymbol{\alpha}_m=\mathbf{0},$$

即

$$k_i\boldsymbol{\alpha}_i=(-k_1\boldsymbol{\alpha}_1)+\cdots+(-k_{i-1}\boldsymbol{\alpha}_{i-1})+(-k_{i+1}\boldsymbol{\alpha}_{i+1})+\cdots+(-k_m\boldsymbol{\alpha}_m).$$

因此,

$$\boldsymbol{\alpha}_i=\left(-\frac{k_1}{k_i}\boldsymbol{\alpha}_1\right)+\cdots+\left(-\frac{k_{i-1}}{k_i}\boldsymbol{\alpha}_{i-1}\right)+\left(-\frac{k_{i+1}}{k_i}\boldsymbol{\alpha}_{i+1}\right)+\cdots+\left(-\frac{k_m}{k_i}\boldsymbol{\alpha}_m\right).$$

另一方面, 若 $\boldsymbol{\alpha}_i$ 可由 $\boldsymbol{\alpha}_1,\cdots,\boldsymbol{\alpha}_{i-1},\boldsymbol{\alpha}_{i+1},\cdots,\boldsymbol{\alpha}_m$ 线性表示, 则

$$\boldsymbol{\alpha}_i=k_1\boldsymbol{\alpha}_1+\cdots+k_{i-1}\boldsymbol{\alpha}_{i-1}+k_{i+1}\boldsymbol{\alpha}_{i+1}+\cdots+k_m\boldsymbol{\alpha}_m.$$

即

$$k_1\boldsymbol{\alpha}_1+\cdots-\boldsymbol{\alpha}_i+\cdots+k_m\boldsymbol{\alpha}_m=\mathbf{0}.$$

由于 α_i 前系数为 -1, 因此向量组 $\boldsymbol{\alpha}_1,\boldsymbol{\alpha}_2,\cdots,\boldsymbol{\alpha}_m$ 线性相关.

综上, 结论成立.

例 16 说明向量组 $A:(0,1,0),(2,1,1),(2,2,1)$ 线性相关.

解 根据向量组相关性的等价定义, 我们只需在向量组 A 中找到至少一个向量可由剩余向量线性表示即可. 易验证,

$$(2,2,1)=(0,1,0)+(2,1,1).$$

因此, 向量组 A 线性相关.

例 17 设向量组 $A:\boldsymbol{\alpha}_1,\boldsymbol{\alpha}_2$ 线性无关, 同维向量 $\boldsymbol{\alpha}_3$ 不可由 $\boldsymbol{\alpha}_1,\boldsymbol{\alpha}_2$ 线性表示, 证明向量组 $B:\boldsymbol{\alpha}_1,\boldsymbol{\alpha}_2,\boldsymbol{\alpha}_3$ 线性无关.

证明 假设向量组 $B:\boldsymbol{\alpha}_1,\boldsymbol{\alpha}_2,\boldsymbol{\alpha}_3$ 线性相关. 由于 $\boldsymbol{\alpha}_3$ 不可由 $\boldsymbol{\alpha}_1,\boldsymbol{\alpha}_2$ 线性表示, 因此, 不妨设

$$\boldsymbol{\alpha}_1=k_1\boldsymbol{\alpha}_2+k_2\boldsymbol{\alpha}_3,$$

显然, $k_2=0$, 否则

$$\boldsymbol{\alpha}_3=\frac{1}{k_2}\boldsymbol{\alpha}_1-\frac{k_1}{k_2}\boldsymbol{\alpha}_2.$$

因此, $\boldsymbol{\alpha}_1=k_1\boldsymbol{\alpha}_2$, 与向量组 $A:\boldsymbol{\alpha}_1,\boldsymbol{\alpha}_2$ 线性无关矛盾.

综上, 结论成立.

最后, 我们根据向量组的线性相关性回答上两节提出的问题.

定理 3.4 (线性表示的唯一性) 设 $A:\boldsymbol{\alpha}_1,\boldsymbol{\alpha}_2,\cdots,\boldsymbol{\alpha}_m$ 是一个 n 维向量组, 且线性无关, $\boldsymbol{\beta}$ 是一个 n 维向量. 若向量组 $B:\boldsymbol{\alpha}_1,\boldsymbol{\alpha}_2,\cdots,\boldsymbol{\alpha}_m,\boldsymbol{\beta}$ 线性相关, 则 $\boldsymbol{\beta}$ 可以由 $\boldsymbol{\alpha}_1,\boldsymbol{\alpha}_2,\cdots,\boldsymbol{\alpha}_m$ 线性表示, 且表示系数唯一.

证明 因为向量组 $A:\boldsymbol{\alpha}_1,\boldsymbol{\alpha}_2,\cdots,\boldsymbol{\alpha}_m,\boldsymbol{\beta}$ 线性相关, 故存在不全为 0 的组合系数 $k_i,i=1,2,\cdots,m+1$ 使得

$$k_1\boldsymbol{\alpha}_1+\cdots+k_m\boldsymbol{\alpha}_m+k_{m+1}\boldsymbol{\beta}=\mathbf{0},$$

其中, $k_{m+1}\neq 0$, 否则若 $k_{m+1}=0$, 则由 $\boldsymbol{\alpha}_1,\boldsymbol{\alpha}_2,\cdots,\boldsymbol{\alpha}_m$ 线性无关, 得 $k_i=0,i=1,\cdots,m$, 矛盾. 故

$$\boldsymbol{\beta}=\left(-\frac{k_1}{k_{m+1}}\boldsymbol{\alpha}_1\right)+\cdots+\left(-\frac{k_m}{k_{m+1}}\boldsymbol{\alpha}_m\right).$$

若组合系数不唯一, 设

$$\boldsymbol{\beta}=k_1\boldsymbol{\alpha}_1+k_2\boldsymbol{\alpha}_2+\cdots+k_m\boldsymbol{\alpha}_m,$$
$$\boldsymbol{\beta}=h_1\boldsymbol{\alpha}_1+h_2\boldsymbol{\alpha}_2+\cdots+h_m\boldsymbol{\alpha}_m,$$

上面两式相减得

$$\mathbf{0}=(k_1-h_1)\boldsymbol{\alpha}_1+(k_2-h_2)\boldsymbol{\alpha}_2+\cdots+(k_m-h_m)\boldsymbol{\alpha}_m.$$

由 $\boldsymbol{\alpha}_1,\boldsymbol{\alpha}_2,\cdots,\boldsymbol{\alpha}_m$ 线性无关, 得

$$k_1=h_1,\ k_2=h_2,\ \cdots,\ k_m=h_m.$$

综上, 结论成立.

▶ **课堂练习**

1. 说明向量组 $(1,3),(2,4),(5,7)$ 线性相关.

2. 说明向量组 $(1,2,2),(2,2,2)$ 线性无关, 试着再添加一个向量使得向量组线性无关.

3. 已知平面中三个向量线性相关, 说明其几何意义.

3.2　向量组的秩

从上一节线性相关性的定义可以看出, 若给定向量组线性相关, 则存在某个向量 $\boldsymbol{\alpha}_i$ 可以被其余向量线性表示. 因此, 我们将 $\boldsymbol{\alpha}_i$ 从向量组中剔除, 得到剩余的向量组仍然保持了原来向量组的本质特征. 本节引入向量组的秩的概念, 以此来刻画向量组的本质结构, 并由此揭示向量组与矩阵、行列式之间的紧密联系.

3.2.1　向量组的秩、极大无关组

首先, 我们给出向量组的秩的概念.

定义 3.8　设 $A:\boldsymbol{\alpha}_1,\boldsymbol{\alpha}_2,\cdots,\boldsymbol{\alpha}_m$ 是一个 n 维向量组, $m\geqslant 1$. 若其中 r 个向量 $\boldsymbol{\alpha}_{p_1},\boldsymbol{\alpha}_{p_2},\cdots,\boldsymbol{\alpha}_{p_r}$, $0\leqslant r\leqslant m$, 满足

1. $\boldsymbol{\alpha}_{p_1},\boldsymbol{\alpha}_{p_2},\cdots,\boldsymbol{\alpha}_{p_r}$ 线性无关 (若存在);

2. 若从剩余的向量中 (若存在), 任意挑选出一个向量 $\boldsymbol{\alpha}_{p_{r+1}}$, 添加到以上向量组中, 得到的 $r+1$ 个向量构成的向量组线性相关. 则称向量组 $A:\boldsymbol{\alpha}_1,\boldsymbol{\alpha}_2,\cdots,\boldsymbol{\alpha}_m$ 的**秩**为 r, 记作 $r(\boldsymbol{A})=r(\boldsymbol{\alpha}_1,\boldsymbol{\alpha}_2,\cdots,\boldsymbol{\alpha}_m)=r$, 同时称向量组 $\boldsymbol{\alpha}_{p_1},\boldsymbol{\alpha}_{p_2},\cdots,\boldsymbol{\alpha}_{p_r}$ 为向量组 $\boldsymbol{\alpha}_1,\boldsymbol{\alpha}_2,\cdots,\boldsymbol{\alpha}_m$ 的一个**极大线性无关组**, 也简称**极大无关组**.

以上定义中, 我们需要注意一种特殊情况, 即只含有零向量的向量组. 显然它不含有极大无关组, 且我们规定它的秩为 0.

上节例 17 表明, 线性无关的向量组可以通过添加向量的方式进行扩充. 因此, 计算一个向量组的秩, 或计算一个向量组的极大无关组, 通常可以用极大无关组扩充算法实现.

极大无关组扩充算法

1. 从原向量组中任意挑选一个非零向量 $\boldsymbol{\alpha}_{p_1}$, 构成向量组 A;
2. 从剩余的向量组中挑选向量 $\boldsymbol{\alpha}_{p_2}$, 添加到向量组 A 中, 使得扩充后的向量组 $A,\boldsymbol{\alpha}_{p_2}$ 线性无关, 扩充后的向量组仍记作 A;
3. 重复第二步操作, 直至无法再扩充, 即再任意添加一个向量得到的向量组都线性相关;
4. 最后得到的向量组为原向量组的一个极大无关组.

例 18 利用极大无关组的扩充算法计算向量组 $\boldsymbol{\alpha}_1=(1,0,2)$, $\boldsymbol{\alpha}_2=(2,0,4)$, $\boldsymbol{\alpha}_3=(1,2,0)$, $\boldsymbol{\alpha}_4=(0,1,1)$ 的秩, 并找到一个极大无关组.

解 根据极大无关组扩充算法, 设 A 为空集, 按照向量次序依次与 A 进行比对, 验证向量组的线性相关性. 将线性无关的向量添加至 A 中, 不断更新 A 直至结束.

首先, 选取 $\boldsymbol{\alpha}_1$, 由于 $\boldsymbol{\alpha}_1\neq 0$, 故线性无关, 将其添加至 A 中.

在 A 的基础上, 考虑添加 $\boldsymbol{\alpha}_2$. 由于 $\boldsymbol{\alpha}_1$ 与 $\boldsymbol{\alpha}_2$ 成比例, 故, $\boldsymbol{\alpha}_1,\boldsymbol{\alpha}_2$ 线性相关, A 保持不变.

在 A 的基础上, 考虑添加 $\boldsymbol{\alpha}_3$, 显然, $\boldsymbol{\alpha}_1,\boldsymbol{\alpha}_3$ 线性无关, 因此向量组 A 扩充为 $\boldsymbol{\alpha}_1,\boldsymbol{\alpha}_3$.

在 A 的基础上, 再考虑添加 $\boldsymbol{\alpha}_4$, 通过定义, 计算得 $\boldsymbol{\alpha}_1,\boldsymbol{\alpha}_3,\boldsymbol{\alpha}_4$ 线性无关, 因此 A 扩充为 $\boldsymbol{\alpha}_1,\boldsymbol{\alpha}_3,\boldsymbol{\alpha}_4$.

至此, 已无剩余向量再进行添加, 算法结束.

所以, 原向量组的一个极大无关组为 $\boldsymbol{\alpha}_1,\boldsymbol{\alpha}_3,\boldsymbol{\alpha}_4$, 秩为 3.

根据极大无关组的扩充算法, 我们可以得到, 对同一个向量组, 若按照相同的顺序进行无关组扩充, 则得到的极大无关组唯一. 但自然地, 我们会考虑: 若向量选取的顺序不一样, 极大无关组是否唯一? 向量组的秩是否唯一? 即

向量组秩的两个问题

1. 向量组的极大无关组是否唯一?
2. 向量组的秩是否唯一?

对于第一个问题, 答案是否定的, 例如

在例 18 中, 若我们按照 $\boldsymbol{\alpha}_2,\boldsymbol{\alpha}_1,\boldsymbol{\alpha}_3,\boldsymbol{\alpha}_4$ 的次序进行考虑, 则容易验证, 我们得到的极大无关组是 $\boldsymbol{\alpha}_2,\boldsymbol{\alpha}_3,\boldsymbol{\alpha}_4$.

因此, 一个向量组的极大无关组不一定唯一.

对于第二个问题, 我们首先有如下定理.

定理 3.5 设 $A:\boldsymbol{\alpha}_1,\boldsymbol{\alpha}_2,\cdots,\boldsymbol{\alpha}_s$, $B:\boldsymbol{\beta}_1,\boldsymbol{\beta}_2,\cdots,\boldsymbol{\beta}_t$ 是两个 n 维向量组. 若

(1) $\boldsymbol{\alpha}_1,\boldsymbol{\alpha}_2,\cdots,\boldsymbol{\alpha}_s$ 线性无关;

(2) $\boldsymbol{\alpha}_1,\boldsymbol{\alpha}_2,\cdots,\boldsymbol{\alpha}_s$ 可由 $\boldsymbol{\beta}_1,\boldsymbol{\beta}_2,\cdots,\boldsymbol{\beta}_t$ 线性表示, 则 $s\leqslant t$.

定理的证明可考虑对 t 使用数学归纳法, 留作习题, 请读者自行证明. 根据该定理, 我们可以得到向量组秩的唯一性结论如下.

定理 3.6 (向量组秩的唯一性) 向量组的秩唯一.

证明 若向量组 A 的秩不唯一, 不妨设为 r_1 和 r_2, 且 $r_1 \leqslant r_2$.

根据极大无关组定义, 存在两个向量组 $\boldsymbol{\alpha}_{p1}, \cdots, \boldsymbol{\alpha}_{pr_1}$ 和 $\boldsymbol{\alpha}_{q1}, \cdots, \boldsymbol{\alpha}_{qr_2}$ 都是向量组 A 的极大无关组, 且 $\boldsymbol{\alpha}_{q1}, \cdots, \boldsymbol{\alpha}_{qr_2}$ 可由 $\boldsymbol{\alpha}_{p1}, \cdots, \boldsymbol{\alpha}_{pr_1}$ 线性表示. 因此, 根据定理 3.5, $r_2 \leqslant r_1$. 故 $r_1 = r_2$, 即向量组的秩唯一.

定理成立.

因此, 向量组的秩是向量组的本质特征, 它与无关组的扩充顺序无关.

极大无关组的扩充算法对于有限个向量构成的向量组是有效的, 但是当原始向量组包含无穷多个向量时, 算法的效率存在一定的问题, 同时算法的结束条件需要进一步分析. 根据定理 3.4, 我们可证明下列定义与极大无关组的定义等价.

定义 3.9 (极大无关组的等价定义) 设 $A: \boldsymbol{\alpha}_1, \boldsymbol{\alpha}_2, \cdots, \boldsymbol{\alpha}_m$ 是一个 n 维向量组, $m \geqslant 1$. 若其中 r 个向量 $\boldsymbol{\alpha}_{p_1}, \boldsymbol{\alpha}_{p_2}, \cdots, \boldsymbol{\alpha}_{p_r}$, $0 \leqslant r \leqslant m$, 满足

1. $\boldsymbol{\alpha}_{p_1}, \boldsymbol{\alpha}_{p_2}, \cdots, \boldsymbol{\alpha}_{p_r}$ 线性无关 (若存在);
2. 向量组 $\boldsymbol{\alpha}_1, \boldsymbol{\alpha}_2, \cdots, \boldsymbol{\alpha}_m$ 中任意一个向量都可以由 $\boldsymbol{\alpha}_{p_1}, \boldsymbol{\alpha}_{p_2}, \cdots, \boldsymbol{\alpha}_{p_r}$ 线性表示. 则 $\boldsymbol{\alpha}_{p_1}, \boldsymbol{\alpha}_{p_2}, \cdots, \boldsymbol{\alpha}_{p_r}$ 是向量组 $\boldsymbol{\alpha}_1, \boldsymbol{\alpha}_2, \cdots, \boldsymbol{\alpha}_m$ 的一个极大无关组.

根据以上等价定义, 我们能得到以下重要结论.

推论 3.1 所有 n 维向量构成的向量组, 秩为 n.

证明 从 n 维向量组中, 我们首先选取如下 n 个向量

$$\boldsymbol{e}_1 = (1, 0, \cdots, 0), \boldsymbol{e}_2 = (0, 1, \cdots, 0), \cdots, \boldsymbol{e}_n = (0, 0, \cdots, 1).$$

显然, $\boldsymbol{e}_1, \boldsymbol{e}_2, \cdots, \boldsymbol{e}_n$ 线性无关, 且任意 n 维向量 $(k_1, k_2, \cdots, k_n)$ 可由 $\boldsymbol{e}_1, \boldsymbol{e}_2, \cdots, \boldsymbol{e}_n$ 线性表示如下

$$(k_1, k_2, \cdots, k_n) = k_1 \cdot \boldsymbol{e}_1 + k_2 \cdot \boldsymbol{e}_2 + \cdots + k_n \cdot \boldsymbol{e}_n.$$

因此, $\boldsymbol{e}_1, \boldsymbol{e}_2, \cdots, \boldsymbol{e}_n$ 是所有 n 维向量构成的向量组的一个极大无关组, 即秩为 n.

根据向量空间的定义, 我们可以得到

$$S_{\{\boldsymbol{e}_1, \boldsymbol{e}_2, \cdots, \boldsymbol{e}_n\}} = \{k_1 \cdot \boldsymbol{e}_1 + k_2 \cdot \boldsymbol{e}_2 + \cdots + k_n \cdot \boldsymbol{e}_n, k_i \in \mathbf{R}\}.$$

即 n 维空间由极大无关组 $\boldsymbol{e}_1, \boldsymbol{e}_2, \cdots, \boldsymbol{e}_n$ 生成. 因此, 我们也称无关向量组 $\boldsymbol{e}_1, \boldsymbol{e}_2, \cdots, \boldsymbol{e}_n$ 是 n 维空间的一个**基**. 这组基向量即 n 维直角坐标系中坐标轴的单位方向向量.

根据以上推论我们还能得到如下结果.

推论 3.2 任意 m 个 n 维向量构成的向量组 A, 若 $m > n$, 则向量组一定线性相关.

证明 首先对于任意 n 维向量组 A, 显然有

$$A \subseteq S_{\{\boldsymbol{e}_1,\boldsymbol{e}_2,\cdots,\boldsymbol{e}_n\}},$$

故 $r(A) < r(S_{\{\boldsymbol{e}_1,\boldsymbol{e}_2,\cdots,\boldsymbol{e}_n\}}) = n$. 因此, 若 $m > n$, 向量组 A 中至少存在一个向量可由其极大无关组表示, 即线性相关.

结论成立.

上述推论同时也给出了极大无关组扩充算法结束的一个条件.

▶ **课堂练习**

由线性无关组扩充算法计算下列向量组的秩, 并找到一个极大无关组.

$$\boldsymbol{\alpha}_1 = (1,3,-1),\ \boldsymbol{\alpha}_2 = (0,2,3),\ \boldsymbol{\alpha}_3 = (1,3,2),\ \boldsymbol{\alpha}_4 = (2,6,8).$$

3.2.2 向量组的秩与矩阵的秩

本节, 我们将向量组与矩阵联系, 讨论矩阵的秩与向量组相关性的关联, 并由此给出矩阵秩唯一性的证明及向量组秩的一种主要计算方法.

设 $A:\boldsymbol{\alpha}_1,\boldsymbol{\alpha}_2,\cdots,\boldsymbol{\alpha}_m$ 是一个 n 维向量组, 且将 $\boldsymbol{\alpha}_i$ 记作列向量形式. 我们将这 m 个列向量依次放在一起, 构成一行, 则向量组的所有元素自然地构成 $n\times m$ 的矩阵, 仍然记作 $\boldsymbol{A}$, 如下

$$\boldsymbol{A} = (\boldsymbol{\alpha}_1,\boldsymbol{\alpha}_2,\cdots,\boldsymbol{\alpha}_m) = \begin{pmatrix} a_{11} & a_{12} & \cdots & a_{1m} \\ \vdots & \vdots & & \vdots \\ a_{n1} & a_{n2} & \cdots & a_{nm} \end{pmatrix}.$$

因此, 一个矩阵可视为其列构成的列向量组. 类似地, 也可视为其行构成的行向量组.

根据线性无关的定义, 我们有如下结论请读者自行证明.

性质 3.4 非零的行阶梯形矩阵中, 所有主元列构成的向量组线性无关.

性质 3.5 列满秩的行阶梯形矩阵, 其列构成的向量组线性无关.

性质 3.6 初等行变换不影响矩阵列向量组的线性相关性.

根据上述性质, 我们首先可以得到向量组秩与其对应的矩阵秩的关系.

定理 3.7 设 $A:\boldsymbol{\alpha}_1,\boldsymbol{\alpha}_2,\cdots,\boldsymbol{\alpha}_m$ 是一个 n 维列向量组, $\boldsymbol{A}$ 是其对应的矩阵, 则向量组的秩等于矩阵的秩, 即

$$r(\boldsymbol{\alpha}_1,\boldsymbol{\alpha}_2,\cdots,\boldsymbol{\alpha}_n) = r(\boldsymbol{A}).$$

证明 设 $r(\boldsymbol{\alpha}_1,\boldsymbol{\alpha}_2,\cdots,\boldsymbol{\alpha}_m)=r_1$, $r(\boldsymbol{A})=r_2$.

一方面, 设 $\boldsymbol{A}$ 的等价行阶梯形矩阵为 $\boldsymbol{B}$, 则 $\boldsymbol{B}$ 的主元有 r_2 个. 根据性质 3.4, 性质 3.6, 由这 r_2 个主元所在列构成的向量组线性无关. 因此, 由极大无关组定义得 $r_1 \geqslant r_2$.

另一方面, 不妨假设 $\boldsymbol{\alpha}_1,\boldsymbol{\alpha}_2,\cdots,\boldsymbol{\alpha}_{r_2}$ 是矩阵的 r_2 个主元列. 由矩阵等价标准形的计算步骤可知, 任意非主元列 $\boldsymbol{\alpha}_i$ 可由主元列通过加乘列变换化为零. 即存在 $k_1,k_2,\cdots,k_{r_2}$, 使得

$$\boldsymbol{\alpha}_i+k_1\boldsymbol{\alpha}_1+k_2\boldsymbol{\alpha}_2+\cdots+k_{r_2}\boldsymbol{\alpha}_{r_2}=\mathbf{0}.$$

因此, 向量组 $\boldsymbol{\alpha}_1,\boldsymbol{\alpha}_2,\cdots,\boldsymbol{\alpha}_m$ 可由 $\boldsymbol{\alpha}_1,\boldsymbol{\alpha}_2,\cdots,\boldsymbol{\alpha}_{r_2}$ 线性表示. 故有 $r(\boldsymbol{\alpha}_1,\boldsymbol{\alpha}_2,\cdots,\boldsymbol{\alpha}_m)\leqslant r_2$, 即 $r_1\leqslant r_2$.

综上, $r(\boldsymbol{\alpha}_1,\boldsymbol{\alpha}_2,\cdots,\boldsymbol{\alpha}_n)=r(\boldsymbol{A})$.

定理成立.

根据上述定理及向量组秩的唯一性, 我们可以证明矩阵的秩是唯一的. 根据线性相关性理论, 我们可以进一步证明第一章定理 1.5: 每一个矩阵行等价于唯一的简化阶梯形矩阵.

定理 3.7 实际上给出了一种计算有限向量组秩的有效方法, 即将其转化为矩阵, 通过计算矩阵的秩, 得到向量组的秩.

例 19 计算例 18 中向量组 $\boldsymbol{\alpha}_1=(1,0,2),\boldsymbol{\alpha}_2=(2,0,4),\boldsymbol{\alpha}_3=(1,2,0),\boldsymbol{\alpha}_4=(0,1,1)$ 的秩, 并找到一个极大无关组.

解 将行向量转置后, 依次排列得到向量组对应的矩阵 $\boldsymbol{A}$ 如下

$$\boldsymbol{A}=\left(\boldsymbol{\alpha}_1^{\mathrm{T}},\boldsymbol{\alpha}_2^{\mathrm{T}},\boldsymbol{\alpha}_3^{\mathrm{T}},\boldsymbol{\alpha}_4^{\mathrm{T}}\right)=\begin{pmatrix}1&2&1&0\\0&0&2&1\\2&4&0&1\end{pmatrix}.$$

将 $\boldsymbol{A}$ 通过初等行变换, 化为行阶梯形矩阵, 得到

$$\boldsymbol{A}\sim\begin{pmatrix}1&2&1&0\\0&0&2&1\\0&0&0&1\end{pmatrix}.$$

因此, $r\left(\boldsymbol{\alpha}_1,\boldsymbol{\alpha}_2,\boldsymbol{\alpha}_3,\boldsymbol{\alpha}_4\right)=r(\boldsymbol{A})=3$. 而且根据主元列的位置, 得到一个极大无关组为 $\boldsymbol{\alpha}_1,\boldsymbol{\alpha}_3,\boldsymbol{\alpha}_4$.

更进一步, 我们可以根据简化行阶梯形矩阵, 计算一个向量组中任意向量由极大无关组表示的表示系数.

例 20 计算向量组 $\boldsymbol{\alpha}_1=(1,2,1,0),\boldsymbol{\alpha}_2=(2,5,3,2),\boldsymbol{\alpha}_3=(-1,2,-6,8)$, $\boldsymbol{\alpha}_4=(0,3,3,6),\boldsymbol{\alpha}_5=(4,5,0,-6)$ 的秩, 计算一个极大无关组, 并将剩余向量由极大无关组线性表示.

解 将向量转置, 构造其对应的矩阵 $\boldsymbol{A}$, 并将 $\boldsymbol{A}$ 化为行阶梯形矩阵.

$$\boldsymbol{A}=\begin{pmatrix}1&2&-1&0&4\\2&5&2&3&5\\1&3&-6&3&0\\0&2&8&6&-6\end{pmatrix}\sim\begin{pmatrix}1&2&-1&0&4\\0&1&4&3&-3\\0&0&-9&0&-1\\0&0&0&0&0\end{pmatrix}.$$

因此, $r(\boldsymbol{\alpha}_1,\boldsymbol{\alpha}_2,\boldsymbol{\alpha}_3,\boldsymbol{\alpha}_4,\boldsymbol{\alpha}_5)=3$, 且根据主元列所在位置得到一个极大无关组为 $\boldsymbol{\alpha}_1,\boldsymbol{\alpha}_2,\boldsymbol{\alpha}_3$. 为计算 $\boldsymbol{\alpha}_4,\boldsymbol{\alpha}_5$ 由极大无关组表示的表出系数, 我们将上述矩阵继续变形为简化行阶梯形矩阵, 得

$$\boldsymbol{A}\sim\begin{pmatrix}1&0&0&-6&11\\0&1&0&3&-\dfrac{31}{9}\\0&0&1&0&\dfrac{1}{9}\\0&0&0&0&0\end{pmatrix}.$$

根据简化行阶梯形矩阵, 由无关组表示系数的唯一性, 得到

$$\boldsymbol{\alpha}_4=-6\boldsymbol{\alpha}_1+3\boldsymbol{\alpha}_2+0\boldsymbol{\alpha}_3,\quad \boldsymbol{\alpha}_5=11\boldsymbol{\alpha}_1-\frac{31}{9}\boldsymbol{\alpha}_2+\frac{1}{9}\boldsymbol{\alpha}_3.$$

▶ **课堂练习**

1. 若向量组 $(1,2,1),(2,1,1),(3,3,a)$ 秩为 2, 计算 a.

2. 计算向量组 $(1,0,1),(1,1,1),(0,1,0)$ 的秩, 并给出该向量组不同的极大无关组.

3.3 向量组与矩阵、行列式的联系

上一节, 我们借助于秩的概念将矩阵和向量组紧密地联系在一起. 本节, 我们将深入讨论向量组与矩阵、行列式之间的联系.

根据性质 3.4, 性质 3.5, 性质 3.6, 我们容易证明如下推论.

推论 3.3 列向量组 $\boldsymbol{\alpha}_1,\boldsymbol{\alpha}_2,\cdots,\boldsymbol{\alpha}_m$ 线性无关当且仅当其对应的矩阵列满秩.

特别地, 当我们考虑由 n 个 n 维列向量构成的向量组时, 可以得到向量组、矩阵、行列式间更加深刻的联系.

定理 3.8　设 $\alpha_1,\cdots,\alpha_n$ 是 n 维向量组, $\boldsymbol{A}$ 是其对应的方阵, 则下列两列中各条等价.

I	II
(1) 向量组 $\boldsymbol{\alpha}_1,\cdots,\boldsymbol{\alpha}_n$ 线性无关;	(1) 向量组 $\boldsymbol{\alpha}_1,\cdots,\boldsymbol{\alpha}_n$ 线性相关;
(2) $r(\boldsymbol{\alpha}_1,\cdots,\boldsymbol{\alpha}_n)=n$;	(2) $r(\boldsymbol{\alpha}_1,\cdots,\boldsymbol{\alpha}_n)<n$;
(3) $r(\boldsymbol{A})=n$;	(3) $r(\boldsymbol{A})<n$;
(4) $\boldsymbol{A}$ 是满秩阵;	
(5) $\boldsymbol{A}$ 可逆;	(4) $\boldsymbol{A}$ 不可逆;
(6) $\boldsymbol{A}\sim\boldsymbol{E}_n$;	
(7) $\det\boldsymbol{A}\neq 0$;	(5) $\det\boldsymbol{A}=0$;
(8) $\boldsymbol{AX}=\boldsymbol{b}$ 只有唯一解;	(6) $\boldsymbol{AX}=\boldsymbol{b}$ 若有解, 则解不唯一;
(9) $\boldsymbol{AX}=\boldsymbol{0}$ 只有零解.	(7) $\boldsymbol{AX}=\boldsymbol{0}$ 有非零解.

我们可以灵活使用以上定理中的各种等价结论对问题进行分析, 求解.

例 21　判断向量组 $\boldsymbol{\alpha}_1=(-1,3,1),\boldsymbol{\alpha}_2=(2,1,0),\boldsymbol{\alpha}_3=(1,4,1)$ 的线性相关性.

解　构造向量组对应的方阵 $\boldsymbol{A}$, 得

$$\boldsymbol{A}=\begin{pmatrix}-1&2&1\\3&1&4\\1&0&1\end{pmatrix}.$$

计算方阵行列式得 $\det\boldsymbol{A}=0$. 因此, 根据定理, 向量组线性相关.

例 22　计算 a 取何值时, 下列向量组线性相关.

$$\boldsymbol{\alpha}_1=\begin{pmatrix}a\\1\\1\end{pmatrix},\quad\boldsymbol{\alpha}_2=\begin{pmatrix}1\\a\\-1\end{pmatrix},\quad\boldsymbol{\alpha}_3=\begin{pmatrix}1\\-1\\a\end{pmatrix}.$$

解　构造向量组对应的矩阵 $\boldsymbol{A}$, 得

$$\boldsymbol{A}=\begin{pmatrix}a&1&1\\1&a&-1\\1&-1&a\end{pmatrix}.$$

若向量组线性相关, 则 $\det\boldsymbol{A}=0$, 即

$$\det\boldsymbol{A}=a^3-3a-2=(a+1)^2(a-2).$$

故, 当 $a=-1$ 或 2 时, 向量组线性相关.

例 23　已知三维列向量组 $\boldsymbol{\alpha}_1,\boldsymbol{\alpha}_2,\boldsymbol{\alpha}_3$ 线性相关, 证明 $\boldsymbol{\beta}_1=\boldsymbol{\alpha}_1+\boldsymbol{\alpha}_2$, $\boldsymbol{\beta}_2=\boldsymbol{\alpha}_2+\boldsymbol{\alpha}_3$, $\boldsymbol{\beta}_3=\boldsymbol{\alpha}_3+\boldsymbol{\alpha}_1$ 线性相关.

证明　由已知, 得

$$\boldsymbol{B}=(\boldsymbol{\beta}_1,\boldsymbol{\beta}_2,\boldsymbol{\beta}_3)=(\boldsymbol{\alpha}_1,\boldsymbol{\alpha}_2,\boldsymbol{\alpha}_3)\begin{pmatrix}1&0&1\\1&1&0\\0&1&1\end{pmatrix}=\boldsymbol{AC}.$$

计算可得 $\det\boldsymbol{C}=2$, 因此 $\boldsymbol{C}$ 可逆, 故

$$(\boldsymbol{\beta}_1,\boldsymbol{\beta}_2,\boldsymbol{\beta}_3)\boldsymbol{C}^{-1}=(\boldsymbol{\alpha}_1,\boldsymbol{\alpha}_2,\boldsymbol{\alpha}_3).$$

若 $\boldsymbol{\beta}_1,\boldsymbol{\beta}_2,\boldsymbol{\beta}_3$ 线性无关, 则 $\boldsymbol{B}$ 可逆, 因此 $\boldsymbol{A}$ 可逆, 与 $\boldsymbol{\alpha}_1,\boldsymbol{\alpha}_2,\boldsymbol{\alpha}_3$ 线性相关矛盾.

故, $\boldsymbol{\beta}_1,\boldsymbol{\beta}_2,\boldsymbol{\beta}_3$ 线性相关.

▶ **课堂练习**

1. 讨论下列向量组的线性相关性.

(1) $(1,2,3),(2,1,2),(3,2,1)$;　(2) $(k,0,1),(1,3,2),(1,2,1)$.

2. 已知向量组 $\boldsymbol{\alpha}_1,\boldsymbol{\alpha}_2,\boldsymbol{\alpha}_3$ 线性无关, 判断向量组 $\boldsymbol{\beta}_1=\boldsymbol{\alpha}_1+\boldsymbol{\alpha}_2$, $\boldsymbol{\beta}_2=\boldsymbol{\alpha}_2+\boldsymbol{\alpha}_3$, $\boldsymbol{\beta}_3=\boldsymbol{\alpha}_1+\boldsymbol{\alpha}_2+\boldsymbol{\alpha}_3$ 的线性相关性.

习　题　3

1. 已知向量组 $\boldsymbol{\alpha}_1=(1,\ 2,\ 3),\boldsymbol{\alpha}_2=(2,\ 1,\ 4),\boldsymbol{\alpha}_3=(1,\ 0,\ 0)$, 求下列向量在此向量组下的表示系数.

(1) $(8,\ 2,\ 8)$;　(2) $(-5,\ 3,\ 1)$.

2. 根据克拉默法则判定下列向量的组线性相关性.

(1) $\boldsymbol{\alpha}_1=(2,\ 1,\ 0)$, $\boldsymbol{\alpha}_2=(3,\ 1,\ 2)$, $\boldsymbol{\alpha}_3=(1,\ 3,\ 7)$;

(2) $\boldsymbol{\alpha}_1=(1,\ 1,\ 0)$, $\boldsymbol{\alpha}_2=(1,\ 1,\ 4)$, $\boldsymbol{\alpha}_3=(1,\ 1,\ 9)$;

3. 问: 当 a 取何值时, 下列向量组线性相关.

$$\boldsymbol{\alpha}_1=\begin{pmatrix}a\\1\\1\end{pmatrix},\quad \boldsymbol{\alpha}_2=\begin{pmatrix}1\\a\\-1\end{pmatrix},\quad \boldsymbol{\alpha}_3=\begin{pmatrix}1\\-1\\a\end{pmatrix}.$$

4. 证明下列两个向量组等价.

$$\boldsymbol{\alpha}_1=(1,0),\ \boldsymbol{\alpha}_2=(0,1)\quad 和\quad \boldsymbol{\beta}_1=(1,1),\ \boldsymbol{\beta}_2=(1,2).$$

5. 证明同一个向量组的任意两个极大无关组等价.

6. 已知 $r(\boldsymbol{\alpha}_1,\boldsymbol{\alpha}_2,\boldsymbol{\alpha}_3)=2$, $r(\boldsymbol{\alpha}_2,\boldsymbol{\alpha}_3,\boldsymbol{\alpha}_4)=3$, 证明:

(1) $\boldsymbol{\alpha}_1$ 可由 $\boldsymbol{\alpha}_2,\boldsymbol{\alpha}_3$ 线性表示;

(2) $\boldsymbol{\alpha}_4$ 不能由 $\boldsymbol{\alpha}_1,\boldsymbol{\alpha}_2,\boldsymbol{\alpha}_3$ 线性表示.

7. 根据极大无关组扩充算法计算下列向量组的秩, 并给出一个极大无关组.

(1) $\boldsymbol{\alpha}_1=(2,\ 1)$, $\boldsymbol{\alpha}_2=(3,\ 2)$, $\boldsymbol{\alpha}_3=(1,\ 3)$;

(2) $\boldsymbol{\alpha}_1=(2,\ 1,\ 0)$, $\boldsymbol{\alpha}_2=(4,\ 2,\ 0)$, $\boldsymbol{\alpha}_3=(6,\ 3,\ 0)$;

8. 计算下列向量组的秩, 给出一个极大无关组, 并将其余向量由该极大无关组线性表出.

(1) $\boldsymbol{\alpha}_1=(-2,1,3,1)$, $\boldsymbol{\alpha}_2=(-5,3,11,7)$, $\boldsymbol{\alpha}_3=(8,-5,-19,-13)$, $\boldsymbol{\alpha}_4=(0,1,7,5)$, $\boldsymbol{\alpha}_5=(-17,5,1,3)$;

(2) $\boldsymbol{\alpha}_1=(2,1,-7,4)$, $\boldsymbol{\alpha}_2=(-1,-2,8,-5)$, $\boldsymbol{\alpha}_3=(1,-4,10,-7)$, $\boldsymbol{\alpha}_4=(-6,3,3,0)$, $\boldsymbol{\alpha}_5=(8,-2,-10,4)$;

9. 已知向量组 $\boldsymbol{\alpha}_1=(a,3,1)$, $\boldsymbol{\alpha}_2=(2,b,3)$, $\boldsymbol{\alpha}_3=(1,2,1)$, $\boldsymbol{\alpha}_4=(2,3,1)$ 的秩为 2, 求 a,b.

10. 设 $\boldsymbol{\alpha}_1,\boldsymbol{\alpha}_2,\boldsymbol{\alpha}_3$ 线性无关, $\boldsymbol{\beta}_1=\boldsymbol{\alpha}_1,\boldsymbol{\beta}_2=\boldsymbol{\alpha}_1+\boldsymbol{\alpha}_2,\boldsymbol{\beta}_3=\boldsymbol{\alpha}_1+\boldsymbol{\alpha}_2+\boldsymbol{\alpha}_3$, 判断向量组 $\boldsymbol{\beta}_1,\boldsymbol{\beta}_2,\boldsymbol{\beta}_3$ 的线性相关性, 并证明.

11. 给定向量组 $\boldsymbol{\alpha}_1,\boldsymbol{\alpha}_2,\cdots,\boldsymbol{\alpha}_m$ 与其扩充向量组 $\boldsymbol{\alpha}_1,\boldsymbol{\alpha}_2,\cdots,\boldsymbol{\alpha}_m,\boldsymbol{\beta}$, 证明:

(1) $r(\boldsymbol{\alpha}_1,\boldsymbol{\alpha}_2,\cdots,\boldsymbol{\alpha}_m)\leqslant r(\boldsymbol{\alpha}_1,\boldsymbol{\alpha}_2,\cdots,\boldsymbol{\alpha}_m,\boldsymbol{\beta})$;

(2) 若 $\boldsymbol{\alpha}_1,\boldsymbol{\alpha}_2,\cdots,\boldsymbol{\alpha}_m$ 线性相关, 则 $\boldsymbol{\alpha}_1,\boldsymbol{\alpha}_2,\cdots,\boldsymbol{\alpha}_m,\boldsymbol{\beta}$ 线性相关;

(3) 若 $\boldsymbol{\alpha}_1,\boldsymbol{\alpha}_2,\cdots,\boldsymbol{\alpha}_m,\boldsymbol{\beta}$ 线性无关, 则 $\boldsymbol{\alpha}_1,\boldsymbol{\alpha}_2,\cdots,\boldsymbol{\alpha}_m$ 线性无关.

第四章　线性方程组解的理论

线性方程组是描述客观世界未知量的一个有力数学模型. 利用消元法, 我们可以手动求解线性方程组中一些未知量个数较少的情形. 克拉默法则给出了线性方程组的系数矩阵为方阵时的解的理论. 19 世纪, 英国数学家道奇森通过引入增广矩阵的概念证明了一般线性方程组解的存在性问题, 成为线性方程组理论中重要的结果之一.

克拉默
1704—1752
瑞士数学家
"克拉默法则"
《代数曲线的分析引论》

查尔斯・路德维希・道奇森
1832—1898
英国数学家、作家、摄影家
《行列式基础论述》
《爱丽丝漫游奇境记》

本章, 我们将对线性方程组解的理论进行深入讨论. 首先, 借助于前几章介绍的矩阵、行列式、向量, 从理论上解决线性方程组中两个最基本的问题, 即线性方程组是否有解? 有解的情况下, 其解是否唯一? 在此基础上, 结合线性方程组解的结构性质, 最后给出线性方程组求解的一般方法.

4.1　线性方程组基本概念

引言中, 我们已经介绍了线性方程组的相关概念. 为了更好地展开本章的讨论, 我们首先重述并定义部分重要概念.

一般地, 一个包含 m 个方程 n 个未知量的线性方程组, 可表示如下.

$$\begin{cases} a_{11}x_1 + a_{12}x_2 + \cdots + a_{1n}x_n = b_1, \\ a_{21}x_1 + a_{22}x_2 + \cdots + a_{2n}x_n = b_2, \\ \cdots\cdots\cdots\cdots \\ a_{m1}x_1 + a_{m2}x_2 + \cdots + a_{mn}x_n = b_m. \end{cases}$$

满足方程组的一组数 $(x_1, x_2, \cdots, x_n)$ 称为方程组的一个**特解**. 满足方程组的所有解, 构成的集合称为解集, 也称为方程组的**通解**. 解线性方程组一般指计算线性方程组的通解.

根据线性方程组中常数项的取值, 我们将线性方程组分为齐次线性方程组和非齐次线性方程组.

定义 4.1 若线性方程组中常数项 $b_i, i=1,2,\cdots,m$ 全为 0, 即

$$\begin{cases} a_{11}x_1+a_{12}x_2+\cdots+a_{1n}x_n=0, \\ a_{21}x_1+a_{22}x_2+\cdots+a_{2n}x_n=0, \\ \cdots\cdots\cdots\cdots \\ a_{m1}x_1+a_{m2}x_2+\cdots+a_{mn}x_n=0, \end{cases}$$

则该线性方程组称为**齐次线性方程组**. 反之, 若至少存在一个 $b_i\neq 0$, 则称该线性方程组为**非齐次线性方程组**.

在第一章中, 利用矩阵, 我们将线性方程组表示如下

$$\boldsymbol{AX}=\boldsymbol{b},$$

其中, $\boldsymbol{A}$ 称为**系数矩阵**, $\boldsymbol{X}$ 称为**未知量矩阵**, $\boldsymbol{b}$ 称为**常数项矩阵**.

根据定义, 齐次线性方程组中常数项矩阵 $\boldsymbol{b}=\boldsymbol{0}$. 因此, 利用矩阵, 齐次线性方程组可记为

$$\boldsymbol{AX}=\boldsymbol{0}.$$

对于非齐次线性方程组, 我们将常数项作为列向量添加到系数矩阵 $\boldsymbol{A}$ 之后, 并将得到的矩阵

$$(\boldsymbol{A},\boldsymbol{b})=\left(\begin{array}{ccc|c} a_{11} & \cdots & a_{1n} & b_1 \\ a_{21} & \cdots & a_{2n} & b_2 \\ \vdots & & \vdots & \vdots \\ a_{m1} & \cdots & a_{mn} & b_m \end{array}\right)$$

称为**增广矩阵**.

若我们将系数矩阵中的每一列视为向量, 可得到由系数构成的系数列向量组如下

$$\boldsymbol{\alpha}_1=\begin{pmatrix} a_{11} \\ a_{21} \\ \vdots \\ a_{m1} \end{pmatrix}, \boldsymbol{\alpha}_2=\begin{pmatrix} a_{12} \\ a_{22} \\ \vdots \\ a_{m2} \end{pmatrix}, \cdots, \boldsymbol{\alpha}_n=\begin{pmatrix} a_{1n} \\ a_{2n} \\ \vdots \\ a_{mn} \end{pmatrix}.$$

此时, 线性方程组用系数列向量组和常数项向量表示为

$$x_1\boldsymbol{\alpha}_1+x_2\boldsymbol{\alpha}_2+\cdots+x_n\boldsymbol{\alpha}_n=\boldsymbol{b}.$$

因此, 解线性方程组问题可视为求解常数项向量 $\boldsymbol{b}$ 关于系数列向量组 $\boldsymbol{\alpha}_1, \boldsymbol{\alpha}_2, \cdots, \boldsymbol{\alpha}_n$ 的线性表示问题.

特别地, 解齐次线性方程组问题等价于系数列向量组的线性相关性问题, 即

$$x_1\boldsymbol{\alpha}_1 + x_2\boldsymbol{\alpha}_2 + \cdots + x_n\boldsymbol{\alpha}_n = \mathbf{0}.$$

上述分析中, 我们从多个角度对线性方程组进行了解释. 最后, 我们再次重述引言中提出的线性方程组的三个基本问题.

微视频

线性方程组解的理论

线性方程组的三个基本问题

1. 方程组解的存在性问题;
2. 方程组解的唯一性问题;
3. 方程组通解如何求解问题.

在本章中, 我们将借助矩阵、行列式、向量组依次对上述三个问题展开详尽讨论.

4.2 线性方程组解的存在性

在本节及后续章节的讨论中, 我们根据线性方程组的分类将对齐次线性方程组和非齐次线性方程组的相关结论分别进行讨论.

4.2.1 齐次线性方程组解的存在性

对于齐次情形, 我们令所有 $x_i = 0, i = 1, 2, \cdots, n$, 显然 $\boldsymbol{X} = \mathbf{0}$ 一定是齐次线性方程组的一个解, 这样的解称为**零解** (**平凡解**). 因此, 我们易得如下结论.

性质 4.1 齐次线性方程组 $\boldsymbol{AX} = \mathbf{0}$ 至少存在一个解, 即零解.

4.2.2 非齐次线性方程组解的存在性

对于非齐次情形, $\boldsymbol{X} = \mathbf{0}$ 显然不再是方程组的解.

从矩阵和向量组两个角度出发, 我们可得关于非齐次线性方程组解的存在性的多种等价判定定理.

首先, 利用系数矩阵和增广矩阵的秩, 我们有如下定理.

定理 4.1 (非齐次线性方程组解的存在性) 非齐次线性方程组有解当且仅当系数矩阵的秩等于增广矩阵的秩, 即 $r(\boldsymbol{A}) = r(\boldsymbol{A}, \boldsymbol{b})$.

证明 一方面, 若方程组有解, 设 $r(\boldsymbol{A})=r$, 同时不妨设矩阵 $(\boldsymbol{A},\boldsymbol{b})$ 的简化行阶梯形矩阵如下.

$$\widetilde{(\boldsymbol{A},\boldsymbol{b})}=\left(\begin{array}{cccccc:c}1&\cdots&0&a'_{1,r+1}&\cdots&a'_{1,n}&b'_1\\ \vdots&&\vdots&\vdots&&\vdots&\vdots\\ 0&\cdots&1&a'_{r,r+1}&\cdots&a'_{r,n}&b'_r\\ 0&\cdots&0&0&\cdots&0&b'_{r+1}\\ \vdots&&\vdots&\vdots&&\vdots&\vdots\\ 0&\cdots&0&0&\cdots&0&0\end{array}\right)=\left(\begin{array}{cc:c}\boldsymbol{E}_r&\boldsymbol{A}'&\boldsymbol{B}'\\ \boldsymbol{O}&\boldsymbol{O}&\boldsymbol{C}'\end{array}\right).$$

我们知道, 初等行变换不改变方程组的解, 即原方程组有解等价于上述简化行阶梯形矩阵对应的方程组有解. 由矩阵秩的定义, 我们有 $r(\boldsymbol{A})\leqslant r(\boldsymbol{A},\boldsymbol{b})$. 若 $r(\boldsymbol{A})<r(\boldsymbol{A},\boldsymbol{b})$, 则等价于上述简化行阶梯形矩阵中 $b'_{r+1}\neq 0$, 因此, 第 $r+1$ 行等价于方程

$$0=b'_{r+1},$$

矛盾, 因此, $r(\boldsymbol{A})=r(\boldsymbol{A},\boldsymbol{b})$.

另一方面, 若 $r(\boldsymbol{A})=r(\boldsymbol{A},\boldsymbol{b})$, 则 $\boldsymbol{C}'=\boldsymbol{0}$, 我们令 $x_{r+1},\cdots,x_n$ 为任意取值向量 $\boldsymbol{X}_2$, 同时,$x_1,\cdots,x_r$ 取值为 $\boldsymbol{B}'-\boldsymbol{A}'\boldsymbol{X}_2$, 可验证, 得

$$\boldsymbol{X}=\begin{pmatrix}\boldsymbol{X}_1\\ \boldsymbol{X}_2\end{pmatrix}=\begin{pmatrix}\boldsymbol{B}'-\boldsymbol{A}'\boldsymbol{X}_2\\ \boldsymbol{X}_2\end{pmatrix}$$

为线性方程组的一个解.

综上, 定理成立.

根据定理 4.1, 若 $r(\boldsymbol{A})<r(\boldsymbol{A},\boldsymbol{b})$, 则非齐次线性方程组无解. 因此, 对于任意给定的非齐次线性方程组, 我们只需要计算系数矩阵 $\boldsymbol{A}$ 与增广矩阵 $(\boldsymbol{A},\boldsymbol{b})$ 的秩, 即可判断方程组是否有解.

通常, 在将增广矩阵 $(\boldsymbol{A},\boldsymbol{b})$ 变形为行阶梯形矩阵的同时, 也得到系数矩阵 $\boldsymbol{A}$ 的行阶梯形矩阵. 因此, 我们可以将两个矩阵的变换过程同时完成.

例 1 判断下列非齐次线性方程组是否有解.

$$(1)\ \begin{cases}x_1+x_2+x_3+x_4=1,\\ x_1-x_2+x_3-x_4=2,\\ 3x_1+x_2+3x_3+x_4=0;\end{cases}\qquad (2)\ \begin{cases}x_1+2x_2-x_3+x_4=1,\\ -2x_1-4x_2+x_3-3x_4=4,\\ 3x_1+6x_2-2x_3+4x_4=-3.\end{cases}$$

解 对非齐次线性方程组 (1) 对应的增广矩阵进行初等行变换, 得

$$(\boldsymbol{A},\boldsymbol{b})=\left(\begin{array}{cccc:c}1&1&1&1&1\\ 1&-1&1&-1&2\\ 3&1&3&1&0\end{array}\right)\sim\left(\begin{array}{cccc:c}1&1&1&1&1\\ 0&-2&0&-2&1\\ 0&0&0&0&-4\end{array}\right).$$

即 $r(\boldsymbol{A})=2$, $r(\boldsymbol{A},\boldsymbol{b})=3$, 故 $r(\boldsymbol{A})<r(\boldsymbol{A},\boldsymbol{b})$. 因此, 线性方程组 (1) 无解.

对非齐次线性方程组 (2) 对应的增广矩阵进行初等行变换, 得

$$(\boldsymbol{A},\boldsymbol{b})=\left(\begin{array}{cccc:c}1&2&-1&1&1\\-2&-4&1&-3&4\\3&6&-2&4&-3\end{array}\right)\sim\left(\begin{array}{cccc:c}1&2&0&2&-5\\0&0&1&1&-6\\0&0&0&0&0\end{array}\right).$$

即 $r(\boldsymbol{A})=2$, $r(\boldsymbol{A},\boldsymbol{b})=2$, 故 $r(\boldsymbol{A})=r(\boldsymbol{A},\boldsymbol{b})$. 因此, 线性方程组 (2) 有解.

例 2 设 $\boldsymbol{AX}=\boldsymbol{b}$ 为包含 m 个方程的 n 元非齐次线性方程组. 证明: 若矩阵 $\boldsymbol{A}$ 行满秩, 即 $r(\boldsymbol{A})=m$, 则方程组一定有解.

证明 由题设, 系数矩阵 $\boldsymbol{A}$ 为 $m\times n$ 矩阵, 增广矩阵 $(\boldsymbol{A},\boldsymbol{b})$ 为 $m\times(n+1)$ 矩阵. 因为 $r(\boldsymbol{A})\leqslant r(\boldsymbol{A},\boldsymbol{b})$, 同时, $r(\boldsymbol{A},\boldsymbol{b})\leqslant\min\{m,n+1\}$, 因此, 有

$$m=r(\boldsymbol{A})\leqslant r(\boldsymbol{A},\boldsymbol{b})\leqslant m.$$

故 $r(\boldsymbol{A})=r(\boldsymbol{A},\boldsymbol{b})$, 由定理 4.1, 方程组有解.

结合向量组的秩与矩阵秩的关系, 从向量的线性表示角度出发, 我们有如下推论.

推论 4.1 设 $\boldsymbol{AX}=\boldsymbol{b}$ 为 n 元非齐次线性方程组, $\boldsymbol{\alpha}_1,\boldsymbol{\alpha}_2,\cdots,\boldsymbol{\alpha}_n$ 为系数列向量组, $\boldsymbol{b}$ 为常数项向量, 则下列三条等价.

(1) 非齐次线性方程组有解;

(2) $r(\boldsymbol{\alpha}_1,\boldsymbol{\alpha}_2,\cdots,\boldsymbol{\alpha}_n)=r(\boldsymbol{\alpha}_1,\boldsymbol{\alpha}_2,\cdots,\boldsymbol{\alpha}_n,\boldsymbol{b})$;

(3) 常数项向量 $\boldsymbol{b}$ 可由系数列向量组 $\boldsymbol{\alpha}_1,\boldsymbol{\alpha}_2,\cdots,\boldsymbol{\alpha}_n$ 线性表示.

▶ **课堂练习**

1. 判定下列增广矩阵对应的非齐次线性方程组是否有解.

(1) $\left(\begin{array}{ccc:c}1&3&5&2\\2&1&3&6\end{array}\right)$; (2) $\left(\begin{array}{cc:c}1&3&2\\2&4&5\\3&5&7\end{array}\right)$; (3) $\left(\begin{array}{ccc:c}1&3&5&2\\0&3&3&0\\0&0&0&0\end{array}\right)$;

2. 若非齐次线性方程组中系数矩阵 $\boldsymbol{A}$ 列满秩, 则方程组是否一定有解, 请举例说明.

4.3 线性方程组解的结构

若线性方程组有解, 则线性方程组解的个数及解的形式等相关问题统称为**解的结构问题**. 本节将分别对齐次和非齐次线性方程组解的结构展开讨论.

4.3.1 齐次线性方程组解的结构

我们将齐次线性方程组零解之外的解统称为齐次线性方程组的**非零解**. 因此, 齐次线性方程组存在非零解等价于方程组解不唯一.

由齐次线性方程组的向量表示形式

$$x_1\boldsymbol{\alpha}_1 + x_2\boldsymbol{\alpha}_2 + \cdots + x_n\boldsymbol{\alpha}_n = \mathbf{0}.$$

其中, $\boldsymbol{\alpha}_1, \boldsymbol{\alpha}_2, \cdots, \boldsymbol{\alpha}_n$ 是齐次线性方程组的系数列向量组, 再结合向量组的线性相关性理论, 我们有如下定理.

定理 4.2 (齐次线性方程组解的唯一性) 齐次线性方程组解唯一当且仅当系数列向量组 $\boldsymbol{\alpha}_1, \boldsymbol{\alpha}_2, \cdots, \boldsymbol{\alpha}_n$ 线性无关.

证明 根据线性无关的定义, 设 $x_1\boldsymbol{\alpha}_1 + x_2\boldsymbol{\alpha}_2 + \cdots + x_n\boldsymbol{\alpha}_n = \mathbf{0}$. 则

$$\boldsymbol{\alpha}_1, \boldsymbol{\alpha}_2, \cdots, \boldsymbol{\alpha}_n \text{ 线性无关 } \Leftrightarrow \forall i = 1, 2, \cdots, n, \quad x_i = 0.$$

即齐次线性方程组只有唯一零解.

由定理 4.2 可得, 其下列逆否命题自然成立.

定理 4.3 (齐次线性方程组有非零解条件) 齐次线性方程组有非零解当且仅当系数列向量组 $\boldsymbol{\alpha}_1, \boldsymbol{\alpha}_2, \cdots, \boldsymbol{\alpha}_n$ 线性相关.

由向量组线性相关性与矩阵秩的关系, 上述两个定理用矩阵秩的语言可分别描述如下.

定理 4.4 (齐次线性方程组解的唯一性) 齐次线性方程组解唯一当且仅当系数矩阵 $\boldsymbol{A}$ 的秩等于未知量的个数 n, 即 $r(\boldsymbol{A}) = n$.

定理 4.5 (齐次线性方程组有非零解条件) 齐次线性方程组有非零解当且仅当系数矩阵 $\boldsymbol{A}$ 的秩小于未知量的个数 n , 即 $r(\boldsymbol{A}) < n$.

证明 由于系数列向量组的秩等于系数矩阵的秩, 因此, 由定理 4.2, 定理 4.3, 易得上述两等价定理成立.

在实际的分析及计算中, 我们可灵活采用矩阵秩的形式或系数列向量组的线性相关性对线性方程组解的唯一性进行判定.

例 3 判定下列矩阵对应的齐次线性方程组是否有非零解.

(1) $\begin{pmatrix} 1 & 2 & 5 \\ 9 & 3 & 1 \end{pmatrix}$; (2) $\begin{pmatrix} 2 & 1 & 9 \\ 0 & 7 & 9 \\ 0 & 0 & 1 \end{pmatrix}$.

解 在 (1) 中, 系数列向量组是二维向量, 且包含三个向量. 由第三章推论 3.2 可得, 向量组线性相关. 因此, 其对应的齐次线性方程组有非零解.

在 (2) 中, 易见系数矩阵为 3×3 的行阶梯形满秩矩阵, 故 $r(\boldsymbol{A})=3$, 同时, 未知量个数 $n=3$. 即 $r(\boldsymbol{A})=n$. 因此, 其对应的齐次线性方程组只有零解.

现在, 我们已经知道了齐次线性方程组解唯一的判定条件. 下面, 我们讨论当解不唯一时, 方程组的通解形式.

性质 4.2 若 $\boldsymbol{X}_1$ 是齐次线性方程组的一个非零解, 则对于任意的常数 k,$k\boldsymbol{X}_1$ 也是方程组的解.

性质 4.3 若 $\boldsymbol{X}_1$,$\boldsymbol{X}_2$ 是齐次线性方程组的非零解, 则 $\boldsymbol{X}_1+\boldsymbol{X}_2$ 也是方程组的解.

综合性质 4.2, 性质 4.3, 我们有

定理 4.6 (齐次线性方程组解的结构) 若 $\boldsymbol{X}_1,\boldsymbol{X}_2,\cdots,\boldsymbol{X}_s$ 是齐次线性方程组的非零解, 则对于任意 $k_1,k_2,\cdots,k_s$,

$$k_1\boldsymbol{X}_1+k_2\boldsymbol{X}_2+\cdots+k_s\boldsymbol{X}_s$$

也是齐次线性方程组的解.

证明 利用齐次线性方程组的矩阵形式, 设 $\boldsymbol{X}_1,\boldsymbol{X}_2,\cdots,\boldsymbol{X}_s$ 是齐次线性方程组的非零解, 即 $\boldsymbol{A}\boldsymbol{X}_i=\boldsymbol{0}$. 利用矩阵的运算性质, 我们有

$$\begin{aligned}\boldsymbol{A}(k_1\boldsymbol{X}_1+k_2\boldsymbol{X}_2+\cdots+k_s\boldsymbol{X}_s)&=\boldsymbol{A}k_1\boldsymbol{X}_1+\boldsymbol{A}k_2\boldsymbol{X}_2+\cdots+\boldsymbol{A}k_s\boldsymbol{X}_s\\&=k_1\boldsymbol{A}\boldsymbol{X}_1+k_2\boldsymbol{A}\boldsymbol{X}_2+\cdots+k_s\boldsymbol{A}\boldsymbol{X}_s=\boldsymbol{0}.\end{aligned}$$

即 $k_1\boldsymbol{X}_1+k_2\boldsymbol{X}_2+\cdots+k_s\boldsymbol{X}_s$ 也是齐次线性方程组的解.

由定理 4.6, 我们可得, 若齐次线性方程组有非零解, 则解不唯一, 并且解一定有无穷多个. 更进一步, 视 n 元齐次线性方程组的通解构成一个 n 维向量组, 由推论 3.1 可得, 该向量组的秩小于等于 n, 不妨设为 s. 则根据定理 4.6 及极大无关组的定义, 我们可得如下定理.

定理 4.7 若齐次线性方程组有非零解, 则存在一个线性无关向量组 $\boldsymbol{\xi}_1,\boldsymbol{\xi}_2,\cdots,\boldsymbol{\xi}_s$, $1\leqslant s\leqslant n$, 其中 $\boldsymbol{\xi}_i$ 是齐次线性方程组的解, 使得

$$S=S_{\boldsymbol{\xi}_1,\boldsymbol{\xi}_2,\cdots,\boldsymbol{\xi}_s}=\{k_1\boldsymbol{\xi}_1+k_2\boldsymbol{\xi}_2+\cdots+k_s\boldsymbol{\xi}_s\}.$$

其中 S 表示方程组的通解, $S_{\boldsymbol{\xi}_1,\boldsymbol{\xi}_2,\cdots,\boldsymbol{\xi}_s}$ 表示由向量组 $\boldsymbol{\xi}_1,\boldsymbol{\xi}_2,\cdots,\boldsymbol{\xi}_s$ 生成的向量空间.

因此, 我们称齐次线性方程组所有的解构成的解集为**解空间**. 向量组 $\boldsymbol{\xi}_1, \boldsymbol{\xi}_2, \cdots, \boldsymbol{\xi}_s$ 为解空间的一个极大无关组, 称为**基础解系**.

综上可得, **具有非零解的齐次线性方程组的通解是其基础解系的线性组合**.

4.3.2 非齐次线性方程组解的结构

基于齐次线性方程组解的结构理论, 对于非齐次线性方程组, 我们首先讨论其通解的形式.

同样地, 若非齐次线性方程组有解且解不唯一, 设 $\boldsymbol{X}_1, \boldsymbol{X}_2$ 为方程组的解, 即 $\boldsymbol{AX}_1 = \boldsymbol{b}, \boldsymbol{AX}_2 = \boldsymbol{b}$, 可得

$$\boldsymbol{A}(k\boldsymbol{X}_1) = k\boldsymbol{AX}_1 = k\boldsymbol{b} \neq \boldsymbol{b}, k \neq 1,$$
$$\boldsymbol{A}(\boldsymbol{X}_1 + \boldsymbol{X}_2) = \boldsymbol{AX}_1 + \boldsymbol{AX}_2 = \boldsymbol{b} + \boldsymbol{b} = 2\boldsymbol{b} \neq \boldsymbol{b}.$$

因此可知, 齐次线性方程组解的性质在非齐次线性方程组中都不满足. 但我们从另一角度, 发现

$$\boldsymbol{A}(\boldsymbol{X}_1 - \boldsymbol{X}_2) = \boldsymbol{0}.$$

上式说明, **非齐次线性方程组的任意两个解之差是相同系数的齐次线性方程组的解**. 更进一步, 关于非齐次线性方程组的通解形式, 我们有如下定理.

定理 4.8 (非齐次线性方程组解的形式) 设非齐次线性方程组

$$\boldsymbol{AX} = \boldsymbol{b} \tag{4.1}$$

有解, 其对应的齐次线性方程组设为

$$\boldsymbol{AX} = \boldsymbol{0}. \tag{4.2}$$

则非齐次线性方程组所有的解 (通解) 可表示为

$$\boldsymbol{X} = \overline{\boldsymbol{X}} + \boldsymbol{X}^*,$$

其中 $\overline{\boldsymbol{X}}$ 是齐次线性方程组 (4.2) 的通解, $\boldsymbol{X}^*$ 是非齐次线性方程组 (4.1) 的任意一个特解.

证明 首先, 根据矩阵乘法及假设我们有

$$\boldsymbol{A}(\overline{\boldsymbol{X}} + \boldsymbol{X}^*) = \boldsymbol{A}\overline{\boldsymbol{X}} + \boldsymbol{AX}^* = \boldsymbol{0} + \boldsymbol{b} = \boldsymbol{b}.$$

因此, $\boldsymbol{X} = \overline{\boldsymbol{X}} + \boldsymbol{X}^*$ 是非齐次线性方程组 (4.1) 的解.

另一方面, 设 $\boldsymbol{X}^\sharp$ 是非齐次线性方程组的任意一个解, 则有

$$\boldsymbol{A}(\boldsymbol{X}^\sharp - \boldsymbol{X}^*) = \boldsymbol{AX}^\sharp - \boldsymbol{AX}^* = \boldsymbol{b} - \boldsymbol{b} = \boldsymbol{0}.$$

即 $\boldsymbol{X}^\sharp - \boldsymbol{X}^*$ 是齐次线性方程组 (4.2) 的解, 即

$$\boldsymbol{X}^\sharp - \boldsymbol{X}^* \in \overline{\boldsymbol{X}}.$$

因此, 非齐次线性方程组的所有解可表示为 $\overline{\boldsymbol{X}} + \boldsymbol{X}^*$.

综上, 定理成立.

上述定理同时也表明, 非齐次线性方程组解唯一当且仅当其对应的齐次线性方程组只有零解. 结合齐次线性方程组解的结构理论, 我们有

定理 4.9 若非齐次线性方程组有解, 则方程组解唯一当且仅当 $r(\boldsymbol{A}) = n$. 反之, 方程组解不唯一当且仅当 $r(\boldsymbol{A}) < n$.

同样地, 若非齐次线性方程组解不唯一, 则解一定有无穷多个.

特别注意, 上述定理的前提条件为"非齐次线性方程组有解". 若无此条件, 仅有 $r(\boldsymbol{A}) < n$, 则不能推出方程组解不唯一. 因为此时, 方程组可能无解. 例如对于非齐次线性方程组

$$\begin{cases} x_1 + x_2 = 1, \\ x_1 + x_2 = 2. \end{cases}$$

计算可得, 虽然 $r(\boldsymbol{A}) = 1 < n = 2$, 但显然方程组无解.

最后, 利用向量线性相关性理论, 非齐次线性方程组解的唯一性可描述如下:

定理 4.10 非齐次线性方程组有唯一解当且仅当常数项向量可由系数列向量组 $\boldsymbol{\alpha}_1, \boldsymbol{\alpha}_2, \cdots, \boldsymbol{\alpha}_n$ 线性表示, 且表示系数唯一.

▶ **课堂练习**

设非齐次线性方程组中方程个数为 m, 未知量个数为 n, 系数矩阵秩为 r_1, 增广矩阵秩为 r_2. 判定下列情形下方程组解的情况.

(1) $m = 4, n = 3, r_2 = 4$;　　(2) $m = 4, n = 5, r_1 = 4$;

(3) $m = 4, n = 4, r_1 = 4$;　　(4) $m = 4, n = 4, r_1 = 3, r_2 = 3$.

4.4 线性方程组解的计算

在本节中, 我们基于上述两节关于线性方程组解的相关理论, 分别给出齐次线性方程组和非齐次线性方程组解的一般性分析及计算方法.

4.4.1 齐次线性方程组解的分析及计算

我们通过例题, 给出齐次线性方程解的分析及计算的详细步骤.

例 4 求解下列齐次线性方程组.

$$\begin{cases} x_1 - x_2 - x_3 + x_4 = 0, \\ x_1 - x_2 + 2x_3 + 2x_4 = 0, \\ 3x_1 - 3x_2 + 4x_4 = 0. \end{cases}$$

齐次线性方程组解的分析和计算步骤

1. 将系数矩阵 $\boldsymbol{A}$ 通过初等行变换化为行阶梯形矩阵, 并由此确定方程组的基本变量及自由变量, 讨论方程组解的唯一性.

将原方程组系数矩阵 $\boldsymbol{A}$ 变换为行阶梯形矩阵, 得

$$\boldsymbol{A} = \begin{pmatrix} 1 & -1 & -1 & 1 \\ 1 & -1 & 2 & 2 \\ 3 & -3 & 0 & 4 \end{pmatrix} \sim \begin{pmatrix} 1 & -1 & -1 & 1 \\ 0 & 0 & 3 & 1 \\ 0 & 0 & 0 & 0 \end{pmatrix}.$$

在行阶梯形矩阵中, 我们称主元列所对应变量为**基本变量**, 非主元列所对应的变量为**自由变量**. 本例题中, x_1, x_3 为基本变量, x_2, x_4 为自由变量. 根据解的结构理论, 由于 $r(\boldsymbol{A}) = 2 < n = 4$, 因此, 方程组有非零解.

2. 进一步将行阶梯形矩阵变换为简化行阶梯形矩阵, 写出对应的方程组, 并将基本变量用自由变量线性表示.

继续将上述行阶梯形矩阵通过初等行变换变换为简化行阶梯形矩阵如下

$$\begin{pmatrix} 1 & -1 & -1 & 1 \\ 0 & 0 & 3 & 1 \\ 0 & 0 & 0 & 0 \end{pmatrix} \sim \begin{pmatrix} 1 & -1 & 0 & \dfrac{4}{3} \\ 0 & 0 & 1 & \dfrac{1}{3} \\ 0 & 0 & 0 & 0 \end{pmatrix}.$$

根据 $\boldsymbol{A}$ 的简化行阶梯形矩阵, 写出对应的方程组, 并将基本变量和自由变量分别写在方程组的两侧, 得到

$$\begin{cases} x_1 - x_2 + \dfrac{4}{3}x_4 = 0, \\ x_3 + \dfrac{1}{3}x_4 = 0; \end{cases} \Longrightarrow \begin{cases} x_1 = x_2 - \dfrac{4}{3}x_4, \\ x_3 = -\dfrac{1}{3}x_4. \end{cases}$$

3. 对自由变量赋予任意值, 并计算出基本变量的值, 由此得到方程组的解.

令 $x_2 = k_1$,$x_4 = k_2$, 其中 $k_1, k_2 \in \mathbf{R}$, 得到

$$x_1 = k_1 - \frac{4}{3}k_2, \quad x_2 = k_1, \quad x_3 = -\frac{1}{3}k_2, \quad x_4 = k_2$$

为方程组的解, 将其写为向量形式, 即

$$\boldsymbol{X} = \begin{pmatrix} k_1 - \frac{4}{3}k_2 \\ k_1 \\ -\frac{1}{3}k_2 \\ k_2 \end{pmatrix} = k_1 \begin{pmatrix} 1 \\ 1 \\ 0 \\ 0 \end{pmatrix} + k_2 \begin{pmatrix} -\frac{4}{3} \\ 0 \\ -\frac{1}{3} \\ 1 \end{pmatrix}.$$

根据齐次线性方程组解的结构, 得

$$\boldsymbol{\xi}_1 = \begin{pmatrix} 1 \\ 1 \\ 0 \\ 0 \end{pmatrix}, \quad \boldsymbol{\xi}_2 = \begin{pmatrix} -\frac{4}{3} \\ 0 \\ -\frac{1}{3} \\ 1 \end{pmatrix}$$

为齐次线性方程组的基础解系. 因此, 齐次线性方程组的通解为

$$\boldsymbol{X} = k_1\boldsymbol{\xi}_1 + k_2\boldsymbol{\xi}_2.$$

上述三个步骤, 我们不仅可以计算出任意齐次线性方程组的通解, 同时也在求解中讨论了齐次线性方程组的解的结构等问题. 至此, 关于齐次线性方程组的解相关问题讨论完毕.

最后, 从上述的计算步骤中, 我们还可以得到如下结论.

性质 4.4 齐次线性方程组中, 基本变量的个数等于系数矩阵的秩.

性质 4.5 齐次线性方程组中, 自由变量的个数等于基础解系中所包含向量的个数, 即解空间的秩.

由性质 4.4, 性质 4.5 可得系数矩阵秩与解空间秩的关系如下:

定理 4.11 设 $\boldsymbol{AX} = \mathbf{0}$, $\boldsymbol{A}$ 是系数矩阵, $\boldsymbol{S}$ 是方程组的解空间, 则 $r(\boldsymbol{A}) + r(\boldsymbol{S}) = n$.

最后, 利用上述结论, 我们给出第一章, 推论 1.22 的另一种简单证明.

例 5 (解结构理论的应用) 设 $\boldsymbol{A}$ 是 $m \times n$ 型矩阵, $\boldsymbol{B}$ 是 $n \times l$ 型矩阵, 且

$$\boldsymbol{AB} = \boldsymbol{O}.$$

证明: 若 $r(\boldsymbol{B}) = n$, 即 $\boldsymbol{B}$ 为行满秩时, $\boldsymbol{A} = \boldsymbol{O}$.

证明　已知 $\boldsymbol{A}$ 为 $m \times n$ 矩阵, $\boldsymbol{B}$ 为 $n \times l$ 矩阵.

一方面, 因为 $\boldsymbol{AB} = \boldsymbol{O}$, 因此 $\boldsymbol{B}$ 中每一列可视为齐次线性方程组 $\boldsymbol{AX} = \boldsymbol{0}$ 的解. 由于 $r(\boldsymbol{B}) = n$, 可知, 由 $\boldsymbol{B}$ 的每一列构成的向量组的秩为 n. 因此, $\boldsymbol{AX} = \boldsymbol{0}$ 至少存在 n 个线性无关的解, 即 $r(\boldsymbol{S}) \geqslant n$.

另一方面, 我们有 $r(\boldsymbol{A}) + r(\boldsymbol{S}) = n$. 因此, $r(\boldsymbol{A}) = 0$, 即 $\boldsymbol{A} = \boldsymbol{O}$.

4.4.2　非齐次线性方程组解的分析及计算

结合齐次线性方程组解的计算步骤及非齐次线性方程组的解的结构理论, 我们可以得到非齐次线性方程组分析和计算的一般步骤如下:

非齐次线性方程组的分析和计算步骤

1. 构造非齐次线性方程组的增广矩阵 $(\boldsymbol{A}, \boldsymbol{b})$, 将其变换为行阶梯形矩阵, 并讨论方程组解的存在性及唯一性;
2. 若方程组有解, 则将增广矩阵继续变换为简化行阶梯形矩阵 $(\widetilde{\boldsymbol{A}, \boldsymbol{b}})$;
3. 将 $\widetilde{\boldsymbol{A}}$ 按照齐次线性方程组的通解计算方法, 求出对应的齐次线性方程组的通解 $\overline{\boldsymbol{X}}$;
4. 将 $(\widetilde{\boldsymbol{A}, \boldsymbol{b}})$ 写成方程组的形式, 并计算出一个特解 $\boldsymbol{X}^*$;
5. 写出非齐次线性方程组的通解 $\boldsymbol{X} = \overline{\boldsymbol{X}} + \boldsymbol{X}^*$.

例 6　求例 1 中方程组 (2), 即

$$\begin{cases} x_1 + 2x_2 - x_3 + x_4 = 1, \\ -2x_1 - 4x_2 + x_3 - 3x_4 = 4, \\ 3x_1 + 6x_2 - 2x_3 + 4x_4 = -3 \end{cases}$$

的通解.

解　根据例 1, (2) 有解, 且 $r(\boldsymbol{A}, \boldsymbol{b}) = 2 < n = 4$, 因此, 方程组有解, 且解不唯一.

将增广矩阵变换为简化行阶梯形矩阵为

$$(\widetilde{\boldsymbol{A}, \boldsymbol{b}}) = \left(\begin{array}{cccc:c} 1 & 2 & 0 & 2 & -5 \\ 0 & 0 & 1 & 1 & -6 \\ 0 & 0 & 0 & 0 & 0 \end{array}\right).$$

我们计算系数矩阵 $\widetilde{\boldsymbol{A}}$ 对应的齐次线性方程组的通解. 根据齐次线性方程组求

解过程可知, 基本变量为 x_1, x_3, 自由变量为 x_2, x_4, 对应的方程组为

$$\begin{cases} x_1 + 2x_2 + 2x_4 = 0, \\ x_3 + x_4 = 0; \end{cases} \Rightarrow \begin{cases} x_1 = -2x_2 - 2x_4, \\ x_3 = -x_4. \end{cases}$$

令 $x_2 = k_1, x_4 = k_2$, 其中 k_1, k_2 为任意数. 得齐次线性方程组的通解为

$$\overline{\boldsymbol{X}} = \begin{pmatrix} -2k_1 - 2k_2 \\ k_1 \\ -k_2 \\ k_2 \end{pmatrix} = k_1 \begin{pmatrix} -2 \\ 1 \\ 0 \\ 0 \end{pmatrix} + k_2 \begin{pmatrix} -2 \\ 0 \\ -1 \\ 1 \end{pmatrix}.$$

再计算原方程组的一个特解, 将 $(\widetilde{\boldsymbol{A}, \boldsymbol{b}})$ 写成方程组形式, 得

$$\begin{cases} x_1 + 2x_2 + 2x_4 = -5, \\ x_3 + x_4 = -6; \end{cases} \Rightarrow \begin{cases} x_1 = -2x_2 - 2x_4 - 5, \\ x_3 = -x_4 - 6. \end{cases}$$

在上式中, 任意取定 x_2, x_4, 即可得到原方程组的一个特解. 一般地, 为了计算方便, 我们取自由变量 $x_2 = x_4 = 0$, 得到原方程组的一个特解为

$$\boldsymbol{X}^* = \begin{pmatrix} -5 \\ 0 \\ -6 \\ 0 \end{pmatrix}.$$

因此, 原方程组的通解为

$$\boldsymbol{X} = \overline{\boldsymbol{X}} + \boldsymbol{X}^* = \begin{pmatrix} -5 \\ 0 \\ -6 \\ 0 \end{pmatrix} + k_1 \begin{pmatrix} -2 \\ 1 \\ 0 \\ 0 \end{pmatrix} + k_2 \begin{pmatrix} -2 \\ 0 \\ -1 \\ 1 \end{pmatrix}.$$

我们也可将求解齐次的通解与非齐次的特解的计算过程在增广矩阵的变换中一次完成, 简化计算流程.

例 7 计算非齐次线性方程组 $x_1 + x_2 + x_3 + x_4 = 1$ 的通解.

解 原方程组的增广矩阵为

$$(\boldsymbol{A}, \boldsymbol{b}) = \left(\begin{array}{cccc:c} 1 & 1 & 1 & 1 & 1 \end{array}\right).$$

此时, 增广矩阵已经为简化行阶梯形矩阵. 由此可得

$$r(\boldsymbol{A}) = r(\boldsymbol{A}, \boldsymbol{b}) = 1 < 4 = n.$$

即原方程组有解且不唯一.x_1 为基本变量, x_2, x_3, x_4 为自由变量. 将方程组写为

$$x_1 = 1 - x_2 - x_3 - x_4.$$

令 $x_2 = k_1, x_3 = k_2, x_4 = k_3$, 则方程组的通解可表示为

$$\boldsymbol{X} = \begin{pmatrix} x_1 \\ x_2 \\ x_3 \\ x_4 \end{pmatrix} = \begin{pmatrix} 1 - k_1 - k_2 - k_3 \\ k_1 \\ k_2 \\ k_3 \end{pmatrix} = \begin{pmatrix} 1 \\ 0 \\ 0 \\ 0 \end{pmatrix} + k_1 \begin{pmatrix} -1 \\ 1 \\ 0 \\ 0 \end{pmatrix} + k_2 \begin{pmatrix} -1 \\ 0 \\ 1 \\ 0 \end{pmatrix} + k_3 \begin{pmatrix} -1 \\ 0 \\ 0 \\ 1 \end{pmatrix},$$

其中, $(1\ 0\ 0\ 0)^{\mathrm{T}}$ 是原方程组的一个特解. 而

$$\boldsymbol{\xi}_1 = \begin{pmatrix} -1 \\ 1 \\ 0 \\ 0 \end{pmatrix}, \quad \boldsymbol{\xi}_2 = \begin{pmatrix} -1 \\ 0 \\ 1 \\ 0 \end{pmatrix}, \quad \boldsymbol{\xi}_3 = \begin{pmatrix} -1 \\ 0 \\ 0 \\ 1 \end{pmatrix}$$

是对应齐次线性方程组的基础解系.

▶ **课堂练习**

1. 若非齐次线性方程组 $\boldsymbol{AX} = \boldsymbol{b}$ 有解 $\boldsymbol{\xi}_1, \boldsymbol{\xi}_2, \boldsymbol{\xi}_3$, 判定下列哪些向量仍然是 $\boldsymbol{AX} = \boldsymbol{b}$ 的解.

(1) $\boldsymbol{\xi}_1 + \boldsymbol{\xi}_2 - 2\boldsymbol{\xi}_3$;　(2) $\dfrac{1}{2}\boldsymbol{\xi}_1 + \dfrac{1}{3}\boldsymbol{\xi}_2 + \dfrac{1}{6}\boldsymbol{\xi}_3$;　(3) $2\boldsymbol{\xi}_1 + 3\boldsymbol{\xi}_2 - 4\boldsymbol{\xi}_3$.

2. 判断下列齐次线性方程组是否只有零解, 若有非零解, 请指出基本变量和自由变量, 并计算基础解系.

(1) $\begin{cases} x_1 - 5x_2 = 0, \\ -1x_1 + 2x_2 = 0; \end{cases}$　(2) $\begin{cases} 3x_1 + 5x_2 - 4x_3 = 0, \\ -3x_1 - 2x_2 + 4x_3 = 0, \\ 6x_1 + x_2 - 8x_3 = 0. \end{cases}$

3. 求解下列非齐次线性方程组的一个特解.

(1) $\begin{cases} x_1 + x_3 = 1, \\ x_2 - 2x_3 = 2; \end{cases}$　(2) $\begin{cases} x_1 + x_4 - x_5 = 3, \\ x_2 - 3x_4 = 1, \\ x_3 + 2x_4 - x_5 = 2. \end{cases}$

4.5　线性方程组的更多讨论

本节针对线性方程组的含参分析及同解问题展开讨论, 这些也是实际应用中的常见问题.

4.5.1 含参线性方程组

若线性方程组系数或常数项中含有参数, 此时该方程组称为含参线性方程组. 本小节对该类方程组的求解给出一般性分析方法.

首先, 我们考虑系数矩阵为方阵时的情形. 此时, 结合行列式理论, 克拉默法则, 我们有如下两个结论.

性质 4.6 对于齐次线性方程组, 若系数矩阵为 n 阶方阵, 则下列结论等价.

(1) $\det \boldsymbol{A}=0$; (2) $r(\boldsymbol{A})<n$; (3) 方程组有非零解.

性质 4.7 对于非齐次线性方程组, 若系数矩阵为 n 阶方阵, 则下列结论等价.

(1) $\det \boldsymbol{A}=0$; (2) 方程组解不唯一或无解.

利用上述性质, 我们可以通过行列式对参数取值进行分析, 进而讨论方程组解的结构.

例 8 设齐次线性方程组

$$\begin{cases}(5-\lambda)x_1+2x_2+2x_3=0,\\ 2x_1+(6-\lambda)x_2=0,\\ 2x_1+(4-\lambda)x_3=0.\end{cases}$$

问: 当 λ 为何值时, 方程组有非零解?

解 方程组的系数矩阵为

$$\boldsymbol{A}=\begin{pmatrix}5\quad\lambda & 2 & 2\\ 2 & 6-\lambda & 0\\ 2 & 0 & 4-\lambda\end{pmatrix}.$$

因此根据性质 4.6 及克拉默法则, 则齐次线性方程组有非零解, 当且仅当 $\det \boldsymbol{A}=0$, 即

$$\begin{vmatrix}5-\lambda & 2 & 2\\ 2 & 6-\lambda & 0\\ 2 & 0 & 4-\lambda\end{vmatrix}=(5-\lambda)(2-\lambda)(8-\lambda)=0.$$

因此, 当 $\lambda=2,5,8$ 时, 齐次线性方程组有非零解.

例 9 设齐次线性方程组

$$\begin{cases}\lambda x_1+x_2+x_3=0,\\ x_1+\lambda x_2+x_3=0,\\ x_1+x_2+\lambda x_3=0.\end{cases}$$

问: 当 λ 取何值时, 方程组只有零解? 有非零解? 并求解.

解 首先, 由于方程组的系数矩阵

$$A=\begin{pmatrix}\lambda & 1 & 1\\ 1 & \lambda & 1\\ 1 & 1 & \lambda\end{pmatrix}$$

为方阵, 则 $\det A=(\lambda+2)(\lambda-1)^2$. 因此根据性质 4.6 及克拉默法则, 得

(1) 当 $\lambda\neq-2$ 且 $\lambda\neq1$ 时, 方程组只有零解.

(2) 当 $\lambda=-2$ 或 $\lambda=1$ 时, 方程组有非零解.

a. 当 $\lambda=-2$ 时, 方程组为

$$\begin{cases}-2x_1+x_2+x_3=0,\\ x_1-2x_2+x_3=0,\\ x_1+x_2-2x_3=0.\end{cases}$$

根据齐次线性方程组通解计算步骤我们有

$$\begin{pmatrix}-2 & 1 & 1\\ 1 & -2 & 1\\ 1 & 1 & -2\end{pmatrix}\sim\begin{pmatrix}1 & 0 & -1\\ 0 & 1 & -1\\ 0 & 0 & 0\end{pmatrix},$$

因此, 基本变量为 x_1,x_2, 自由变量为 x_3, 得到同解方程组

$$\begin{cases}x_1-x_3=0,\\ x_2-x_3=0;\end{cases}\Rightarrow\begin{cases}x_1=x_3,\\ x_2=x_3.\end{cases}$$

令 $x_3=k$, 则通解为

$$X=\begin{pmatrix}x_1\\ x_2\\ x_3\end{pmatrix}=\begin{pmatrix}k\\ k\\ k\end{pmatrix}=k\begin{pmatrix}1\\ 1\\ 1\end{pmatrix},$$

其基础解系为 $(1,1,1)^{\mathrm{T}}$.

b. 当 $\lambda=1$ 时, 方程组等价于

$$x_1+x_2+x_3=0.$$

设 x_1 为基本变量,x_2,x_3 为自由变量, 则

$$x_1=-x_2-x_3,$$

令 $x_2=k_1,x_3=k_2$, 则通解为

$$X=\begin{pmatrix}x_1\\ x_2\\ x_3\end{pmatrix}=\begin{pmatrix}-k_1-k_2\\ k_1\\ k_2\end{pmatrix}=k_1\begin{pmatrix}-1\\ 1\\ 0\end{pmatrix}+k_2\begin{pmatrix}-1\\ 0\\ 1\end{pmatrix}.$$

其基础解系为 $(-1,1,0)^{\mathrm{T}}$,$(-1,0,1)^{\mathrm{T}}$.

例 10 设非齐次线性方程组

$$\begin{cases}\lambda x_1 + x_2 + x_3 = 1,\\ x_1 + \lambda x_2 + x_3 = \lambda,\\ x_1 + x_2 + \lambda x_3 = \lambda^2.\end{cases}$$

问: 当 λ 为何值时, 方程组无解? 有唯一解? 有无穷解? 并在有解的情况下求出通解.

解 对于本题我们给出两种方法进行分析, 第一种方法利用初等行变换对增广矩阵进行分析. 第二种则利用行列式对系数矩阵进行分析.

方法一

我们将含参增广矩阵变换为阶梯形矩阵. 与通常的纯数值矩阵有所不同, 在消元时需注意参数的取值, 并加以分情况讨论.

原方程组的增广矩阵为

$$(\boldsymbol{A}, \boldsymbol{b}) = \left(\begin{array}{ccc:c} \lambda & 1 & 1 & 1 \\ 1 & \lambda & 1 & \lambda \\ 1 & 1 & \lambda & \lambda^2 \end{array}\right).$$

当 $\lambda \neq 0$ 和 -1 时, 我们有

$$\left(\begin{array}{ccc:c} \lambda & 1 & 1 & 1 \\ 1 & \lambda & 1 & \lambda \\ 1 & 1 & \lambda & \lambda^2 \end{array}\right) \sim \left(\begin{array}{ccc:c} \lambda & 1 & 1 & 1 \\ 0 & \lambda^2-1 & \lambda-1 & \lambda^2-1 \\ 0 & 0 & \lambda(\lambda-1)(\lambda+2) & \lambda(\lambda-1)(\lambda+1)^2 \end{array}\right).$$

根据定理 4.1, 若方程组无解, 则 $r(\boldsymbol{A}) < r(\boldsymbol{A}, \boldsymbol{b})$, 因此考虑上述简化行阶梯形矩阵中主元为零的情况. 即

(1) 当 $\lambda = 1$ 时,

$$(\widetilde{\boldsymbol{A}, \boldsymbol{b}}) = \left(\begin{array}{ccc:c} 1 & 1 & 1 & 1 \\ 0 & 0 & 0 & 0 \\ 0 & 0 & 0 & 0 \end{array}\right).$$

因为 $r(\boldsymbol{A}) = r(\boldsymbol{A}, \boldsymbol{b}) = 1 < 3$. 因此, 方程组有解且不唯一. 根据系数矩阵的简化行阶梯形矩阵, 其对应的齐次线性方程组为

$$x_1 + x_2 + x_3 = 0 \Rightarrow x_1 = -x_2 - x_3.$$

可计算得到其通解为

$$\overline{\boldsymbol{X}} = k_1 \begin{pmatrix} 1 \\ 0 \\ -1 \end{pmatrix} + k_2 \begin{pmatrix} 0 \\ 1 \\ -1 \end{pmatrix} = k_1 \boldsymbol{\xi}_1 + k_2 \boldsymbol{\xi}_2.$$

根据增广矩阵的简化行阶梯形矩阵, 其对应的方程组为

$$x_1+x_2+x_3=1 \Rightarrow x_1=1-x_2-x_3,$$

因此, 取 $x_2=x_3=0$ 得到一个特解 $\boldsymbol{X}^*$ 为

$$\boldsymbol{X}^*=k_1\begin{pmatrix}1\\0\\0\end{pmatrix}.$$

故在 $\lambda=1$ 时原方程组的通解为

$$\boldsymbol{X}=\boldsymbol{X}^*+k_1\boldsymbol{\xi}_1+k_2\boldsymbol{\xi}_2.$$

(2) 当 $\lambda=-2$ 时,

$$(\widetilde{\boldsymbol{A},\boldsymbol{b}})=\left(\begin{array}{ccc:c}-2&1&1&1\\0&3&-3&3\\0&0&0&6\end{array}\right).$$

因为 $r(\boldsymbol{A})=2<r(\boldsymbol{A},\boldsymbol{b})=3$, 故方程组无解.

(3) 当 $\lambda\neq1$ 且 $\lambda\neq-2$ 时 (包含 $\lambda=0$ 和 $\lambda=-1$), 容易计算, $\det\boldsymbol{A}=(\lambda+2)(\lambda-1)^2\neq0$. 因此, $r(\boldsymbol{A})=r(\boldsymbol{A},\boldsymbol{b})=n=3$, 故方程组有唯一解. 根据克拉默法则

$$\det\boldsymbol{A}_1=-(\lambda-1)^2(\lambda+1),\ \det\boldsymbol{A}_2=(\lambda-1)^2,\ \ \det\boldsymbol{A}_3=(\lambda-1)^2(\lambda+1)^2.$$

因此, 原方程组唯一解为

$$x_1=-\frac{\lambda+1}{\lambda+2},\quad x_2=\frac{1}{\lambda+2},\quad x_3=\frac{(\lambda+1)^2}{\lambda+2}.$$

方法二

由于系数矩阵是方阵, 故也可优先考虑从系数矩阵的行列式出发进行分析, 这样参数的分类讨论会相对简单.

计算易得方阵的系数矩阵行列式为 $\det\boldsymbol{A}=(\lambda+2)(\lambda-1)^2$. 因此,

(1) 当 $\lambda\neq-2$ 和 $\lambda\neq1$ 时, 方程组有唯一解;

(2) 当 $\lambda=-2$ 或 $\lambda=1$ 时, 方程组解的存在性则需代入分别讨论.

对不同 λ 取值结果的讨论, 与上述方法一中计算步骤完全一致.

虽然方法二相对简单, 但我们也需注意到行列式的应用只针对方阵有效. 因此, 含参阶梯形的变换虽然复杂, 但相对更通用, 在矩阵代数的很多分析中都会有大量应用.

4.5.2 方程组同解判定

引言中, 我们引入了方程组同解的概念. 利用消元法, 若两个方程组同解, 则这两个方程组可通过一系列消元操作, 化为完全一样的线性方程组. 借助于矩阵、向量组的相关概念, 我们可以对方程组同解给出更加易于操作的判定方法.

定理 4.12 设两个 n 元线性方程组 $\boldsymbol{A}_1\boldsymbol{X}=\boldsymbol{0}$ 和 $\boldsymbol{A}_2\boldsymbol{X}=\boldsymbol{0}$ (或 $\boldsymbol{A}_1\boldsymbol{X}=\boldsymbol{b}_1$ 和 $\boldsymbol{A}_2\boldsymbol{X}=\boldsymbol{b}_2$) 有解, 则两个线性方程组同解当且仅当 (齐次情形)

$$r(\boldsymbol{A}_1)=r(\boldsymbol{A}_2)=r\left(\begin{pmatrix}\boldsymbol{A}_1\\ \boldsymbol{A}_2\end{pmatrix}\right),$$

或 (非齐次情形)

$$r((\boldsymbol{A}_1,\boldsymbol{b}_1))=r((\boldsymbol{A}_2,\boldsymbol{b}_2))=r\left(\begin{pmatrix}\boldsymbol{A}_1 & \boldsymbol{b}_1\\ \boldsymbol{A}_2 & \boldsymbol{b}_2\end{pmatrix}\right).$$

利用向量组的线性表示, 上述定理也等价如下.

定理 4.13 设两个 n 元线性方程组 $\boldsymbol{A}_1\boldsymbol{X}=\boldsymbol{0}$ 和 $\boldsymbol{A}_2\boldsymbol{X}=\boldsymbol{0}$ (或 $\boldsymbol{A}_1\boldsymbol{X}=\boldsymbol{b}_1$ 和 $\boldsymbol{A}_2\boldsymbol{X}=\boldsymbol{b}_2$) 有解, 记向量组 $\boldsymbol{\varPhi}_1,\boldsymbol{\varPhi}_2$ $(\boldsymbol{\varPsi}_1,\boldsymbol{\varPsi}_2)$ 分别表示两个线性方程组的系数矩阵 (增广矩阵) 中各自所有行向量组成的行向量组. 则两个线性方程组同解当且仅当行向量组 $\boldsymbol{\varPhi}_1$ $(\boldsymbol{\varPsi}_1)$ 与行向量组 $\boldsymbol{\varPhi}_2$ $(\boldsymbol{\varPsi}_2)$ 等价.

下面, 我们用上述定理重新验证引言中的例 3.

例 11 判定下列两个方程组是否是同解方程组.

$$\text{a.}\begin{cases}x_1+2x_2+x_3=4,\\ x_1-\ \ x_2-x_3=0;\end{cases}\qquad \text{b.}\begin{cases}3x_1\qquad\ \ -x_3=4,\\ 2x_1+x_2\qquad\ \ =4.\end{cases}$$

解 两组方程都为非齐次线性方程组, 则对应的增广矩阵分别为

$$\boldsymbol{\varPsi}_1=\begin{pmatrix}1 & 2 & 1 & 4\\ 1 & -1 & -1 & 0\end{pmatrix},\quad \boldsymbol{\varPsi}_2=\begin{pmatrix}3 & 0 & -1 & 4\\ 2 & 1 & 0 & 4\end{pmatrix}.$$

计算可得 $r(\boldsymbol{\varPsi}_1)=r(\boldsymbol{\varPsi}_2)=2$. 同时

$$\begin{pmatrix}\boldsymbol{\varPsi}_1\\ \boldsymbol{\varPsi}_2\end{pmatrix}=\begin{pmatrix}1 & 2 & 1 & 4\\ 1 & -1 & -1 & 0\\ 3 & 0 & -1 & 4\\ 2 & 1 & 0 & 4\end{pmatrix}\sim\begin{pmatrix}1 & 2 & 1 & 4\\ 0 & -3 & -2 & -4\\ 0 & 0 & 0 & 0\\ 0 & 0 & 0 & 0\end{pmatrix}.$$

因此, 根据定理, 两个方程组同解.

▶ **课堂练习**

当 a,b 为何值时下列线性方程组有解.

(1) $\begin{cases} ax_1+x_2=1, \\ x_1+bx_2=1; \end{cases}$ (2) $\begin{cases} x_1+x_2=a, \\ x_1+bx_2=1. \end{cases}$

习 题 4

1. 判断下列方程组是否有解, 并说明理由.

(1) $\begin{cases} 3x_1+5x_2-4x_3=7, \\ -3x_1-2x_2+4x_3=-1, \\ 6x_1+x_2-8x_3=-4; \end{cases}$ (2) $\begin{cases} x_1+3x_2+4x_3=1, \\ -4x_1+2x_2-6x_3=0, \\ -3x_1-3x_2-7x_3=2; \end{cases}$

(3) $\begin{cases} x_1+x_2=1, \\ x_1+2x_2=2, \\ x_1+3x_2=3. \end{cases}$

2. 判断下列方程组的解是否唯一, 并说明理由.

(1) $\begin{cases} x_1+x_2+x_3=1, \\ x_1+2x_2+3x_3=2, \\ x_1+4x_2+9x_3=3; \end{cases}$ (2) $\begin{cases} x_1+3x_2+x_3=1, \\ -4x_1-9x_2+2x_3=-1, \\ -3x_2-6x_3=-3; \end{cases}$

(3) $\begin{cases} 3x_1+5x_2-4x_3=0, \\ -3x_1-2x_2+4x_3=0, \\ 6x_1+x_2-8x_3=0. \end{cases}$

3. 判断当 λ 取何值时, 下列齐次线性方程组只有零解.

(1) $\begin{cases} x_1+\lambda x_2=0, \\ \lambda x_1+x_2=0; \end{cases}$ (2) $\begin{cases} x_1+\lambda x_2-x_3=0, \\ x_1-x_2-3x_3=0, \\ 2x_1+3x_2-x_3=0; \end{cases}$

(3) $\begin{cases} x_1+\lambda x_2=0, \\ x_1+2\lambda x_2=0, \\ x_1+3\lambda x_3=0. \end{cases}$

4. 求下列齐次线性方程组的基础解系.

(1) $\begin{cases} x_1+x_2-x_3+x_4=0, \\ 2x_1+3x_2-x_3+5x_4=0; \end{cases}$ (2) $\begin{cases} x_1+2x_3+x_4=0, \\ x_2+3x_3+x_4=0, \\ -x_1+x_2+5x_3-2x_4=0, \\ 2x_2+8x_3+x_4=0. \end{cases}$

5. 求下列非齐次线性方程组的通解.

(1) $\begin{cases} x_1 - x_2 - \ \ x_3 + \ \ x_4 = 0, \\ x_1 - x_2 + \ \ x_3 - 3x_4 = 0, \\ x_1 - x_2 - 2x_3 + 4x_4 = -\dfrac{1}{2}; \end{cases}$　(2) $\begin{cases} \ \ x_1 + \ \ x_2 - \ \ x_3 - \ \ x_4 = 0, \\ 2x_1 - 5x_2 + 3x_3 + 2x_4 = 3, \\ 7x_1 - 7x_2 + 3x_3 + \ \ x_4 = 6, \\ \qquad 2x_2 + 8x_3 + \ \ x_4 = 0. \end{cases}$

6. 当 λ 为何值时, 方程组

$$\begin{cases} 2x_1 + \lambda x_2 - \ \ x_3 = 1, \\ \lambda x_1 - \ \ x_2 + \ \ x_3 = 2, \\ 4x_1 + 5x_2 - 5x_3 = -1 \end{cases}$$

无解? 有唯一解? 有无穷解? 并在有解情况下求出通解.

7. 当 λ 为何值时, 方程组

$$\begin{cases} (1+\lambda)x_1 + \qquad x_2 + \qquad x_3 = 1, \\ \qquad x_1 + (1+\lambda)x_2 + \qquad x_3 = \lambda, \\ \qquad x_1 + \qquad x_2 + (1+\lambda)x_3 = \lambda^2 \end{cases}$$

无解? 有唯一解? 有无穷解? 并在有解情况下求出通解.

8. 设非齐次线性方程组中系数矩阵秩为 $r(\boldsymbol{A})$、增广矩阵的秩为 $r(\boldsymbol{A}, \boldsymbol{b})$, 未知量个数为 n、方程组个数为 m. 根据下列具体取值, 判断方程组解的情况.

(1) $r(\boldsymbol{A}) = 3,\ r(\boldsymbol{A}, \boldsymbol{b}) = 4$;　(2) $n = 3,\ r(\boldsymbol{A}) = 3,\ r(\boldsymbol{A}, \boldsymbol{b}) = 3$;

(3) $n = 5,\ r(\boldsymbol{A}) = 3,\ r(\boldsymbol{A}, \boldsymbol{b}) = 3$;　(4) $m = 3,\ n = 2,\ r(\boldsymbol{A}, \boldsymbol{b}) = 3$;

(5) $m = 3,\ n = 4,\ r(\boldsymbol{A}) = 3$.

9. 求一个齐次线性方程组, 使它的基础解系为

$$\boldsymbol{\xi}_1 = (0, 1, 2, 3)^{\mathrm{T}}, \quad \boldsymbol{\xi}_2 = (3, 2, 1, 0)^{\mathrm{T}}.$$

10. 证明: 若 n 阶矩阵 $\boldsymbol{A}$ 满足 $\boldsymbol{A}^2 = \boldsymbol{A}$, 则

$$r(\boldsymbol{A}) + r(\boldsymbol{A} - \boldsymbol{E}) = n.$$

11. 设 $\boldsymbol{A}$ 是 n 阶方阵, 证明

$$r(\boldsymbol{A}^*) = \begin{cases} n, & \text{当 } r(\boldsymbol{A}) = n, \\ 1, & \text{当 } r(\boldsymbol{A}) = n - 1, \\ 0, & \text{当 } r(\boldsymbol{A}) \leqslant n - 2. \end{cases}$$

12. 设 $\boldsymbol{X}^*$ 是非齐次线性方程组 $\boldsymbol{AX} = \boldsymbol{b}$ 的一个特解, 若 $\boldsymbol{X}_1, \boldsymbol{X}_2, \cdots, \boldsymbol{X}_s$ 是其对应齐次线性方程组 $\boldsymbol{AX} = \boldsymbol{0}$ 的基础解系, 证明:

(1) $\boldsymbol{X}^*, \boldsymbol{X}_1, \boldsymbol{X}_2, \cdots, \boldsymbol{X}_s$ 线性无关;

(2) $\boldsymbol{X}_1 + \boldsymbol{X}^*, \boldsymbol{X}_2 + \boldsymbol{X}^*, \cdots, \boldsymbol{X}_s + \boldsymbol{X}^*$ 线性无关;

(3) $k_1(\boldsymbol{X}_1 + \boldsymbol{X}^*) + k_2(\boldsymbol{X}_2 + \boldsymbol{X}^*) + \cdots + k_s(\boldsymbol{X}_s + \boldsymbol{X}^*)$ 是 $\boldsymbol{AX} = \boldsymbol{b}$ 的解当且仅当

$$k_1 + k_2 + \cdots + k_s = 1.$$

13. 根据化学反应, 当丙烷气体燃烧时, 丙烷 C_3H_8 与氧气 O_2 结合生产二氧化碳 CO_2 和水 H_2O, 得到化学方程式如下

$$x_1C_3H_8 + x_2O_2 = x_3CO_2 + x_4H_2O.$$

化学家需要得到上式的所有可能情况, 请帮助解决该问题.

第五章　特征值与二次型

特征值和特征向量是方阵的本质特征之一, 其基本概念对纯数学和应用数学都有重要的意义. 在微分方程和动力系统中, 特征值和特征向量有广泛应用, 为工程设计提供关键知识. 二次型问题源于几何学中二次曲线方程的标准形问题. 柯西 (Cauchy) 在其著作中提出用二次型标准形的符号对二次曲面进行分类. 1858 年, 魏尔施特拉斯 (Weierstrass) 比较系统地完成了二次型的理论, 并将其推广到双线性型.

奥古斯丁 · 路易斯 · 柯西
1789—1857
法国数学家、物理学家、天文学家
创立极限论
弹性力学数学理论奠基人
特征值理论

卡尔 · 特奥多尔 · 威廉 · 魏尔施特拉斯
1815—1897
德国数学家
现代分析之父
复变函数奠基人
二次型理论

本章将从图形变换的角度出发, 深入讨论方阵乘法与图形变换的关系. 由此, 我们引入方阵的特征值与特征向量的概念, 并将其应用于二次型问题中.

5.1　图形变换

在第一章中, 我们从矩阵乘法的观点引入了图形变换矩阵的概念. 一般地, n 维空间中的一个点 $\boldsymbol{x}=(x_1,x_2,\cdots,x_n)^{\mathrm{T}}$ 在 n 阶方阵 $\boldsymbol{A}$ 的乘法作用下, 可变换得到新的点 $\boldsymbol{u}=(u_1,u_2,\cdots,u_n)^{\mathrm{T}}$, 即

$$\begin{pmatrix} u_1 \\ u_2 \\ \vdots \\ u_n \end{pmatrix} = \begin{pmatrix} a_{11} & a_{12} & \cdots & a_{1n} \\ a_{21} & a_{22} & \cdots & a_{2n} \\ \vdots & \vdots & & \vdots \\ a_{n1} & a_{n2} & \cdots & a_{nn} \end{pmatrix} \begin{pmatrix} x_1 \\ x_2 \\ \vdots \\ x_n \end{pmatrix}.$$

若对图形中的所有点实施相同的变换, 则可得到图形变换后的像集. 不同的方阵决定着不同的图形变换的效果.

本节中，我们将主要介绍平面和三维空间常见的图形变换，并从矩阵的角度学习它们对应的变换矩阵.

5.1.1　平面图形变换

一般地，我们可以构造一个二阶方阵 $\boldsymbol{A}$，对平面中的图形进行变换. 表 5.1 罗列了平面图形的部分常见的基本变换及对应的变换矩阵，并以单位正方形为例展示其变换效果.

表 5.1　平面图形的常见变换及其变换方阵

变换	单位正方形变换下的像	变换矩阵
放缩	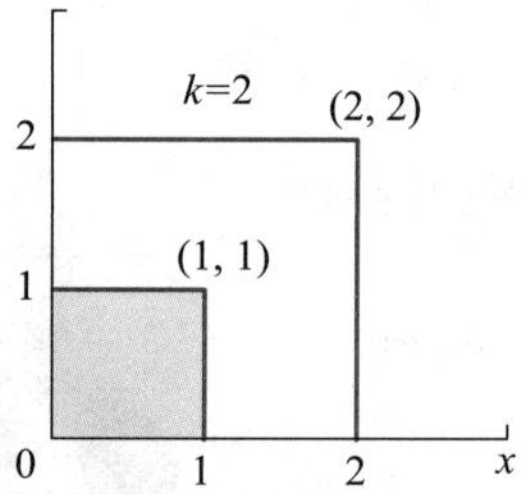	$\begin{pmatrix} k & 0 \\ 0 & k \end{pmatrix}$
关于 y 轴对称	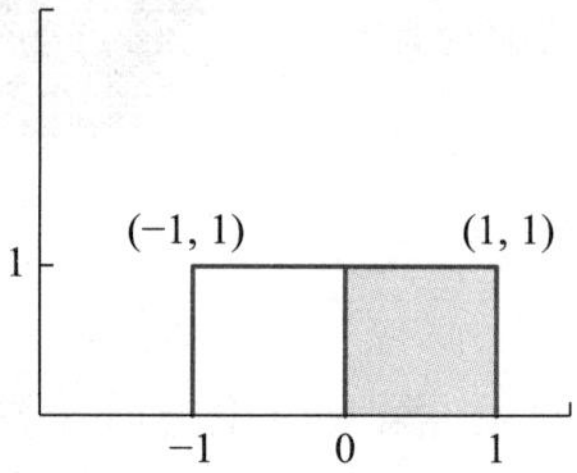	$\begin{pmatrix} -1 & 0 \\ 0 & 1 \end{pmatrix}$
关于 $y=x$ 轴对称	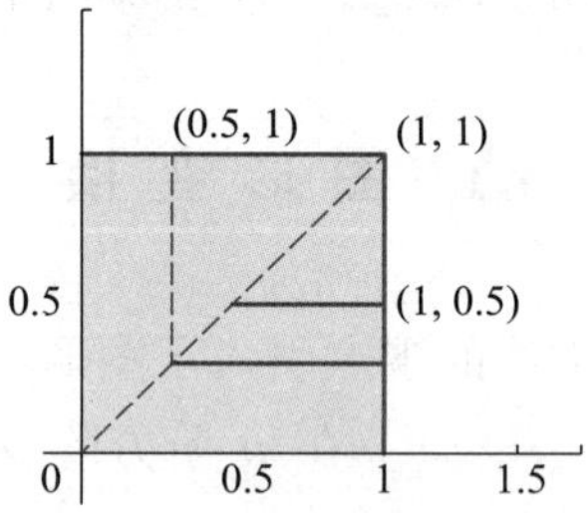	$\begin{pmatrix} 0 & 1 \\ 1 & 0 \end{pmatrix}$
关于原点对称	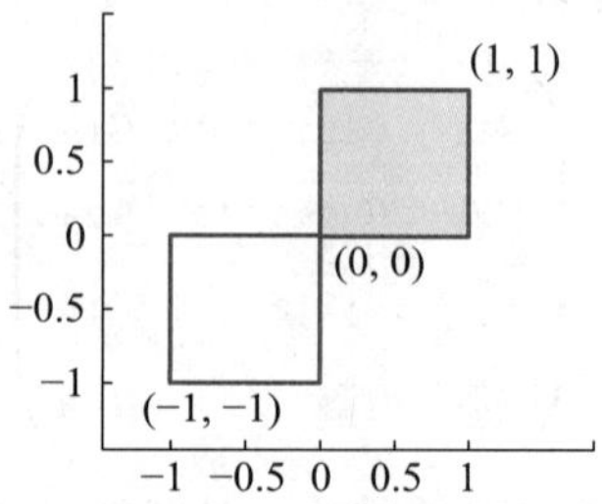	$\begin{pmatrix} -1 & 0 \\ 0 & -1 \end{pmatrix}$

续表

变换	单位正方形变换下的像	变换矩阵
水平剪切	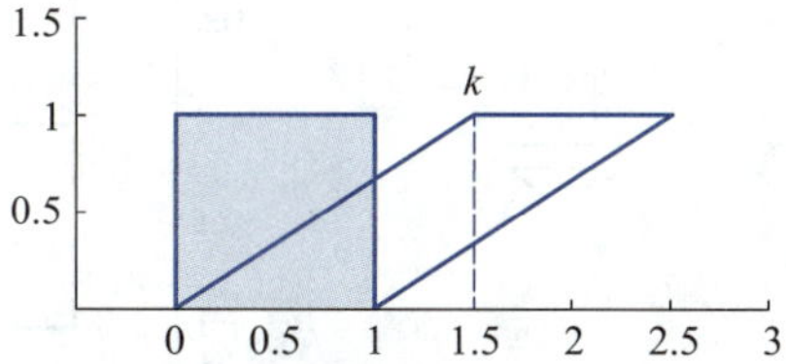	$\begin{pmatrix} 1 & k \\ 0 & 1 \end{pmatrix}$
x 轴投影	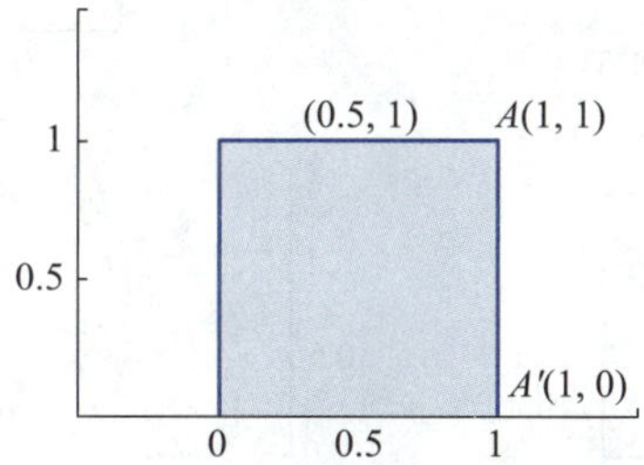	$\begin{pmatrix} 1 & 0 \\ 0 & 0 \end{pmatrix}$
围绕原点逆时针旋转 (正向)	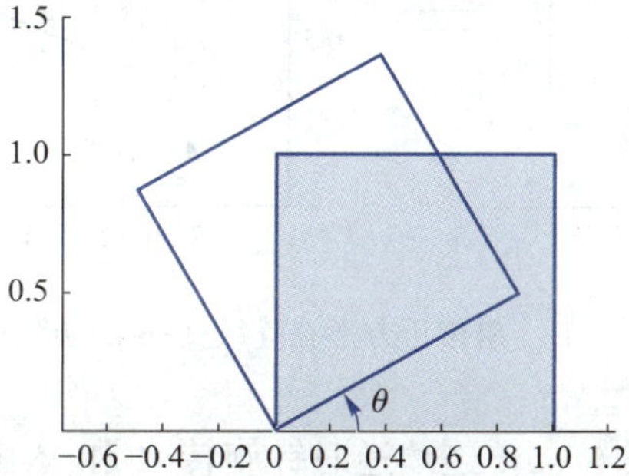	$\begin{pmatrix} \cos\theta & -\sin\theta \\ \sin\theta & \cos\theta \end{pmatrix}$

组合上述基本变换, 连续依次作用于一个图形上, 可得到丰富的图形变换效果. 从矩阵乘法的角度, 这等价于对图形中的点依次乘以对应的图形变换矩阵.

例 1 对单位正方形依次实施如下变换: 先关于 x 轴对称, 再顺时针旋转 $45°$, 再进行水平剪切, 剪切量为 1.5. 请绘制出变换后的图形.

解 设 (x, y) 是正方形边界上的点, 则变换后的点 (u, v) 等于如下矩阵乘法的结果.

$$\begin{pmatrix} u \\ v \end{pmatrix} = \begin{pmatrix} 1 & 1.5 \\ 0 & 1 \end{pmatrix} \begin{pmatrix} \cos\left(-\dfrac{\pi}{4}\right) & -\sin\left(-\dfrac{\pi}{4}\right) \\ \sin\left(-\dfrac{\pi}{4}\right) & \cos\left(-\dfrac{\pi}{4}\right) \end{pmatrix} \begin{pmatrix} 1 & 0 \\ 0 & -1 \end{pmatrix} \begin{pmatrix} x \\ y \end{pmatrix}.$$

图像变化依次如图 5.1 所示.

例 2 利用图形变换证明三角公式

$$\cos(\alpha + \beta) = \cos\alpha\cos\beta - \sin\alpha\sin\beta.$$

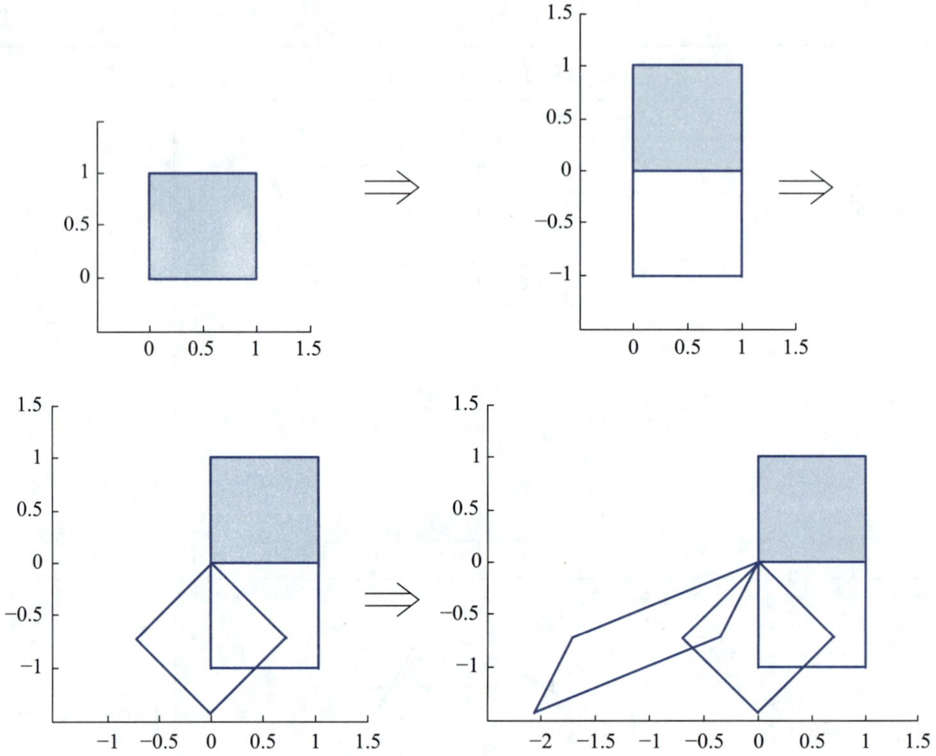

图 5.1 单位正方形在连续变换下的图像

证明 考虑将平面点 (x,y), 连续逆时针旋转 α 和 β, 得到点 (u,v) 如下

$$\begin{aligned}\begin{pmatrix} u \\ v \end{pmatrix} &= \begin{pmatrix} \cos\beta & -\sin\beta \\ \sin\beta & \cos\beta \end{pmatrix}\begin{pmatrix} \cos\alpha & -\sin\alpha \\ \sin\alpha & \cos\alpha \end{pmatrix}\begin{pmatrix} x \\ y \end{pmatrix} \\ &= \begin{pmatrix} \cos\alpha\cos\beta-\sin\alpha\sin\beta & -\sin\alpha\cos\beta-\sin\beta\cos\alpha \\ \sin\beta\cos\alpha+\sin\alpha\cos\beta & -\sin\alpha\sin\beta+\cos\alpha\cos\beta \end{pmatrix}\begin{pmatrix} x \\ y \end{pmatrix}.\end{aligned}$$

上述图形变换效果等价于将点 (x,y) 逆时针旋转 $\alpha+\beta$, 因此

$$\begin{aligned}\begin{pmatrix} u \\ v \end{pmatrix} &= \begin{pmatrix} \cos(\alpha+\beta) & -\sin(\alpha+\beta) \\ \sin(\alpha+\beta) & \cos(\alpha+\beta) \end{pmatrix}\begin{pmatrix} x \\ y \end{pmatrix} \\ &= \begin{pmatrix} \cos\alpha\cos\beta-\sin\alpha\sin\beta & -\sin\alpha\cos\beta-\sin\beta\cos\alpha \\ \sin\beta\cos\alpha+\sin\alpha\cos\beta & -\sin\alpha\sin\beta+\cos\alpha\cos\beta \end{pmatrix}\begin{pmatrix} x \\ y \end{pmatrix}.\end{aligned}$$

取 $(x,y)^{\mathrm{T}}=(1,0)^{\mathrm{T}}$, 根据矩阵相等, 即得

$$\cos(\alpha+\beta)=\cos\alpha\cos\beta-\sin\alpha\sin\beta.$$

结论成立.

并非平面图形的变换都可由二阶变换方阵乘法得到. 例如图形的平移变换. 为此, 我们引入平面点的**齐次坐标**.

平面点 (x, y) 的齐次坐标可表示为 (X, Y, K), 其中

$$x = \frac{X}{K}, \quad y = \frac{Y}{K}.$$

一般地, 取 $K = 1$, 则 $(x, y, 1)$ 为 (x, y) 的一个齐次坐标.

例 3 (图形的平移变换) 平移是一类特殊图形变换. 图形中的所有点 (x, y) 平移至点 $(x + a, y + b)$ 需引入齐次坐标, 并利用 3 阶变换矩阵进行变换如下

$$\begin{pmatrix} 1 & 0 & a \\ 0 & 1 & b \\ 0 & 0 & 1 \end{pmatrix} \begin{pmatrix} x \\ y \\ 1 \end{pmatrix} = \begin{pmatrix} x + a \\ y + b \\ 1 \end{pmatrix}.$$

其中, a, b 表示分量上的平移量.

▶ **课堂练习**

1. 写出下列变换的变换矩阵.

(1) 关于 $y = -x$ 对称; (2) 顺时针旋转 $60°$.

2. 根据变换矩阵, 对图形依次实施下列变换, 请绘制变换后图形.

5.1.2 三维图形变换

一般地, 三维图形的变换矩阵为三阶方阵. 平面图形的许多变换可类似地推广至三维图形变换. 在本节中, 我们主要讨论三维旋转及透视投影.

1. 三维旋转变换

三维旋转相对二维旋转而言, 不仅需要指定旋转角度, 更需要指定旋转轴. 若空间中的点 (x, y, z) 围绕 y 轴旋转, 则等价于点的 y 值保持不变, 而 x, z 坐标在 xOz 平面内作二维旋转. 我们选定旋转角与右手系同向, 如图 5.2 所示.

由图可见, 当绕 y 轴旋转时, 在 xOz 平面上是顺时针旋转, 与二维旋转定义角

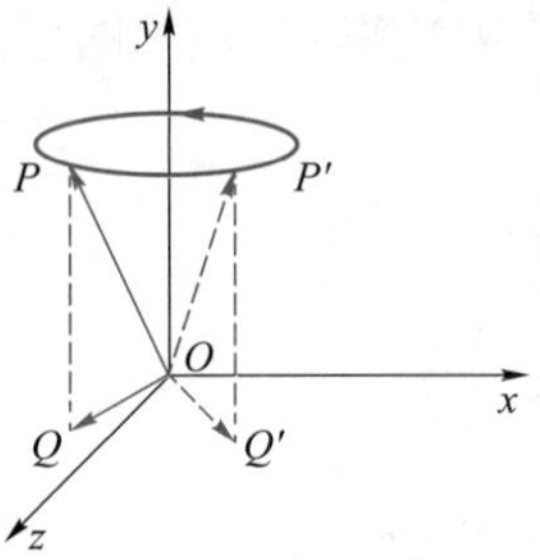

(a) 空间中点围绕 y 轴旋转（右手正向）

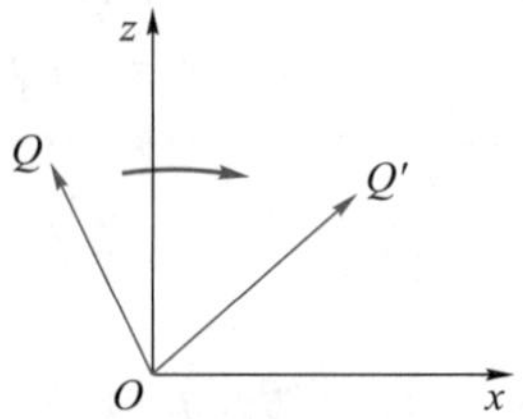

(b) 在 xOz 中投影的等价旋转

图 5.2　三维空间中点围绕 y 轴旋转示意图

度刚好相反. 因此, 三维空间中的点围绕 x 轴旋转的矩阵可记为

$$R_y(\theta)=\begin{pmatrix}\cos\theta & 0 & \sin\theta\\ 0 & 1 & 0\\ -\sin\theta & 0 & \cos\theta\end{pmatrix}.$$

因此, 点 (x,y,z) 在围绕 y 轴旋转 θ 后点的坐标为

$$\begin{pmatrix}x'\\ y'\\ z'\end{pmatrix}=\begin{pmatrix}\cos\theta & 0 & \sin\theta\\ 0 & 1 & 0\\ -\sin\theta & 0 & \cos\theta\end{pmatrix}\begin{pmatrix}x\\ y\\ z\end{pmatrix}.$$

类似地分析, 当点 (x,y,z) 绕 x 轴旋转时, 在 yOz 平面上的投影旋转角度与平面旋转角度同向. 当点 (x,y,z) 绕 z 轴旋转时, 在 xOy 平面上的投影旋转角度与平面旋转角度同向. 因此, 旋转矩阵分别为

$$R_x(\theta)=\begin{pmatrix}1 & 0 & 0\\ 0 & \cos\theta & -\sin\theta\\ 0 & \sin\theta & \cos\theta\end{pmatrix},\quad R_z(\theta)=\begin{pmatrix}\cos\theta & -\sin\theta & 0\\ \sin\theta & \cos\theta & 0\\ 0 & 0 & 1\end{pmatrix}.$$

三维空间中任意角度的旋转可以视为以上三种旋转的复合.

例 4　设三维空间中点 P 坐标为 $(1,0,0)$, 计算下列旋转后的坐标.

(1) 按照先后顺序, 依次绕 z 轴, x 轴, y 轴各旋转 $45°$;

(2) 按照先后顺序, 依次绕 y 轴, z 轴, x 轴各旋转 $45°$.

解　根据三维坐标轴旋转公式, 旋转后的坐标点分别为

(1) $P_1 = R_y\left(\frac{\pi}{4}\right) R_x\left(\frac{\pi}{4}\right) R_z\left(\frac{\pi}{4}\right) P^{\mathrm{T}}$

$$= \begin{pmatrix} \cos\frac{\pi}{4} & 0 & \sin\frac{\pi}{4} \\ 0 & 1 & 0 \\ -\sin\frac{\pi}{4} & 0 & \cos\frac{\pi}{4} \end{pmatrix} \cdot \begin{pmatrix} 1 & 0 & 0 \\ 0 & \cos\frac{\pi}{4} & -\sin\frac{\pi}{4} \\ 0 & \sin\frac{\pi}{4} & \cos\frac{\pi}{4} \end{pmatrix}$$

$$\cdot \begin{pmatrix} \cos\frac{\pi}{4} & -\sin\frac{\pi}{4} & 0 \\ \sin\frac{\pi}{4} & \cos\frac{\pi}{4} & 0 \\ 0 & 0 & 1 \end{pmatrix} \cdot \begin{pmatrix} 1 \\ 0 \\ 0 \end{pmatrix}$$

$$= \begin{pmatrix} \dfrac{2+\sqrt{2}}{4} \\ \dfrac{1}{2} \\ \dfrac{\sqrt{2}-2}{4} \end{pmatrix}.$$

(2) $P_1 = R_x\left(\frac{\pi}{4}\right) R_z\left(\frac{\pi}{4}\right) R_y\left(\frac{\pi}{4}\right) P^{\mathrm{T}} = \begin{pmatrix} \dfrac{1}{2} \\ \dfrac{2+\sqrt{2}}{4} \\ \dfrac{\sqrt{2}-2}{4} \end{pmatrix}.$

从上面的讨论中我们可以看到, 不同的旋转顺序得到的结果也不一样.

2. 三维透视投影

透视投影属于中心投影. 它是从某个投射中心将物体投射到单一投影面上所得到的图形. 透视图与人们观看物体时所产生的视觉效果非常接近, 所以它能更加生动形象地表现建筑外貌及内部装饰, 如图 5.3(a) 所示.

类似于平面图形的平移变换, 三维图形的透视变换需引入三维坐标 (x, y, z) 的齐次坐标表示 (X, Y, Z, K), 其中

$$x = \frac{X}{K}, \quad y = \frac{Y}{K}, \quad z = \frac{Z}{K}.$$

设投影中心坐标 $(0, 0, d)$, 投影平面为 xOy 面, 空间点坐标的齐次坐标为 $(x, y, z, 1)$, 投影点的齐次坐标为 $(x^*, y^*, 0, 1)$. 由三角形的相似, 可推导出四阶透视投影变换矩阵 $\boldsymbol{A}$, 使得

$$\boldsymbol{A}\begin{pmatrix} x \\ y \\ z \\ 1 \end{pmatrix} = \begin{pmatrix} 1 & 0 & 0 & 0 \\ 0 & 1 & 0 & 0 \\ 0 & 0 & 0 & 0 \\ 0 & 0 & -\dfrac{1}{d} & 1 \end{pmatrix} \begin{pmatrix} x \\ y \\ z \\ 1 \end{pmatrix} = \begin{pmatrix} x^* \\ y^* \\ 0 \\ 1 \end{pmatrix}.$$

例 5 设正方体的 8 个顶点坐标依次为 $(0,0,1)$,$(1,0,1)$,$(1,0,2)$,$(0,0,2)$, $(0,1,1)$, $(1,1,1)$, $(1,1,2)$, $(0,1,2)$. 求正方体在中心为 $(0,0,-1)$ 的透视投影下的像, 其中投

影平面为 xOy 平面.

解　将正方体的 8 个顶点坐标转换为齐次坐标系表示, 并纵向排列形成矩阵 $\boldsymbol{D}$, 在投影矩阵 $\boldsymbol{A}$ 下, 可计算出对应的投影坐标为

$$\begin{aligned}\boldsymbol{AD} &= \begin{pmatrix}1&0&0&0\\0&1&0&0\\0&0&0&0\\0&0&1&1\end{pmatrix}\begin{pmatrix}0&1&1&0&0&1&1&0\\0&0&0&0&1&1&1&1\\1&1&2&2&1&1&2&2\\1&1&1&1&1&1&1&1\end{pmatrix}.\\&=\begin{pmatrix}0&1&1&0&0&1&1&0\\0&0&0&0&1&1&1&1\\0&0&0&0&0&0&0&0\\2&2&3&3&2&2&3&3\end{pmatrix}\end{aligned}$$

将投影后齐次坐标表示为三维坐标, 按照原正方体顶点连接后可得投影图形, 如图 5.3(b) 所示.

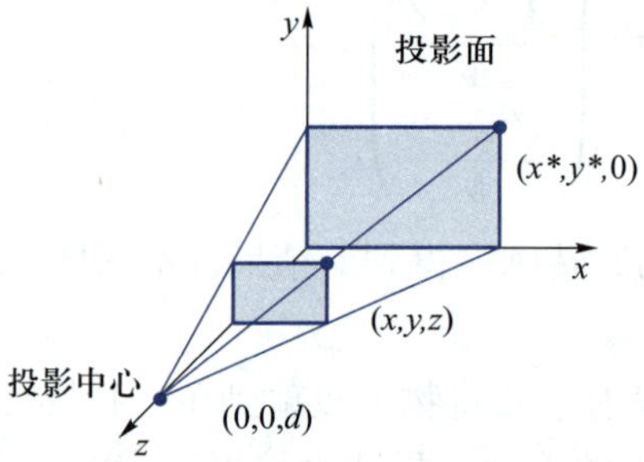

(a) 透视投影示意图

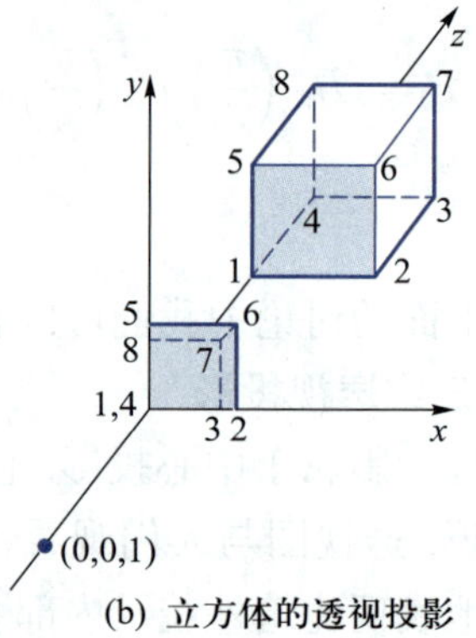

(b) 立方体的透视投影

图 5.3　透视投影

5.2　特征值与特征向量

本节, 我们讨论一种特殊的图形变换: 拉伸变换. 由此, 引入特征值与特征向量的概念.

5.2.1　拉伸变换

由上一节, 我们知道,n 阶数量阵 $\boldsymbol{\Lambda}(k)=\mathrm{diag}(k,k,\cdots,k)$ 作为图形变换矩阵, 可以将 n 维空间的图形进行整体放缩, 即对于任意 n 维向量 $\boldsymbol{\alpha}$,

$$\boldsymbol{\Lambda}(k)\boldsymbol{\alpha}=k\boldsymbol{\alpha}.$$

其中, k 是放缩的比例. 在实际的图形处理中, 我们常需要根据要求将图形沿着某一特定方向进行放缩, 我们称之为**拉伸变换**. 例如水平拉伸, 垂直拉伸等, 如图 5.4 所示.

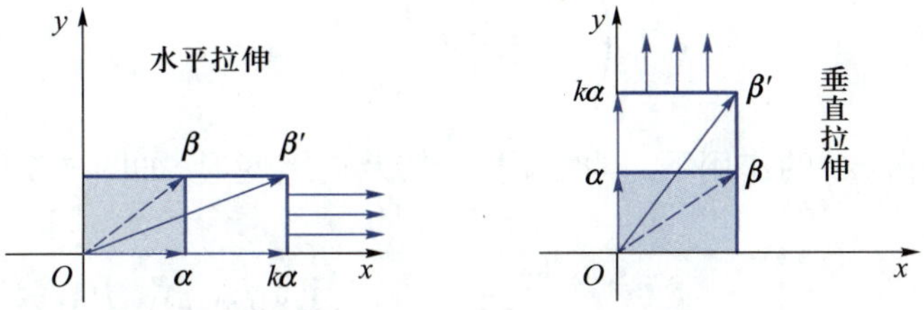

图 5.4 水平、垂直拉伸变换

在拉伸变换中, 图形在某些特定方向进行比例拉伸, 而在其余的方向上发生旋转、放缩等形变, 如图 5.4 中的向量 $\boldsymbol{\beta}$. 为了更清楚地描述上述结果, 下面, 我们引入方阵 $\boldsymbol{A}$ 的特征值与特征向量的概念.

定义 5.1 (特征值与特征向量) 设 $\boldsymbol{A}$ 是一个 n 阶方阵, $\boldsymbol{\alpha}$ 是一个 n 维非零向量, λ 是一个常数. 若满足

$$\boldsymbol{A\alpha} = \lambda\boldsymbol{\alpha},$$

则称 λ 是方阵 $\boldsymbol{A}$ 的一个**特征值**, $\boldsymbol{\alpha}$ 是 $\boldsymbol{A}$ 关于 λ 的一个**特征向量**.

根据定义可知, 若方阵存在特征向量 $\boldsymbol{\alpha}$, 则 n 维空间中的图形在变换矩阵 $\boldsymbol{A}$ 的作用下, 沿着 $\boldsymbol{\alpha}$ 的方向进行了拉伸, 其拉伸比例为特征值 λ.

例 6 分析平面图形在变换矩阵

$$\boldsymbol{A} = \begin{pmatrix} 3 & 0 \\ 0 & 2 \end{pmatrix}$$

下的变换结果.

解 设 $\boldsymbol{\alpha} = (x, y)^{\mathrm{T}}$ 是平面中一个向量, 在变换矩阵 $\boldsymbol{A}$ 的作用下, 结果为

$$\begin{pmatrix} 3 & 0 \\ 0 & 2 \end{pmatrix}\begin{pmatrix} x \\ y \end{pmatrix} = \begin{pmatrix} 3x \\ 2y \end{pmatrix}.$$

当 $y = 0$ 时, 即 $\boldsymbol{\alpha}$ 为水平向量, 此时

$$\begin{pmatrix} 3 & 0 \\ 0 & 2 \end{pmatrix}\begin{pmatrix} x \\ 0 \end{pmatrix} = \begin{pmatrix} 3x \\ 0 \end{pmatrix} = 3\begin{pmatrix} x \\ 0 \end{pmatrix}.$$

因此, 方阵 $\boldsymbol{A}$ 具有特征值 3, 且任意水平向量 $(x, 0)^{\mathrm{T}}$ 为特征值 3 的特征向量.

类似地, 当 $x = 0$ 时, 即 $\boldsymbol{\alpha}$ 为垂直向量, 此时

$$\begin{pmatrix} 3 & 0 \\ 0 & 2 \end{pmatrix}\begin{pmatrix} 0 \\ y \end{pmatrix} = \begin{pmatrix} 0 \\ 2y \end{pmatrix} = 2\begin{pmatrix} 0 \\ y \end{pmatrix}.$$

因此, 方阵 $\boldsymbol{A}$ 具有特征值 2, 且任意垂直向量 $(0,y)^{\mathrm{T}}$ 为特征值 2 的特征向量.

而对于其他方向的向量, 显然

$$\begin{pmatrix}3x\\2y\end{pmatrix}\neq k\begin{pmatrix}x\\y\end{pmatrix}.$$

因此, 图形在方阵 $\boldsymbol{A}$ 的作用下, 同时发生旋转及放缩变形, 如图 5.5 所示.

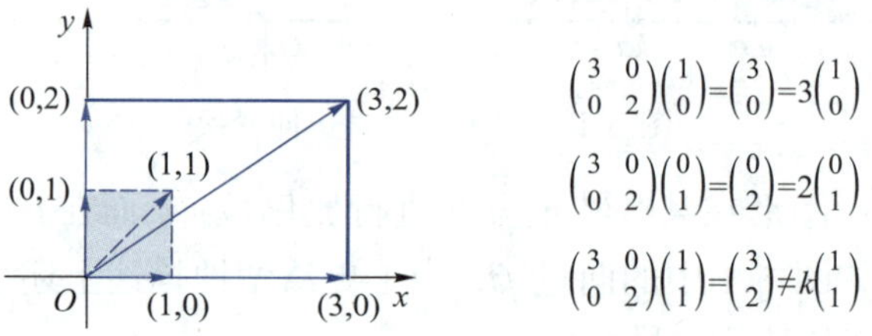

图 5.5　方阵 $\boldsymbol{A}$ 下的图形变换、特征值及特征向量

当然, 并非所有的方阵都具有拉伸变换效果. 例如旋转变换, 当旋转角度 $\theta\neq k\pi$ 时, 图形中的所有向量的方向均发生改变.

在下一小节中, 我们将讨论如何计算方阵的特征值, 并计算其对应的特征向量.

5.2.2　特征值与特征向量的计算

根据定义, 若 $\boldsymbol{\alpha}$ 是方阵 $\boldsymbol{A}$ 的特征向量, 则

$$\boldsymbol{A}\boldsymbol{\alpha}=\lambda\boldsymbol{\alpha}\Leftrightarrow(\boldsymbol{A}-\lambda\boldsymbol{E})\boldsymbol{\alpha}=\mathbf{0}.$$

由于 $\boldsymbol{\alpha}\neq\mathbf{0}$, 则上式等价于齐次线性方程组 $(\boldsymbol{A}-\lambda\boldsymbol{E})\boldsymbol{X}=\mathbf{0}$ 有非零解, 根据克拉默法则, 即

$$\det(\boldsymbol{A}-\lambda\boldsymbol{E})=0.$$

我们称

$$f(\lambda)=\det(\boldsymbol{A}-\lambda\boldsymbol{E})$$

为方阵 $\boldsymbol{A}$ 的**特征多项式**, 因此, 特征多项式的根即为特征值. 当我们需要计算某个特征值 λ_i 下的特征向量时, 等价于计算以 $\boldsymbol{A}-\lambda_i\boldsymbol{E}$ 为系数的齐次线性方程组

$$(\boldsymbol{A}-\lambda_i\boldsymbol{E})\boldsymbol{X}=\mathbf{0}$$

的通解.

将上述方法总结成具体的求解步骤如下:

矩阵特征值、特征向量求解步骤

1. 计算行列式 $\det(\boldsymbol{A}-\lambda\boldsymbol{E})$, 得到特征多项式 $f(\lambda)$;
2. 求解特征多项式方程 $f(\lambda)=0$, 得到特征值 λ_i;
3. 对每一个特征值 λ_i, 求解齐次线性方程 $(\boldsymbol{A}-\lambda_i\boldsymbol{E})\boldsymbol{X}=\boldsymbol{0}$, 得到 λ_i 的特征向量.

例 7 计算方阵

$$\boldsymbol{A}=\begin{pmatrix}-1&1&0\\-4&3&0\\1&0&2\end{pmatrix}$$

的特征值与特征向量.

解 首先, 计算方阵

$$\boldsymbol{A}-\lambda\boldsymbol{E}=\begin{pmatrix}-1&1&0\\-4&3&0\\1&0&2\end{pmatrix}-\begin{pmatrix}\lambda&&\\&\lambda&\\&&\lambda\end{pmatrix}=\begin{pmatrix}-1-\lambda&1&0\\-4&3-\lambda&0\\1&0&2-\lambda\end{pmatrix}.$$

再计算其行列式, 得到特征多项式, 并计算特征多项式方程的根, 即

$$f(\lambda)=\det(\boldsymbol{A}-\lambda\boldsymbol{E})=(2-\lambda)(1-\lambda)^2=0.$$

因此, $\boldsymbol{A}$ 有三个的特征值, 分别为 $\lambda_1=2$, $\lambda_2=\lambda_3=1$.

注意 在计算特征值时, 我们一般指特征多项式方程的所有根, 包括重根. 特征根在其特征多项式方程中的重数称为**代数重数**. 因此, 本例中特征值有 3 个, 其中特征值 1 的代数重数为 2.

下面计算每个特征值对应的特征向量.

当 $\lambda_1=2$ 时, 解齐次线性方程组 $(\boldsymbol{A}-2\boldsymbol{E})\boldsymbol{X}=\boldsymbol{0}$, 得基础解系

$$\boldsymbol{p}_1=\begin{pmatrix}0\\0\\1\end{pmatrix}.$$

因此, 当 $k\neq 0$ 时, $k\boldsymbol{p}_1$ 是 $\lambda_1=2$ 的全部特征向量.

同理, 当 $\lambda_2=1$ 时, 解方程组 $(\boldsymbol{A}-\boldsymbol{E})\boldsymbol{X}=\boldsymbol{0}$, 得基础解系

$$\boldsymbol{p}_2=\begin{pmatrix}-1\\-2\\1\end{pmatrix}.$$

因此, 当 $k\neq 0$ 时, $k\boldsymbol{p}_2$ 是 $\lambda_2=\lambda_3=1$ 的全部特征向量.

熟练后, 可将上述计算步骤简化.

例 8 计算方阵

$$A = \begin{pmatrix} 6 & 2 & 4 \\ 2 & 3 & 2 \\ 4 & 2 & 6 \end{pmatrix}$$

的特征值与特征向量.

解 直接计算特征多项式方程,

$$f(\lambda) = |A - \lambda E| = \begin{vmatrix} 6-\lambda & 2 & 4 \\ 2 & 3-\lambda & 2 \\ 4 & 2 & 6-\lambda \end{vmatrix} = 0.$$

得到

$$(\lambda - 11)(2-\lambda)^2 = 0.$$

因此, $\boldsymbol{A}$ 的特征值为 $\lambda_1 = \lambda_2 = 2$, $\lambda_3 = 11$.

下面计算每个特征值对应的特征向量.

当 $\lambda_1 = \lambda_2 = 2$ 时, 解方程组 $(\boldsymbol{A} - 2\boldsymbol{E})\boldsymbol{X} = \boldsymbol{0}$, 得方程组的基础解系为

$$\boldsymbol{p}_1 = \begin{pmatrix} 1 \\ -2 \\ 0 \end{pmatrix}, \quad \boldsymbol{p}_2 = \begin{pmatrix} 0 \\ -2 \\ 1 \end{pmatrix}.$$

因此, 当 k_1, k_2 不全为 0 时, $k_1\boldsymbol{p}_1 + k_2\boldsymbol{p}_2$ 是 $\lambda_1 = \lambda_2 = 2$ 的全部特征向量. 当然, 由基础解系的定义可得, $\boldsymbol{p}_1$, $\boldsymbol{p}_2$ 是其中两个线性无关的特征向量.

当 $\lambda_3 = 11$ 时, 解方程组 $(\boldsymbol{A} - 11\boldsymbol{E})\boldsymbol{X} = \boldsymbol{0}$, 得

$$\boldsymbol{p}_3 = \begin{pmatrix} 2 \\ 1 \\ 2 \end{pmatrix}.$$

因此, 当 $k_3 \neq 0$ 时, $k_3\boldsymbol{p}_3$ 是 $\lambda_3 = 11$ 的全部特征向量. 而 $\boldsymbol{p}_3$ 是其中一个特征向量.

性质 5.1 零阵的特征值为 0.

证明 显然, 对于任意向量 $\boldsymbol{\alpha}$,

$$\boldsymbol{0}\boldsymbol{\alpha} = \boldsymbol{0} = 0\boldsymbol{\alpha}.$$

因此, 结论成立.

性质 5.2 对角阵 $\boldsymbol{\Lambda} = \mathrm{diag}\{a_1, a_2, \cdots, a_n\}$ 的特征值为对角线上的元素 a_i.

证明 根据方阵特征多项式方程显然有,

$$|\boldsymbol{A}-\lambda\boldsymbol{E}|=(\lambda-a_1)(\lambda-a_2)\cdots(\lambda-a_n)=0.$$

因此, 结论成立.

特别地, 单位阵的特征值全为 1.

5.2.3 特征值、特征向量的性质

特征值揭示了方阵作为变换的本质特征. 除此之外, 我们不加证明地给出以下两个定理, 它们表明了特征值与方阵自身元素以及方阵的行列式有着重要联系.

定理 5.1 设 λ_i 是 n 阶方阵的所有特征根 (包括复根), 则

$$\sum_{i=1}^{n}\lambda_i=\sum_{i=1}^{n}a_{ii}=\mathrm{tr}\boldsymbol{A},\quad \prod_{i=1}^{n}\lambda_i=\det \boldsymbol{A}.$$

其中, tr $\boldsymbol{A}$ 表示 $\boldsymbol{A}$ 的对角线元素之和, 称为方阵 $\boldsymbol{A}$ 的**迹**.

例 9 计算二阶方阵

$$\boldsymbol{A}=\begin{pmatrix}1 & 2\\ 2 & 1\end{pmatrix}$$

的特征根.

解 设方阵的两个特征根为 λ_1,λ_2, 由定理 5.1, 得

$$\lambda_1+\lambda_2=1+1=2,\qquad \lambda_1\lambda_2=|\boldsymbol{A}|=-3.$$

解上述联立方程组, 可得方阵 $\boldsymbol{A}$ 的两个特征根, 即

$$\lambda_1=-1,\qquad \lambda_2=3.$$

定理 5.2 设 $\boldsymbol{A}$ 是 n 阶方阵,$f(x)=a_mx^m+a_{m-1}x^{m-1}+\cdots+a_0$ 是关于变量 x 的 m 次多项式, 则

$$f(A)=a_m\boldsymbol{A}^m+a_{m-1}\boldsymbol{A}^{m-1}+\cdots+a_0\boldsymbol{E}$$

称为 $\boldsymbol{A}$ 对应的方阵多项式. 如果 λ_i 是 $\boldsymbol{A}$ 的特征值, 则 $f(\lambda_i)$ 是 $f(\boldsymbol{A})$ 的特征值.

注意 不难证明, 定理 5.2 对于“多项式”次方小于 0 的表达式依然成立, 虽然此时, $f(\boldsymbol{A})$ 不再是多项式.

例 10 设 $\boldsymbol{A}=\begin{pmatrix}1 & 2\\ 0 & 3\end{pmatrix}$, 求 $\boldsymbol{B}=\boldsymbol{A}^2-2\boldsymbol{A}+3\boldsymbol{E}$ 的所有特征值.

解 首先, 计算得到 $\boldsymbol{A}$ 的特征值为 $1,3$. 设 $f(x)=x^2-2x+3$, 则 $\boldsymbol{B}$ 的特征值为

$$f(1)=2,\quad f(3)=6.$$

例 11 设 $\boldsymbol{A}$ 为 n 阶方阵, 若 $\boldsymbol{A}^2=\boldsymbol{A}$. 证明: $\boldsymbol{A}$ 的特征值若存在, 则只能为 0 或 1.

证明 设 λ 为 $\boldsymbol{A}$ 的特征值, 根据定理 5.2, 则矩阵多项式 $f(\boldsymbol{A})=\boldsymbol{A}^2-\boldsymbol{A}$ 的所有特征值为 $\lambda^2-\lambda$. 由于 $\boldsymbol{A}^2=\boldsymbol{A}$, 因此 $\boldsymbol{A}^2-\boldsymbol{A}=\boldsymbol{0}$. 根据性质 5.1, $\boldsymbol{A}^2-\boldsymbol{A}$ 只有特征值 0, 即

$$\lambda^2-\lambda=\lambda(\lambda-1)=0.$$

因此, $\boldsymbol{A}$ 的特征值只能为 0 或 1.

性质 5.3 已知 λ 是方阵 $\boldsymbol{A}$ 的一个特征值, 若 $\boldsymbol{A}$ 可逆, 则 $\dfrac{1}{\lambda}$ 是方阵 $\boldsymbol{A}^{-1}$ 的特征值.

证明 首先, 由于 $\boldsymbol{A}$ 可逆, 则 $\det \boldsymbol{A}\neq 0$. 因此, 根据定理 5.1, $\boldsymbol{A}$ 的任意特征值 $\lambda\neq 0$.

设 λ 是方阵 $\boldsymbol{A}$ 的特征值, $\boldsymbol{\alpha}\neq\boldsymbol{0}$ 为其特征向量, 即

$$\boldsymbol{A}\boldsymbol{\alpha}=\lambda\boldsymbol{\alpha}.$$

设 $\boldsymbol{A}^{-1}$ 是 $\boldsymbol{A}$ 的逆, 则

$$\boldsymbol{\alpha}=\boldsymbol{A}^{-1}\boldsymbol{A}\boldsymbol{\alpha}=\boldsymbol{A}^{-1}\lambda\boldsymbol{\alpha}=\lambda(\boldsymbol{A}^{-1}\boldsymbol{\alpha}).$$

因此

$$\boldsymbol{A}^{-1}\boldsymbol{\alpha}=\frac{1}{\lambda}\boldsymbol{\alpha}.$$

根据定义, $\dfrac{1}{\lambda}$ 是方阵 $\boldsymbol{A}^{-1}$ 的特征值.

例 12 已知三阶方阵 $\boldsymbol{A}$ 的特征值为 $-1,2,3$, 计算 $|\boldsymbol{A}^*+\boldsymbol{A}^2+\boldsymbol{E}|$.

解 由于 $\boldsymbol{A}$ 是三阶方阵, 故 $-1,2,3$ 是方阵 $\boldsymbol{A}$ 的所有特征值, 因此 $|\boldsymbol{A}|=-6$, 即 $\boldsymbol{A}$ 可逆. 故

$$\boldsymbol{A}^*=|\boldsymbol{A}|\boldsymbol{A}^{-1}=-6\boldsymbol{A}^{-1}.$$

所以

$$\boldsymbol{A}^*+\boldsymbol{A}^2+\boldsymbol{E}=-6\boldsymbol{A}^{-1}+\boldsymbol{A}^2+\boldsymbol{E}.$$

将上式记作 $f(\boldsymbol{A})$, 则 $f(x)=-\dfrac{6}{x}+x^2+1$. 从而 $\boldsymbol{A}^*+\boldsymbol{A}^2+\boldsymbol{E}$ 的特征值为

$$f(-1)=8,\quad f(2)=2,\quad f(3)=8.$$

因此, $|\boldsymbol{A}^*+\boldsymbol{A}^2+\boldsymbol{E}|=128$.

关于特征向量, 我们有如下重要结论.

定理 5.3 设 $\lambda_1, \lambda_2, \cdots, \lambda_s$ 是方阵 $\boldsymbol{A}$ 的 s 个不同的特征值, $\boldsymbol{\alpha}_{i1}, \boldsymbol{\alpha}_{i2}, \cdots, \boldsymbol{\alpha}_{ip_i}$, $i=1,2,\cdots,s$ 是第 i 个特征值对应的线性无关特征向量组, 则向量组

$$\boldsymbol{\alpha}_{11}, \boldsymbol{\alpha}_{12}, \cdots, \boldsymbol{\alpha}_{1p_1}, \boldsymbol{\alpha}_{21}, \boldsymbol{\alpha}_{22}, \cdots, \boldsymbol{\alpha}_{2p_2}, \cdots, \boldsymbol{\alpha}_{s1}, \boldsymbol{\alpha}_{s2}, \cdots, \boldsymbol{\alpha}_{sp_s}, p_i \geqslant 1$$

是线性无关向量组.

证明 我们只证明两个特征值下特征向量组的无关性, 根据数学归纳法, 一般情况可类似证明.

设 $\boldsymbol{\alpha}_{11}, \boldsymbol{\alpha}_{12}, \cdots, \boldsymbol{\alpha}_{1p_1}$ 是 λ_1 下 p_1 个线性无关特征向量, $\boldsymbol{\alpha}_{21}, \boldsymbol{\alpha}_{22}, \cdots, \boldsymbol{\alpha}_{2p_2}$ 是 λ_2 下 p_2 个线性无关特征向量. 若 $\boldsymbol{\alpha}_{11}, \boldsymbol{\alpha}_{12}, \cdots, \boldsymbol{\alpha}_{1p_1}, \boldsymbol{\alpha}_{21}, \boldsymbol{\alpha}_{22}, \cdots, \boldsymbol{\alpha}_{2p_2}$ 线性相关, 则不妨假设 $k_{11} \neq 0$, 满足

$$k_{11}\boldsymbol{\alpha}_{11} + k_{12}\boldsymbol{\alpha}_{12} + \cdots + k_{1p_1}\boldsymbol{\alpha}_{1p_1} + k_{21}\boldsymbol{\alpha}_{21} + k_{22}\boldsymbol{\alpha}_{22} + \cdots + k_{2p_2}\boldsymbol{\alpha}_{2p_2} = \mathbf{0}.$$

因为 $k_{11} \neq 0$, 故

$$k_{11}\boldsymbol{\alpha}_{11} + k_{12}\boldsymbol{\alpha}_{12} + \cdots + k_{1p_1}\boldsymbol{\alpha}_{1p_1} = \boldsymbol{\alpha} \neq \mathbf{0}.$$

即

$$k_{21}\boldsymbol{\alpha}_{21} + k_{22}\boldsymbol{\alpha}_{22} + \cdots + k_{2p_2}\boldsymbol{\alpha}_{2p_2} = -(k_{11}\boldsymbol{\alpha}_{11} + k_{12}\boldsymbol{\alpha}_{12} + \cdots + k_{1p_1}\boldsymbol{\alpha}_{1p_1}) = -\boldsymbol{\alpha}.$$

根据特征向量定义, 上式两端左边乘以 $\boldsymbol{A}$, 得到

$$\boldsymbol{A}\cdot(k_{21}\boldsymbol{\alpha}_{21} + k_{22}\boldsymbol{\alpha}_{22} + \cdots + k_{2p_2}\boldsymbol{\alpha}_{2p_2}) = \boldsymbol{A}\cdot(-(k_{11}\boldsymbol{\alpha}_{11} + k_{12}\boldsymbol{\alpha}_{12} + \cdots + k_{1p_1}\boldsymbol{\alpha}_{1p_1})),$$

即

$$\lambda_2 \cdot (-\boldsymbol{\alpha}) = \lambda_1 \cdot (-\boldsymbol{\alpha}),$$

即 $\lambda_1 = \lambda_2$. 矛盾.

综上, 定理成立.

作为定理 5.3 的特殊情况, 我们有如下推论.

推论 5.1 设 $\boldsymbol{A}$ 是 n 阶方阵, $\boldsymbol{\alpha}_1, \boldsymbol{\alpha}_2, \cdots, \boldsymbol{\alpha}_m$ 是方阵 m 个不同特征值 $\lambda_1, \lambda_2, \cdots, \lambda_m$ 的特征向量, 则 $\boldsymbol{\alpha}_1, \boldsymbol{\alpha}_2, \cdots, \boldsymbol{\alpha}_m$ 线性无关.

▶ **课堂练习**

1. 已知矩阵 $\boldsymbol{A} = \begin{pmatrix} a & 2 \\ 1 & b \end{pmatrix}$ 的特征值为 $-1, 1$, 求 a, b.

2. 求矩阵 $\boldsymbol{A} = \begin{pmatrix} 3 & 1 \\ 2 & 12 \end{pmatrix}$ 的特征值和特征向量.

5.3 方阵的相似对角化

在第一章中, 我们从初等变换的角度定义了矩阵的等价概念. 根据等价, 可以将同型矩阵按照秩划分为若干少量的等价类, 便于我们对任意矩阵进行分类研究. 在本节中, 我们将在等价的基础上加强条件得到方阵更为细致的划分方法——矩阵相似, 并讨论相似对角化问题.

5.3.1 方阵相似及相似对角化

我们知道, 若矩阵 $\boldsymbol{A}$ 与 $\boldsymbol{B}$ 等价, 则存在可逆矩阵 $\boldsymbol{P},\boldsymbol{Q}$, 使得 $\boldsymbol{B}=\boldsymbol{PAQ}$. 若 $\boldsymbol{P}=\boldsymbol{Q}^{-1}$, 则可以得到 $\boldsymbol{A},\boldsymbol{B}$ 更为特殊的关系, 即矩阵相似.

定义 5.2 设 $\boldsymbol{A},\boldsymbol{B}$ 是 n 阶方阵. 若存在可逆矩阵 $\boldsymbol{P}$, 使得

$$\boldsymbol{B}=\boldsymbol{P}^{-1}\boldsymbol{AP},$$

则称 $\boldsymbol{A}$ 与 $\boldsymbol{B}$ **相似**, 运算 $\boldsymbol{P}^{-1}\boldsymbol{AP}$ 称为对方阵 $\boldsymbol{A}$ 实施的**相似变换**, $\boldsymbol{P}$ 称为**相似变换矩阵**.

根据定义, 显然, 相似关系只能对方阵定义才有意义. 同时, 方阵的相似是等价的一种特殊情况, 即**相似的方阵一定等价**.

自然地, 相似也满足等价关系的自反性、对称性和传递性.

等价的矩阵保持了秩的不变, 而相似的矩阵则保持了特征值不变.

定理 5.4 若 n 阶方阵 $\boldsymbol{A}$ 与 $\boldsymbol{B}$ 相似, 则 $\boldsymbol{A}$ 与 $\boldsymbol{B}$ 的特征多项式相同, 即特征值也相同.

证明 设 $\boldsymbol{A}$ 与 $\boldsymbol{B}$ 相似, 则 $\boldsymbol{B}=\boldsymbol{P}^{-1}\boldsymbol{AP}$, 因此

$$|\boldsymbol{B}-\lambda\boldsymbol{E}|=|\boldsymbol{P}^{-1}\boldsymbol{AP}-\lambda\boldsymbol{E}|=|\boldsymbol{P}^{-1}(\boldsymbol{A}-\lambda\boldsymbol{E})\boldsymbol{P}|=|\boldsymbol{P}^{-1}|\cdot|\boldsymbol{A}-\lambda\boldsymbol{E}|\cdot|\boldsymbol{P}|=|\boldsymbol{A}-\lambda\boldsymbol{E}|.$$

因此, $\boldsymbol{A},\boldsymbol{B}$ 特征多项式相同, 故特征值也相同.

定理的反面不一定成立, 即**特征值相同的方阵不一定相似**.

考虑下列两个方阵

$$\boldsymbol{A}=\begin{pmatrix}1&0&0\\0&0&0\\0&0&0\end{pmatrix},\quad \boldsymbol{B}=\begin{pmatrix}1&0&0\\0&0&1\\0&0&0\end{pmatrix}.$$

计算可得

$$|\boldsymbol{A}-\lambda\boldsymbol{E}|=|\boldsymbol{B}-\lambda\boldsymbol{E}|=\lambda^2(1-\lambda).$$

因此, 两个方阵具有相同的特征值, 但是 $r(\boldsymbol{A})=1$, $r(\boldsymbol{B})=2$, 因此, 方阵 $\boldsymbol{A}$ 与 $\boldsymbol{B}$ 不相似.

同时, **相似的方阵不一定有相同的特征向量**. 例如, 方阵

$$\boldsymbol{A}=\begin{pmatrix}2 & 0\\ 0 & 0\end{pmatrix},\quad \boldsymbol{B}=\begin{pmatrix}1 & 1\\ 1 & 1\end{pmatrix}.$$

可验证, 令

$$\boldsymbol{P}=\begin{pmatrix}1 & -1\\ 1 & 1\end{pmatrix},$$

则 $\boldsymbol{P}^{-1}\boldsymbol{B}\boldsymbol{P}=\boldsymbol{A}$, 因此 $\boldsymbol{A},\boldsymbol{B}$ 相似.

但以特征值 0 为例, 方阵 $\boldsymbol{A}$ 在特征值 0 下的特征向量为 $(0,1)^{\mathrm{T}}$, 而方阵 $\boldsymbol{B}$ 在特征值 0 下的特征向量为 $(-1,1)^{\mathrm{T}}$. 因此, 两个方阵的特征向量显然不同.

从性质 5.2 中可知, 对角阵的特征值直观, 易算. 因此, 若能将方阵相似于一个对角阵, 则可以利用对角阵帮助我们从特征值的角度对方阵进行分类研究.

定义 5.3 (相似对角化) 若方阵 $\boldsymbol{A}$ 与对角阵 $\boldsymbol{\Lambda}$ 相似, 则称方阵 $\boldsymbol{A}$ **可相似对角化**.

由性质 5.2, 定理 5.4 可得如下定理.

定理 5.5 设 $\boldsymbol{A}$ 是 n 阶方阵, 若 $\boldsymbol{A}$ 与对角阵

$$\boldsymbol{\Lambda}=\begin{pmatrix}\lambda_1 & & & \\ & \lambda_2 & & \\ & & \ddots & \\ & & & \lambda_n\end{pmatrix}$$

相似, 则 $\lambda_1,\lambda_2,\cdots,\lambda_n$ 是 $\boldsymbol{A}$ 的 n 个特征值.

上述定理也表明: 可相似对角化的方阵, 在不计特征值顺序的情况下, 有唯一的相似对角阵.

讨论一个方阵能否相似对角化以及相似变换矩阵是什么的问题称为方阵的**相似对角化问题**. 关于方阵的相似对角化, 本书接下来主要讨论以下两个问题.

方阵相似对角化的两个问题

1. 什么情况下方阵可以相似对角化?
2. 若方阵可相似对角化, 如何计算相似变换矩阵 $\boldsymbol{P}$?

5.3.2 相似对角化条件

本小节, 我们主要讨论方阵可相似对角化的充要条件及相关性质.

定理 5.6 (相似对角化充要条件) 设 $\boldsymbol{A}$ 是 n 阶方阵, 则 $\boldsymbol{A}$ 可相似对角化, 当且仅当 $\boldsymbol{A}$ 存在 n 个线性无关特征向量.

证明 一方面, 设 $\boldsymbol{A}$ 可相似对角化, 即存在可逆矩阵 $\boldsymbol{P}$ 使得 $\boldsymbol{P}^{-1}\boldsymbol{A}\boldsymbol{P}=\boldsymbol{\Lambda}$. 因此, $\boldsymbol{A}\boldsymbol{P}=\boldsymbol{P}\boldsymbol{\Lambda}$. 设可逆方阵 $\boldsymbol{P}$ 中的每一列构成的向量为 $\boldsymbol{p}_1,\boldsymbol{p}_2,\cdots,\boldsymbol{p}_n$, 则根据矩阵乘法, 有

$$\boldsymbol{A}(\boldsymbol{p}_1,\boldsymbol{p}_2,\cdots,\boldsymbol{p}_n)=(\lambda_1\boldsymbol{p}_1,\lambda_2\boldsymbol{p}_2,\cdots,\lambda_n\boldsymbol{p}_n).$$

其中, $\boldsymbol{p}_i$ 是对角阵 $\boldsymbol{\Lambda}$ 中对角线上第 i 个元素. 因此, 根据特征值及特征向量定义, λ_i 为 $\boldsymbol{A}$ 的特征向量. 由于 $\boldsymbol{A}$ 可逆, 因此向量组 $\boldsymbol{p}_1,\boldsymbol{p}_2,\cdots,\boldsymbol{p}_n$ 线性无关, 即 $\boldsymbol{A}$ 存在 n 个线性无关特征向量.

另一方面, 若 $\boldsymbol{A}$ 存在 n 个线性无关特征向量, 设为 $\boldsymbol{p}_1,\boldsymbol{p}_2,\cdots,\boldsymbol{p}_n$. 每一个向量 $\boldsymbol{p}_i$ 对应的特征值为 λ_i. 令 $\boldsymbol{P}=(\boldsymbol{p}_1,\boldsymbol{p}_2,\cdots,\boldsymbol{p}_n)$. 有

$$\boldsymbol{A}\boldsymbol{P}=\boldsymbol{P}\mathrm{diag}\{\lambda_1,\lambda_2,\cdots,\lambda_n\}=\boldsymbol{P}\boldsymbol{\Lambda}.$$

由于向量组 $\boldsymbol{p}_1,\boldsymbol{p}_2,\cdots,\boldsymbol{p}_n$ 线性无关, 因此, $\boldsymbol{P}$ 可逆. 我们有

$$\boldsymbol{P}^{-1}\boldsymbol{A}\boldsymbol{P}=\boldsymbol{\Lambda}.$$

综上, 定理成立.

由推论 5.1 及定理 5.6 可得如下推论.

推论 5.2 (相似对角化充分条件) 设 $\boldsymbol{A}$ 是 n 阶方阵, 若 $\boldsymbol{A}$ 存在 n 个不同特征值, 则 $\boldsymbol{A}$ 可相似对角化.

证明 设方阵 $\boldsymbol{A}$ 有 n 个不同特征值 λ_i, 从每个特征值下取一个特征向量 $\boldsymbol{p}_i$, 构成方阵 $\boldsymbol{P}$. 由推论 5.1, 向量组 $\boldsymbol{p}_1,\boldsymbol{p}_2,\cdots,\boldsymbol{p}_n$ 线性无关. 因此, 由定理 5.6, 方阵 $\boldsymbol{A}$ 可相似对角化.

但需注意, 任意的方阵不一定恰好存在 n 个不同特征值, 但此时方阵也有可能相似对角化. 如例 8 给出的方阵

$$\boldsymbol{A}=\begin{pmatrix}6&2&4\\2&3&2\\4&2&6\end{pmatrix}$$

只有两个不同的特征值 2 和 11. 但特征值 2 下存在两个线性无关特征向量, 特征值 11 下存在 1 个线性无关特征向量, 因此根据定理 5.6, 方阵可相似对角化.

一般地, 一个方阵满足什么条件可相似对角化是一个很复杂的问题, 但对于一类特殊的方阵——实对称阵, 我们不加证明地给出下列定理.

定理 5.7 设 $\boldsymbol{A}$ 是 n 阶实对称阵, 则 $\boldsymbol{A}$ 的特征值一定是实数.

定理 5.8 设 $\boldsymbol{A}$ 是 n 阶实对称阵, 则 $\boldsymbol{A}$ 一定可对角化, 即存在可逆矩阵 $\boldsymbol{P}$, 使得

$$\boldsymbol{P}^{-1}\boldsymbol{A}\boldsymbol{P}=\boldsymbol{\Lambda}.$$

上述两个定理从理论上保证了实对称阵一定可相似对角化.

5.3.3 相似对角化的计算

本小节, 我们将对方阵的相似对角化的计算展开具体讨论.

上节定理 5.6 的证明过程实质上也给出了方阵相似对角化的计算方法. 在此基础上, 我们将对角化的相似变换矩阵计算步骤总结如下:

方阵相似变换矩阵 $\boldsymbol{P}$ 的计算步骤

1. 计算方阵 $\boldsymbol{A}$ 的特征值 $\lambda_1,\lambda_2,\cdots,\lambda_s$;
2. 对每个特征值 λ_i 计算特征向量 $\boldsymbol{\lambda}_{i1},\boldsymbol{\lambda}_{i2},\cdots,\boldsymbol{\lambda}_{ip_i}$;
3. 将所有特征向量按列排列构成方阵 $\boldsymbol{P}$, 即得到相似变换矩阵.

例 13 求可逆矩阵 $\boldsymbol{P}$, 使得对称阵

$$\boldsymbol{A}=\begin{pmatrix}4&2&2\\2&4&2\\2&2&4\end{pmatrix}$$

相似对角化.

解 首先, 计算 $\boldsymbol{A}$ 的特征值, 即

$$\det(\boldsymbol{A}-\lambda\boldsymbol{E})=\begin{vmatrix}4-\lambda&2&2\\2&4-\lambda&2\\2&2&4-\lambda\end{vmatrix}=(\lambda-2)^2(8-\lambda)=0,$$

得到三个特征值 $\lambda_1=8,\lambda_2=\lambda_3=2$.

计算 $\lambda_1=8$ 的特征向量, 即求解方程组 $(\boldsymbol{A}-8\boldsymbol{E})\boldsymbol{X}=\boldsymbol{0}$, 即

$$\begin{cases}4x_1-2x_2-2x_3=0,\\-2x_1+4x_2-2x_3=0,\\-2x_1-2x_2+4x_3=0,\end{cases}$$

得 $x_1 = x_2 = x_3$, 即特征向量为

$$\boldsymbol{p}_1 = \begin{pmatrix} 1 \\ 1 \\ 1 \end{pmatrix}.$$

计算 $\lambda_2 = \lambda_3 = 2$ 的特征向量, 即求解方程组 $(\boldsymbol{A} - 2\boldsymbol{E})\boldsymbol{X} = \boldsymbol{0}$, 即

$$x_1 + x_2 + x_3 = 0,$$

得到方程组的通解为

$$\boldsymbol{X} = k_1 \begin{pmatrix} 1 \\ 0 \\ -1 \end{pmatrix} + k_2 \begin{pmatrix} 0 \\ 1 \\ -1 \end{pmatrix}.$$

取基础解系为两个线性无关的特征向量, 即

$$\boldsymbol{p}_2 = \begin{pmatrix} 1 \\ 0 \\ -1 \end{pmatrix}, \quad \boldsymbol{p}_3 = \begin{pmatrix} 0 \\ 1 \\ -1 \end{pmatrix}.$$

因此, 所求变换矩阵

$$\boldsymbol{P} = (\boldsymbol{p}_1, \boldsymbol{p}_2, \boldsymbol{p}_3) = \begin{pmatrix} 1 & 1 & 0 \\ 1 & 0 & 1 \\ 1 & -1 & -1 \end{pmatrix}.$$

在相似变换矩阵的构造中, 特征向量的先后顺序无关紧要, 但要注意的是特征向量的顺序决定了最后的对角阵中对角线上元素的顺序.

例 14 已知对称阵

$$\boldsymbol{A} = \begin{pmatrix} 1 & -2 & -4 \\ -2 & x & -2 \\ -4 & -2 & 1 \end{pmatrix}$$

与对角阵

$$\boldsymbol{\Lambda} = \begin{pmatrix} 5 & & \\ & -4 & \\ & & y \end{pmatrix}$$

相似, 求 x, y, 并计算相似变换矩阵 $\boldsymbol{P}$, 使得 $\boldsymbol{P}^{-1}\boldsymbol{A}\boldsymbol{P} = \boldsymbol{\Lambda}$.

解 根据定理 5.1,

$$\begin{cases} \operatorname{tr} \boldsymbol{A} = x + 2 = 1 + y, \\ \det \boldsymbol{A} = -15x - 40 = -20y. \end{cases}$$

因此, $x=4, y=5$.

计算 $\lambda=5$ 的特征向量, 即解齐次线性方程组 $(\boldsymbol{A}-5\boldsymbol{E})\boldsymbol{X}=\boldsymbol{0}$, 即

$$\begin{cases}-4x_1-2x_2-4x_3=0,\\ -2x_1-\ \ x_2-2x_3=0,\\ -4x_1-2x_2-4x_3=0,\end{cases}$$

得到基础解系为

$$\boldsymbol{p}_1=\begin{pmatrix}-\dfrac{1}{2}\\ 1\\ 0\end{pmatrix},\quad \boldsymbol{p}_2=\begin{pmatrix}-1\\ 0\\ 1\end{pmatrix}.$$

计算 $\lambda=-4$ 的特征向量, 即解齐次线性方程组 $(\boldsymbol{A}+4\boldsymbol{E})\boldsymbol{X}=\boldsymbol{0}$, 即

$$\begin{cases}5x_1-2x_2-4x_3=0,\\ -2x_1+8x_2-2x_3=0,\\ -4x_1-2x_2+5x_3=0,\end{cases}$$

得基础解系为

$$\boldsymbol{p}_3=\begin{pmatrix}1\\ \dfrac{1}{2}\\ 1\end{pmatrix}.$$

根据 $\boldsymbol{\Lambda}$ 的形式, 得到

$$\boldsymbol{P}=(\boldsymbol{p}_1,\boldsymbol{p}_3,\boldsymbol{p}_2)=\begin{pmatrix}-\dfrac{1}{2} & 1 & -1\\ 1 & \dfrac{1}{2} & 0\\ 0 & 1 & 1\end{pmatrix}.$$

最后, 作为相似对角化的简单应用, 我们可以简化方阵多项式的计算. 若方阵 $\boldsymbol{A}$ 可以相似对角化, 则

$$\boldsymbol{P}^{-1}\boldsymbol{A}\boldsymbol{P}=\boldsymbol{\Lambda}\Rightarrow \boldsymbol{A}=\boldsymbol{P}\boldsymbol{\Lambda}\boldsymbol{P}^{-1}.$$

因此

$$\boldsymbol{A}^n=\boldsymbol{P}\boldsymbol{\Lambda}\boldsymbol{P}^{-1}\boldsymbol{P}\boldsymbol{\Lambda}\boldsymbol{P}^{-1}\cdots\boldsymbol{P}\boldsymbol{\Lambda}\boldsymbol{P}^{-1}=\boldsymbol{P}\boldsymbol{\Lambda}^n\boldsymbol{P}^{-1}.$$

例 15 设

$$\boldsymbol{A}=\begin{pmatrix}1 & 4\\ 1 & 1\end{pmatrix},$$

求 $\boldsymbol{A}^6-3\boldsymbol{A}^3-5\boldsymbol{E}$.

解 首先计算出 $\boldsymbol{A}$ 的特征多项式为

$$\det(\boldsymbol{A}-\lambda\boldsymbol{E})=\begin{vmatrix}1-\lambda & 4\\ 1 & 1-\lambda\end{vmatrix}=(\lambda-3)(\lambda+1).$$

因此, 特征值为 $\lambda_1=3$, $\lambda_2=-1$, 根据定理, $\boldsymbol{A}$ 可相似对角化, 且相似变换矩阵为

$$\boldsymbol{P}=\begin{pmatrix}2 & -2\\ 1 & 1\end{pmatrix},\quad \boldsymbol{P}^{-1}=\begin{pmatrix}\frac{1}{4} & \frac{1}{2}\\ -\frac{1}{4} & \frac{1}{2},\end{pmatrix}$$

故

$$\boldsymbol{A}^6-3\boldsymbol{A}^3-5\boldsymbol{E}=\boldsymbol{P}\boldsymbol{\Lambda}^6\boldsymbol{P}^{-1}-3\boldsymbol{P}\boldsymbol{\Lambda}^3\boldsymbol{P}^{-1}-5\boldsymbol{E}=\begin{pmatrix}321 & 644\\ 161 & 321\end{pmatrix}.$$

▶ **课堂练习**

设方阵

$$\boldsymbol{A}=\begin{pmatrix}1 & 2\\ 2 & 1\end{pmatrix}.$$

求可逆矩阵 $\boldsymbol{P}$, 使得 $\boldsymbol{A}$ 相似于对角阵, 并计算 $\boldsymbol{A}^6$.

5.4 二 次 型

二次型, 顾名思义, 指只包含二次项的多元多项式函数. 二次型问题源于对二次曲面 (曲线) 的研究. 本节利用特征值理论, 对该问题展开简要讨论.

5.4.1 二次型及其标准形

定义 5.4 含 n 个变量 $x_1,x_2,\cdots,x_n$ 的二次齐次函数

$$\begin{aligned}f(x_1,x_2,\cdots,x_n)=&a_{11}x_1^2+a_{12}x_1x_2+\cdots+a_{1n}x_1x_n+a_{21}x_2x_1+a_{22}x_2^2+\cdots+a_{2n}x_2x_n\\&\cdots\cdots\cdots\cdots\\&+a_{n1}x_nx_1+a_{n2}x_nx_2+\cdots+a_{nm}x_n^2\end{aligned}$$

称为**二次型**. 对称阵

$$\boldsymbol{A}=\begin{pmatrix}a_{11} & a_{12} & \cdots & a_{1n}\\ a_{12} & a_{22} & \cdots & a_{2n}\\ \vdots & \vdots & & \vdots\\ a_{1n} & a_{2n} & \cdots & a_{nn}\end{pmatrix}$$

称为 f 的**二次型矩阵**. 同时也称 f 为对称阵 $\boldsymbol{A}$ 的二次型. 若记 $\boldsymbol{x}^{\mathrm{T}}=(x_1,x_2,\cdots,x_n)$, 则二次型 f 可记为

$$f=\boldsymbol{x}^{\mathrm{T}}\boldsymbol{A}\boldsymbol{x}.$$

当 a_{ij} 为复数时, f 称为复二次型; 当 a_{ij} 为实数时, f 称为实二次型.

微视频

二次型

定义 5.5 只含平方项的二次型

$$f(x_1,x_2,\cdots,x_n)=k_1x_1^2+k_2x_2^2+\cdots+k_nx_n^2$$

称为二次型的**标准形**. 若系数 k_i 只取 $1,-1,0$ 三个数中一个, 即

$$f(x_1,x_2,\cdots,x_n)=x_1^2+\cdots+x_p^2-x_{p+1}^2-\cdots-x_r^2$$

称为二次型的**规范形**.

在规范形中, 系数 k_i 非零的个数 r 称为二次型的**秩**, 系数为 1 的个数 p 称为二次型的**正惯性指数**, 系数为 -1 的个数 q 称为二次型的**负惯性指数**. 显然

$$p+q=r.$$

对于二次型, 我们希望找到一组可逆变换

$$\begin{cases}x_1=c_{11}y_1+c_{12}y_2+\cdots+c_{1n}y_n,\\ x_2=c_{21}y_1+c_{22}y_2+\cdots+c_{2n}y_n,\\ \cdots\cdots\cdots\cdots\\ x_n=c_{n1}y_1+c_{n2}y_2+\cdots+c_{nn}y_n,\end{cases}$$

代入二次型 $f(x_1,x_2,\cdots,x_n)$, 使得二次型只含平方项, 即

$$f=k_1y_1^2+k_2y_2^2+\cdots+k_ny_n^2.$$

将上述可逆变换的系数用矩阵表示为 $\boldsymbol{C}$, 即有 $x=\boldsymbol{C}y$. 此时, 二次型

$$\boldsymbol{x}^{\mathrm{T}}\boldsymbol{A}\boldsymbol{x}=(\boldsymbol{C}\boldsymbol{y})^{\mathrm{T}}\boldsymbol{A}(\boldsymbol{C}\boldsymbol{y})=\boldsymbol{y}^{\mathrm{T}}(\boldsymbol{C}^{\mathrm{T}}\boldsymbol{A}\boldsymbol{C})\boldsymbol{y}=\boldsymbol{y}^{\mathrm{T}}\boldsymbol{\Lambda}\boldsymbol{y}.$$

事实上, 这样的变换总是存在的, 下面给出的**二次型配方分离变量法**不仅给出二次型化为标准形的计算步骤, 同时也证明了任意实二次型总能找到可逆变换, 使其变换为二次型的标准形.

注意 在计算过程中若任意 $a_{ii}=0$, 但由于 $\boldsymbol{A}\neq\boldsymbol{0}$, 因此必有某一 $a_{ij}\neq 0$, 不妨设为 $a_{12}\neq 0$. 在执行上述配方法之前, 可先作变换

$$\begin{cases}x_1=y_1-y_2,\\ x_2=y_1+y_2.\end{cases}$$

二次型配方分离变量法

1. 首先, 假设二次型中存在某一 $a_{ii} \neq 0$. 不妨设为 $a_{11} \neq 0$, 收集二次型中所有与 x_1 有关的项, 按照这些项的系数, 构造多项式

$$g_1(x_1, x_2, \cdots, x_n) = a_{11}^{-1}(a_{11}x_1 + a_{12}x_2 + \cdots + a_{1n}x_n)^2;$$

同时, 利用上式变元 x_i 的系数, 构造可逆变换矩阵

$$\boldsymbol{P}_1^{-1} = \begin{pmatrix} a_{11} & a_{12} & \cdots & a_{1n} \\ 0 & 1 & \cdots & 0 \\ \vdots & \vdots & & \vdots \\ 0 & 0 & \cdots & 1 \end{pmatrix},$$

计算新的变元 $(y_1, y_2, \cdots, y_n)^{\mathrm{T}} = \boldsymbol{P}_1^{-1}(x_1, x_2, \cdots, x_n)^{\mathrm{T}}$, 并计算 $\boldsymbol{P}$;

2. 将新变元代入, 并构造 $n-1$ 元二次型

$$\begin{aligned} f_1(y_2, \cdots, y_n) &= f(x_1, x_2, \cdots, x_n) - g_1(x_1, x_2, \cdots, x_n) \\ &= f(x_1, x_2, \cdots, x_n) - a_{11}^{-1}y_1^2; \end{aligned}$$

3. 对 $n-1$ 元新二次型重复上述两步, 直至二次型中不再存在变元的交叉项, 并依次得到变换矩阵 $\boldsymbol{P}_2, \boldsymbol{P}_3, \cdots, \boldsymbol{P}_s$.
4. 将变换矩阵依次相乘得到可逆矩阵 $\boldsymbol{C} = \boldsymbol{P}_1\boldsymbol{P}_2\boldsymbol{P}_3\cdots\boldsymbol{P}_s$. 作变元替换 $\boldsymbol{x} = \boldsymbol{C}\boldsymbol{y}$, 则二次型化为标准形.

代入, 将 x_1, x_2 的交叉二次项变换为新变元 y_1, y_2 的平方项, 即

$$x_1x_2 = y_1^2 - y_2^2.$$

此时, 可构造新变元使得原二次型中至少存在 $a_{ii} \neq 0$, 满足配方分离变量法的计算要求.

我们将上述特殊变换矩阵记为

$$\boldsymbol{Q} = \begin{pmatrix} 1 & -1 & 0 & \cdots & 0 \\ 1 & 1 & 0 & \cdots & 0 \\ 0 & 0 & 1 & \cdots & 0 \\ \vdots & \vdots & \vdots & & \vdots \\ 0 & 0 & 0 & \cdots & 1 \end{pmatrix}.$$

因此, 变元变换为 $(x_1, x_2, \cdots, x_n)^{\mathrm{T}} = \boldsymbol{Q}(y_1, y_2, \cdots, y_n)^{\mathrm{T}}$.

例 16 用配方分离变量法将二次型

$$f(x_1,x_2,x_3)=2x_1x_2+2x_2x_3$$

化为标准形.

解 首先, 二次型 $a_{ii}=0$, 但 $a_{12}\neq 0$, 因此, 先执行特殊变换 $\boldsymbol{Q}$, 有

$$\begin{pmatrix}x_1\\x_2\\x_3\end{pmatrix}=\boldsymbol{Q}\begin{pmatrix}y_1\\y_2\\y_3\end{pmatrix}=\begin{pmatrix}1&-1&0\\1&1&0\\0&0&1\end{pmatrix}\begin{pmatrix}y_1\\y_2\\y_3\end{pmatrix}.$$

代入, 有

$$\begin{aligned}f(x_1,x_2,x_3)&=f_1(y_1,y_2,y_3)\\&=2(y_1-y_2)(y_1+y_2)+2(y_1+y_2)y_3=2y_1^2-2y_2^2+2y_1y_3+2y_2y_3.\end{aligned}$$

在上述二次型中 y_1 前系数 $a_{11}\neq 0$, 收集与 y_1 相关的项, 根据步骤 1, 由多项式 $\dfrac{1}{2}(2y_1+y_3)^2$, 构造变换矩阵 $\boldsymbol{P}_1^{-1}$, 使得

$$\begin{pmatrix}z_1\\z_2\\z_3\end{pmatrix}=\boldsymbol{P}_1^{-1}\begin{pmatrix}y_1\\y_2\\y_3\end{pmatrix}=\begin{pmatrix}2&0&1\\0&1&0\\0&0&1\end{pmatrix}\begin{pmatrix}y_1\\y_2\\y_3\end{pmatrix}.$$

代入, 有

$$\begin{aligned}f_1(y_1,y_2,y_3)&=f_2(z_1,z_2,z_3)\\&=\frac{1}{2}z_1^2-2z_2^2-\frac{1}{2}z_3^2+2z_2z_3.\end{aligned}$$

根据步骤 2, 我们得到二元二次型 $-2z_2^2-\dfrac{1}{2}z_3^2+2z_2z_3$, 由步骤 3 我们只需对该二次型继续配方. 在构造矩阵中, 我们将已经配方好的变元保持不动, 仍然构造三阶方阵. 再次根据步骤 1, 考虑变元 z_2, 构造变换矩阵 $\boldsymbol{P}_2^{-1}$, 使得

$$\begin{pmatrix}u_1\\u_2\\u_3\end{pmatrix}=\boldsymbol{P}_2^{-1}\begin{pmatrix}z_1\\z_2\\z_3\end{pmatrix}=\begin{pmatrix}1&0&0\\0&-2&1\\0&0&1\end{pmatrix}\begin{pmatrix}z_1\\z_2\\z_3\end{pmatrix}.$$

代入, 有

$$f_2(z_1,z_2,z_3)=f_3(u_1,u_2,u_3)=\frac{1}{2}u_1^2-\frac{1}{2}u_2^2.$$

此时, 上式不再包含交叉项. 最后, 由 $\boldsymbol{P}_1^{-1},\boldsymbol{P}_2^{-1}$ 计算出 $\boldsymbol{P}_1,\boldsymbol{P}_2$, 并结合特殊变换 $\boldsymbol{Q}$, 我们得到变换矩阵

$$\boldsymbol{C}=\boldsymbol{Q}\boldsymbol{P}_1\boldsymbol{P}_2=\begin{pmatrix}\frac{1}{2}&\frac{1}{2}&-1\\\frac{1}{2}&-\frac{1}{2}&0\\0&0&1\end{pmatrix}.$$

作变元替换 $\boldsymbol{x}=\boldsymbol{C}\boldsymbol{u}$ 可使得二次型化为标准形, 即

$$f(x_1,x_2,x_3)=2x_1x_2+2x_2x_3=\frac{1}{2}u_1^2-\frac{1}{2}u_2^2.$$

读者可将结果代入验证.

由上述讨论, 我们引入方阵合同的概念.

定义 5.6 (合同)　设 $\boldsymbol{A},\boldsymbol{B}$ 是两个 n 阶方阵, 若存在可逆矩阵 $\boldsymbol{C}$, 使得

$$\boldsymbol{C}^{\mathrm{T}}\boldsymbol{A}\boldsymbol{C}=\boldsymbol{B},$$

则称方阵 $\boldsymbol{A}$ 与 $\boldsymbol{B}$ 合同.

由定义, 二次型化为标准形问题即寻找可逆变换, 使得二次型矩阵合同于对角阵.

根据合同定义, 我们有如下推论.

推论 5.3　若 $\boldsymbol{A}$ 与 $\boldsymbol{B}$ 合同, 则

1. $\boldsymbol{A}$ 与 $\boldsymbol{B}$ 等价;
2. 若 $\boldsymbol{A}$ 是二次型矩阵, 则 $\boldsymbol{B}$ 也是二次型矩阵, 且秩不变.

最后, 我们不加证明地给出实二次型规范形的惯性定理.

定理 5.9　实二次型有唯一的规范形, 即同阶实二次型合同当且仅当它们有相同的秩及正、负惯性指数.

▶ **课堂练习**

1. 写出下列二次型的二次型矩阵.

(1) $f(x_1,x_2,x_3)=2x_2^2-x_1x_3$;　　(2) $f(x_1,x_2,x_3)=x_1^2+x_2^2-2x_1x_3$.

2. 写出下列二次型方阵对应的二次型.

(1) $\begin{pmatrix}2&1\\1&2\end{pmatrix}$;　　(2) $\begin{pmatrix}0&1&-1\\1&1&-1\\-1&-1&0\end{pmatrix}$.

3. 用配方变量分离法, 将二次型 $f(x_1,x_2)=x_1^2+x_1x_2$ 化为标准形.

5.4.2　正交变换化二次型为标准形

上一节, 我们利用配方法将二次型化为标准形. 虽然方法可行, 但计算是烦琐的. 在本节中, 我们利用特征值理论讨论二次型的标准化问题.

下面, 我们仅给出二次型化为标准形中涉及的重要结论及计算方法. 关于二次型更多理论讨论, 请读者参阅相关更专业书籍.

定义 5.7 设 $\boldsymbol{\alpha},\boldsymbol{\beta}$ 为两个 n 维向量, 若 $\boldsymbol{\alpha}\cdot\boldsymbol{\beta}=\mathbf{0}$ ("·" 表示向量内积运算), 则称向量 $\boldsymbol{\alpha},\boldsymbol{\beta}$ 相互**正交**.

定义 5.8 设 $\boldsymbol{A}$ 是 n 阶方阵, 若满足 $\boldsymbol{A}^{\mathrm{T}}=\boldsymbol{A}^{-1}$, 则称 $\boldsymbol{A}$ 为**正交阵**.

定义 5.9 设 $\boldsymbol{A},\boldsymbol{B}$ 是 n 阶方阵, $\boldsymbol{P}$ 是正交阵. 若 $\boldsymbol{A}=\boldsymbol{P}^{\mathrm{T}}\boldsymbol{B}\boldsymbol{P}$, 则称 $\boldsymbol{A},\boldsymbol{B}$ 正交相似.

定理 5.10 设 $f=\boldsymbol{x}^{\mathrm{T}}\boldsymbol{A}\boldsymbol{x}$ 是实二次型, 则存在正交变换 $\boldsymbol{x}=\boldsymbol{P}\boldsymbol{y}$, 使得

$$f=\boldsymbol{y}^{\mathrm{T}}\boldsymbol{P}^{\mathrm{T}}\boldsymbol{A}\boldsymbol{P}\boldsymbol{y}=\boldsymbol{y}^{\mathrm{T}}\boldsymbol{\varLambda}\boldsymbol{y},$$

其中, $\boldsymbol{\varLambda}=\mathrm{diag}\{\lambda_1,\lambda_2,\cdots,\lambda_n\}$, λ_i 为二次型矩阵 $\boldsymbol{A}$ 的特征值.

由于二次型矩阵为对称阵, 因此, 根据本章第 3 节讨论方法, 可计算得到可逆阵 $\boldsymbol{P}$, 使得 $\boldsymbol{P}^{-1}\boldsymbol{A}\boldsymbol{P}=\boldsymbol{\varLambda}$. 因此, 我们只需在此基础上将可逆阵进行变换使之成为正交阵. 为此, 我们引入施密特 (Schmidt) 正交化.

施密特正交化可将一个线性无关向量组 $\boldsymbol{\alpha}_1,\boldsymbol{\alpha}_2,\cdots,\boldsymbol{\alpha}_n$ 转化为一个两两相互正交的向量组 $\boldsymbol{\beta}_1,\boldsymbol{\beta}_2,\cdots,\boldsymbol{\beta}_n$.

施密特正交化

1. 从原向量组中取 $\boldsymbol{\alpha}_1$, 令 $\boldsymbol{\beta}_1=\boldsymbol{\alpha}_1$;
2. 设 $\boldsymbol{\beta}_1,\boldsymbol{\beta}_2,\cdots,\boldsymbol{\beta}_{r-1}$ 已经计算得到, 则令

$$\boldsymbol{\beta}_r=\boldsymbol{\alpha}_r-\frac{\boldsymbol{\beta}_1\cdot\boldsymbol{\alpha}_r}{\boldsymbol{\beta}_1\cdot\boldsymbol{\beta}_1}\boldsymbol{\beta}_1-\frac{\boldsymbol{\beta}_2\cdot\boldsymbol{\alpha}_r}{\boldsymbol{\beta}_2\cdot\boldsymbol{\beta}_2}\boldsymbol{\beta}_2-\cdots-\frac{\boldsymbol{\beta}_{r-1}\cdot\boldsymbol{\alpha}_r}{\boldsymbol{\beta}_{r-1}\cdot\boldsymbol{\beta}_{r-1}}\boldsymbol{\beta}_{r-1}.$$

3. 重复第 2 步, 直至得到所有 $\boldsymbol{\beta}_i, i=1,2,\cdots,n$.

最后, 我们再引入向量单位化过程, 即将向量的长度化为 1

$$\boldsymbol{e}_1=\frac{1}{\|\boldsymbol{\beta}_1\|}\boldsymbol{\beta}_1,\boldsymbol{e}_2=\frac{1}{\|\boldsymbol{\beta}_2\|}\boldsymbol{\beta}_2,\cdots,\boldsymbol{e}_n=\frac{1}{\|\boldsymbol{\beta}_n\|}\boldsymbol{\beta}_n.$$

通过上述两个过程, 最终将一组无关向量组化为一组长度为 1 的相互正交向量组, 我们称整个过程为**标准正交化**.

例 17 利用施密特正交化将向量组

$$\boldsymbol{\alpha}_1=(1,1,0)^{\mathrm{T}},\boldsymbol{\alpha}_2=(1,1,1)^{\mathrm{T}},\boldsymbol{\alpha}_3=(1,0,1)^{\mathrm{T}}$$

标准正交化.

解　取 $\boldsymbol{\beta}_1 = \boldsymbol{\alpha}_1 = (1,1,0)^{\mathrm{T}}$. 根据施密特正交化公式计算可得

$$\boldsymbol{\beta}_2 = \boldsymbol{\alpha}_2 - \frac{\boldsymbol{\beta}_1 \cdot \boldsymbol{\alpha}_2}{\boldsymbol{\beta}_1 \cdot \boldsymbol{\beta}_1}\boldsymbol{\beta}_1 = \begin{pmatrix} 1 \\ 1 \\ 1 \end{pmatrix} - \frac{2}{2}\begin{pmatrix} 1 \\ 1 \\ 0 \end{pmatrix} = \begin{pmatrix} 0 \\ 0 \\ 1 \end{pmatrix},$$

$$\boldsymbol{\beta}_3 = \boldsymbol{\alpha}_3 - \frac{\boldsymbol{\beta}_1 \cdot \boldsymbol{\alpha}_3}{\boldsymbol{\beta}_1 \cdot \boldsymbol{\beta}_1}\boldsymbol{\beta}_1 - \frac{\boldsymbol{\beta}_2 \cdot \boldsymbol{\alpha}_3}{\boldsymbol{\beta}_2 \cdot \boldsymbol{\beta}_2}\boldsymbol{\beta}_2 = \begin{pmatrix} 1 \\ 0 \\ 1 \end{pmatrix} - \frac{1}{2}\begin{pmatrix} 1 \\ 1 \\ 0 \end{pmatrix} - \frac{1}{1}\begin{pmatrix} 0 \\ 0 \\ 1 \end{pmatrix} = \begin{pmatrix} \frac{1}{2} \\ -\frac{1}{2} \\ 0 \end{pmatrix}.$$

再将 $\boldsymbol{\beta}_i$ 单位化, 得

$$\boldsymbol{e}_1 = \frac{\boldsymbol{\beta}_1}{\|\boldsymbol{\beta}_1\|} = \frac{1}{\sqrt{2}}\begin{pmatrix} 1 \\ 1 \\ 0 \end{pmatrix}, \boldsymbol{e}_2 = \frac{\boldsymbol{\beta}_2}{\|\boldsymbol{\beta}_2\|} = \begin{pmatrix} 0 \\ 0 \\ 1 \end{pmatrix}, \boldsymbol{e}_3 = \frac{\boldsymbol{\beta}_3}{\|\boldsymbol{\beta}_3\|} = \sqrt{2}\begin{pmatrix} \frac{1}{2} \\ -\frac{1}{2} \\ 0 \end{pmatrix}.$$

即为所求.

关于对称阵的特征向量, 我们有如下定理.

定理 5.11　设 λ_1, λ_2 是实对称阵 $\boldsymbol{A}$ 的两个不同特征值, $\boldsymbol{p}_1$, $\boldsymbol{p}_2$ 是对应的特征向量, 则 $\boldsymbol{p}_1$ 与 $\boldsymbol{p}_2$ 正交.

证明　根据条件, 设 $\boldsymbol{A}\boldsymbol{p}_1 = \lambda_1 \boldsymbol{p}_1$, $\boldsymbol{A}\boldsymbol{p}_2 = \lambda_2 \boldsymbol{p}_2$. 由于 $\boldsymbol{A}$ 对称, 有

$$\lambda_1 \boldsymbol{p}_1^{\mathrm{T}} \boldsymbol{p}_2 = (\lambda_1 \boldsymbol{p}_1)^{\mathrm{T}} \boldsymbol{p}_2 = (\boldsymbol{p}_1^{\mathrm{T}} \boldsymbol{A}^{\mathrm{T}}) \boldsymbol{p}_2 = \boldsymbol{p}_1^{\mathrm{T}} (\boldsymbol{A} \boldsymbol{p}_2) = \boldsymbol{p}_1^{\mathrm{T}} \lambda_2 \boldsymbol{p}_2 = \lambda_2 \boldsymbol{p}_1^{\mathrm{T}} \boldsymbol{p}_2.$$

由于 $\lambda_1 \neq \lambda_2$, 因此, $\boldsymbol{p}_1^{\mathrm{T}} \boldsymbol{p}_2 = \boldsymbol{0}$, 即 $\boldsymbol{p}_1$ 与 $\boldsymbol{p}_2$ 正交.

定理成立.

根据上述定理, 在实对称阵的正交相似过程中, 我们只需对每个特征值内部的线性无关特征向量进行正交化, 这样可以简化整个向量组的正交化过程.

最后, 综合上述定理, 我们给出利用特征值理论计算二次型标准形的具体步骤如下:

实对称阵的标准正交化步骤

1. 计算实对称阵 $\boldsymbol{A}$ 的特征值 $\lambda_1, \lambda_2, \cdots, \lambda_s$;
2. 计算每个特征值 λ_i 的无关特征向量 $\boldsymbol{\xi}_{i1}, \boldsymbol{\xi}_{i2}, \cdots, \boldsymbol{\xi}_{ir_i}$, 并利用施密特正交化方法将其正交化;
3. 将特征值 λ_i 正交化后的特征向量单位化;
4. 将所有向量单位化后的特征向量依次排列得到正交相似变换矩阵 $\boldsymbol{P}$.

根据上述步骤, 令 $\boldsymbol{x}=\boldsymbol{P}\boldsymbol{y}$, 即可将二次型化为标准形.

例 18 利用特征值方法, 求正交变换 $\boldsymbol{P}$, 将二次型

$$f(x_1,x_2,x_3)=2x_1x_2+2x_1x_3+2x_2x_3$$

化为标准形.

解 二次型 $f(x_1,x_2,x_3)=2x_1x_2+2x_1x_3+2x_2x_3$ 的二次型矩阵为

$$\boldsymbol{A}=\begin{pmatrix}0&1&1\\1&0&1\\1&1&0\end{pmatrix}.$$

首先, 由

$$|\boldsymbol{A}-\lambda\boldsymbol{E}|=\begin{vmatrix}-\lambda&1&1\\1&-\lambda&1\\1&1&-\lambda\end{vmatrix}=(-\lambda+2)(-\lambda-1)^2$$

得到, 特征值为 $\lambda_1=2,\lambda_2=\lambda_3=-1$.

当 $\lambda_1=2$ 时, 解方程 $(\boldsymbol{A}+2\boldsymbol{E})\boldsymbol{X}=\boldsymbol{0}$, 得到基础解系 $\boldsymbol{\xi}_1$, 并单位化, 即

$$\boldsymbol{\xi}_1=\begin{pmatrix}1\\1\\1\end{pmatrix}\Rightarrow\boldsymbol{e}_1=\frac{1}{\sqrt{3}}\begin{pmatrix}1\\1\\1\end{pmatrix}.$$

当 $\lambda_1=-1$ 时, 解方程 $(\boldsymbol{A}-\boldsymbol{E})\boldsymbol{X}=\boldsymbol{0}$, 得到基础解系

$$\boldsymbol{\xi}_2=\begin{pmatrix}-1\\1\\0\end{pmatrix},\boldsymbol{\xi}_3=\begin{pmatrix}-1\\0\\1\end{pmatrix}.$$

将 $\boldsymbol{\xi}_2,\boldsymbol{\xi}_3$ 正交化得

$$\boldsymbol{\eta}_2=\boldsymbol{\xi}_2,\quad \boldsymbol{\eta}_3=\boldsymbol{\xi}_3-\frac{\boldsymbol{\eta}_2\cdot\boldsymbol{\xi}_3}{\boldsymbol{\eta}_2\cdot\boldsymbol{\eta}_2}\boldsymbol{\eta}_2=\begin{pmatrix}-1\\0\\1\end{pmatrix}-\frac{1}{2}\begin{pmatrix}-1\\1\\0\end{pmatrix}=\begin{pmatrix}-\frac{1}{2}\\-\frac{1}{2}\\1\end{pmatrix},$$

再将 $\boldsymbol{\eta}_2,\boldsymbol{\eta}_3$ 单位化得

$$\boldsymbol{e}_2=\frac{1}{\sqrt{2}}\begin{pmatrix}-1\\1\\0\end{pmatrix},\quad \boldsymbol{e}_3=\frac{\sqrt{2}}{\sqrt{3}}\begin{pmatrix}-\frac{1}{2}\\-\frac{1}{2}\\1\end{pmatrix}.$$

最后, 将 $\boldsymbol{e}_1,\boldsymbol{e}_2,\boldsymbol{e}_3$ 构成正交阵

$$\boldsymbol{P}=(\boldsymbol{e}_1,\boldsymbol{e}_2,\boldsymbol{e}_3)=\begin{pmatrix}\dfrac{1}{\sqrt{3}} & -\dfrac{1}{\sqrt{2}} & \dfrac{-\sqrt{6}}{6}\\ \dfrac{1}{\sqrt{3}} & \dfrac{1}{\sqrt{2}} & -\dfrac{\sqrt{6}}{6}\\ \dfrac{1}{\sqrt{3}} & 0 & \dfrac{\sqrt{6}}{3}\end{pmatrix}.$$

有

$$\boldsymbol{P}^{-1}\boldsymbol{A}\boldsymbol{P}=\begin{pmatrix}2&0&0\\0&-1&0\\0&0&-1\end{pmatrix}.$$

同时, 令 $\boldsymbol{x}=\boldsymbol{P}\boldsymbol{y}$, 则有

$$f(x_1,x_2,x_3)=2x_1x_2+2x_1x_3+2x_2x_3=g(y_1,y_2,y_3)=2y_1^2-y_2^2-y_3^2.$$

由二次型的标准形结果, 我们可得二次曲面

$$2x_1x_2+2x_1x_3+2x_2x_3=0,$$

实质上是圆锥面

$$y_1^2=\frac{y_2^2}{2}+\frac{y_3^2}{2}.$$

▶ **课堂练习**

1. 用施密特正交化方法, 将向量组 $(1,1,1),(1,1,0),(1,0,0)$ 正交化.
2. 求正交变换 $\boldsymbol{P}$, 将二次型 $f(x_1,x_2)=x_1x_2$ 化为标准形.

习 题 5

1. 设 $\boldsymbol{A}$ 是平面逆时针旋转变换矩阵, 证明

$$\boldsymbol{A}^n=\begin{pmatrix}\cos\theta & -\sin\theta\\ \sin\theta & \cos\theta\end{pmatrix}^n=\begin{pmatrix}\cos n\theta & -\sin n\theta\\ \sin n\theta & \cos n\theta\end{pmatrix}.$$

根据几何变换解释上述公式.

2. 计算下列方阵的特征值、特征向量, 并求可逆矩阵 $\boldsymbol{P}$, 使得 $\boldsymbol{P}^{-1}\boldsymbol{A}\boldsymbol{P}$ 为对角阵.

(1) $\begin{pmatrix}1&2\\2&1\end{pmatrix}$;　(2) $\begin{pmatrix}0&1\\1&0\end{pmatrix}$;　(3) $\begin{pmatrix}1&1\\1&1\end{pmatrix}$;

(4) $\begin{pmatrix}0&1&0\\-4&4&0\\-2&1&2\end{pmatrix}$;　(5) $\begin{pmatrix}2&2&-2\\2&5&-4\\-2&-4&5\end{pmatrix}$;　(6) $\begin{pmatrix}0&1&1\\1&0&1\\1&1&0\end{pmatrix}$.

3. 已知三阶方阵 $\boldsymbol{A}$ 的特征值与对应特征向量如下, 求 $\boldsymbol{A}$.

(1) $\lambda_1=\lambda_2=\lambda_3=2$, 特征向量为 $(1,2,3)^{\mathrm{T}}$, $(1,1,0)^{\mathrm{T}}$, $(1,2,1)^{\mathrm{T}}$.

(2) $\lambda_1=\lambda_2=1$, 特征向量为 $(1,0,0)^{\mathrm{T}}$, $(1,0,1)^{\mathrm{T}}$, $\lambda_3=2$, 特征向量为 $(0,2,0)^{\mathrm{T}}$.

4. 已知三阶方阵 $\boldsymbol{A}$ 的特征值为 $-1,2,3$, $\boldsymbol{B}=\boldsymbol{A}^2+\boldsymbol{A}+\boldsymbol{A}^*+\boldsymbol{E}$, 计算:

(1) $\boldsymbol{B}$ 的特征值;　(2) $\det\boldsymbol{B}$.

5. 已知 2 阶方阵 $\boldsymbol{A}$ 与对角阵 $\boldsymbol{B}$ 相似, 其中

$$\boldsymbol{A}=\begin{pmatrix} a & 1 \\ 1 & b \end{pmatrix},\quad \boldsymbol{B}=\begin{pmatrix} 2 & \\ & 4 \end{pmatrix}.$$

计算 a,b, 并求可逆阵 $\boldsymbol{P}$, 使得 $\boldsymbol{P}^{-1}\boldsymbol{A}\boldsymbol{P}=\boldsymbol{B}$.

6. 设三阶方阵

$$\boldsymbol{A}=\begin{pmatrix} 0 & 0 & 0 \\ 1 & 1 & 0 \\ 2 & 2 & 2 \end{pmatrix}.$$

计算 $4\boldsymbol{A}^4+3\boldsymbol{A}^3+2\boldsymbol{A}^2+\boldsymbol{A}$.

7. 设 $\boldsymbol{A}$,$\boldsymbol{B}$ 是 n 阶方阵, 若 $\boldsymbol{A}$ 与 $\boldsymbol{B}$ 相似, 证明:

(1) $\boldsymbol{A}^2$ 与 $\boldsymbol{B}^2$ 相似;

(2) $\boldsymbol{A}^k$ 与 $\boldsymbol{B}^k$ 相似;

(3) 对于任意矩阵多项式, $f(\boldsymbol{A})$ 与 $f(\boldsymbol{B})$ 相似;

(4) $\boldsymbol{A}^{\mathrm{T}}$ 与 $\boldsymbol{B}^{\mathrm{T}}$ 相似.

8. 设 $\boldsymbol{A}$ 是 n 阶非零方阵, 若存在整数 k, 使得 $\boldsymbol{A}^k=\boldsymbol{0}$, 证明 $\boldsymbol{A}$ 不能相似对角化.

9. 用配方分离变量法将下列二次型化为标准形.

(1) $f=2x_1^2+4x_1x_2+5x_2^2$;　(2) $f(x_1,x_2,x_3)=x_1x_3-x_2x_3$.

10. 求正交变换, 将下列二次型化为标准形.

(1) $f=2x_1^2+3x_2^2+3x_3^2+4x_2x_3$,　(2) $f(x_1,x_2,x_3)=x_1^2+x_3^2+2x_1x_2-2x_2x_3$.

11. 利用二次型理论, 判断下列二次曲线和二次曲面的形状.

(1) $x_2^2+x_1x_2=1$;　(2) $x_1^2+x_2^2+x_3^2+x_1x_2=1$.

第六章　线性代数的软件实现

线性代数不仅在理论领域内有着丰富而优美的结论, 在数值计算领域内也同样不断发展和成熟. 从前面的章节中, 我们看到线性代数中许多重要计算都可以写出严格的算法步骤. 因此, 在计算机的辅助下, 我们可以快速实现复杂计算. 这也极大提高了矩阵、行列式、向量这些重要工具在现代科技中的实用性. 许多优秀的数学软件经过不断发展, 为线性代数相关的计算提供了强有力的支撑. 例如: MATLAB、Maple 等.

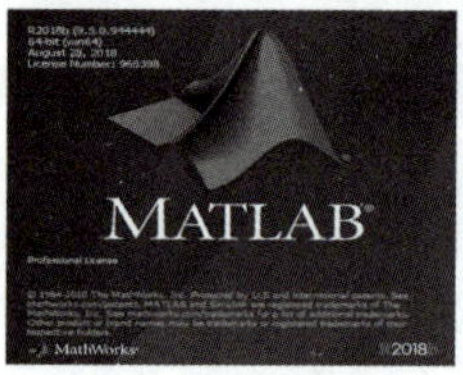

MATLAB
美国MathWorks公司
Little，Moler，Bangert 教授研发

数值分析
数值和符号计算
工程与科学绘图
控制系统的设计与仿真

Maple
加拿大滑铁卢大学
Geddes 与 Gnnot 教授研发

最强大的符号计算
无限精度数值计算
创新的互联网连接
强大的4GL语言

本章中, 我们以 MATLAB 软件为例, 简单介绍如何借助计算机实现本书中大部分的计算.

6.1　MATLAB 与矩阵

MATLAB 是 Matrix (矩阵) 与 Laboratory (实验室) 两个单词的组合词, 意为矩阵实验室, 20 世纪 70 年代由美国墨西哥大学计算机科学系主任 Cleve Moler 最早编写, 1984 年由 Little、Moler、Steve Bangert 合作成立的 MathWorks 公司正式推出 MATLAB 1.0 并面向市场发售. 1990 年, MATLAB 已经成为国际控制界的标准计算软件, 经过 30 多年的发展, MATLAB 与 Mathematica、Maple 并称为三大数学软件.

MATLAB 可以进行矩阵运算、绘制函数和数据、实现算法、创建用户界面、连接其他编程语言的程序等, 主要应用于工程计算、控制设计、信号处理与通讯、图像处理、信号检测、金融建模设计与分析等领域.

MATLAB 的基本数据单位是矩阵, 对矩阵相关的运算处理十分简便. 通过大量内部函数, 可以实现本书中介绍的绝大部分计算. 本节中, 我们介绍在 MATLAB 中如何实现矩阵的输入与基本操作.

6.1.1 矩阵的创建

在 MATLAB 中, 矩阵的创建包括直接输入, 内部函数生成, 数据导入等基本方法, 我们这里只介绍前两种方法.

- 直接输入

在 MATLAB 中, 可以通过直接输入矩阵中每一个元素实现矩阵的创建.

矩阵的输入以左方括号 "[" 开始, 以右方括号 "]" 结束, 每一行元素用空格或 "," 隔开, 两行之间用 ";" 隔开.

例 1 (直接输入创建矩阵) 在 MATLAB 命令窗口中输入代码如下:

>>A=[1 2 3; 2 4 6]

上述命令的运行结果是创建一个 2×3 的矩阵 $\boldsymbol{A}$, 第一行三个元素 1,2,3. 第二行三个元素 2,4,6. 回车后, 命令窗口中显示结果如下:

```
A = 1  2  3
    2  4  6
```

- 内部函数生成

MATLAB 提供了很多特殊矩阵的生成函数, 表 6.1 罗列了部分常用生成函数.

表 6.1 MATLAB 中部分特殊矩阵生成函数

函数	功能	例子
zeros(m,n)	生成 $m \times n$ 的零矩阵	zeros(3,4)
ones(m,n)	生成 $m \times n$ 的全为 1 的矩阵	ones(3,4)
diag(V)	生成以向量 $\boldsymbol{V}$ 中元素为对角线上元素的对角阵	diag([1 2 3])
eye(n)	生成 n 阶的单位矩阵	eye(4)
vander(V)	生成以向量 $\boldsymbol{V}$ 为基础向量的范德蒙德矩阵	vander([1 2 3])

例 2 (内部函数创建矩阵) 在 MATLAB 命令窗口中输入代码如下:

>>A=vander([2,3,4])

上述命令的运行结果是创建一个三阶范德蒙德矩阵 $\boldsymbol{A}$. 且矩阵中的基本元素依次为 2,3,4. 回车后, 命令窗口中显示结果如下:

```
A = 4  2  1
    9  3  1
    16 4  1
```

注意 MATLAB 软件中内部函数生成的特殊矩阵格式, 有些情况下会和本书定义的矩阵形式上有所差异. 因此, 在使用时需特别注意.

关于特殊矩阵的生成函数及使用格式, 请参见联机帮助.

6.1.2　矩阵的运算

表 6.2 罗列了矩阵之间常用的基本运算, 包括本书介绍的加、减、乘等基本操作, 同时也包含工程中常用的其他运算, 例如点乘、点除等运算.

表 6.2　矩阵基本运算操作

操作符号	功能	操作符号	功能
+	计算两矩阵加法	−	计算两矩阵减法
*	计算两矩阵乘法	^	计算方阵的幂
/	计算两矩阵左除	\	计算两矩阵右除
.*	计算两矩阵点乘	.^	计算矩阵的点幂
./	计算两矩阵点除	'	计算矩阵的转置

例 3 (矩阵基本运算)　在 MATLAB 命令窗口中输入代码如下:

>>A=[1 2 3; 2 4 6]; B=[1 1; 2 0; 3 1];

生成 2×3 矩阵 $\boldsymbol{A}$ 和 3×2 矩阵 $\boldsymbol{B}$, 再输入

>>C=A*B; D=A.^2;

计算结果依次为

```
A =  14   4          D =  1   4   9
     28   8               4  16  36
```

点幂运算是矩阵所有元素自身进行的幂运算, 这在程序中非常有用. 其余的点运算, 请读者自行验证效果.

若输入

>>A^2

则屏幕显示

Error using ^

Inputs must be a scalar and a square matrix.

To compute elementwise POWER, use POWER (.^) instead.

由于矩阵 $\boldsymbol{A}$ 不是方阵, 因此不能进行幂运算. MATLAB 软件会对错误给出相应提示.

表 6.3 罗列了本书中关于矩阵计算的常用函数, 包括逆运算、行列式、秩、特征值、特征向量.

表 6.3 常用矩阵运算函数

函数	功能	函数	功能
inv(A)	计算方阵的逆	det(A)	计算方阵的行列式
rank(A)	计算矩阵的秩	eig(A)	计算方阵的特征值、特征向量

例 4 (矩阵运算函数) 在 MATLAB 命令窗口中输入代码如下:

```
>>A=vander([2,3,4]); r=rank(A); B=inv(A);
```

上述命令首先生成三阶范德蒙德矩阵, 并依次计算该矩阵的秩及行列式. 计算结果依次如下:

```
r =   3
B =   0.5000 -1.0000   0.5000
     -3.5000  6.0000  -2.5000
      6.0000 -8.0000   3.0000
```

6.2 线性方程组求解

MATLAB 提供了求解线性方程组的很多函数. 综合上一节的基本操作, 结合本书关于线性方程组解的理论, 我们可以使用 MATLAB 更便捷地对线性方程组解的相关问题进行讨论.

例 5 求解下列非齐次线性方程组通解.

$$\begin{cases} 2x_1 + x_2 - x_3 + x_4 = 1, \\ 3x_1 - 2x_2 + x_3 - 3x_4 = 4, \\ x_1 + 4x_2 - 3x_3 + 5x_4 = -2. \end{cases}$$

解 非齐次线性方程组包括解是否存在的判定, 对应齐次线性方程组的基础解系的计算, 特解的计算三个步骤, 因此, 我们利用 MATLAB 命令窗口中依次输入代码如下:

```
>>A=[2 1 -1 1; 3 -2 1 -3; 1 4 -3 5]; b=[1; 4; -2]
```

为判定方程组是否有解, 可输入

```
>>r1=rank(A); r2=rank(A,b)
```

计算结果为 r1=r2=2. 因此, 有解. 使用函数 “null(A)” 即可直接计算出以 $\boldsymbol{A}$ 为系数矩阵的齐次线性方程组的基础解系. 在命令窗口中输入

```
>>p=null(A)
```

输出结果为

p = −0.0300 0.1907
    −0.7866 −0.2538
    −0.5281 0.7313
     0.3184 0.6037

p 中每一列即为基础解系中的一个解向量. 最后, 可以通过左除计算出非齐次方程组的一个特解. 在命令窗口中输入

```
>>x0=A\b
```

输出结果为

x0 = 0.7778
          0
          0
    −0.5556

根据 MATLAB 计算结果, 我们得到原方程组的通解为

$$\boldsymbol{X}=k_1\begin{pmatrix}-0.03\\-0.787\\-0.528\\0.318\end{pmatrix}+k_2\begin{pmatrix}0.191\\-0.254\\0.731\\0.604\end{pmatrix}+\begin{pmatrix}0.778\\0\\0\\-0.557\end{pmatrix}$$

需注意, 在 MATLAB 中, 计算结果的数值一般以小数形式显示.

6.3 特征值计算及应用

微视频

MATLAB 简单介绍

MATLAB 提供了直接计算方阵特征值及特征向量的函数 eig. 基本用法如下:

$$[\mathrm{V},\mathrm{D}]=\mathrm{eig}(\mathrm{A}),$$

其中, V 是由特征列向量组成的方阵,D 是方阵所有特征值构成的对角阵. 注意, 在函数 eig 计算中, 特征值包括所有复数情况. 若方阵 A 是实对称阵, 则输出的 V 为正交阵.

例 6 用 MATLAB 计算正交阵 $\boldsymbol{V}$, 将下列二次型矩阵化为标准形.

$$\boldsymbol{A}=\begin{pmatrix}0&1&0\\1&0&1\\0&1&0\end{pmatrix}.$$

解 在 MATLAB 命令窗口中输入代码如下:

```
>>[V,D]=eig([0 1  0 ; 1 0 1 ;0 1 0])
```

回车后, 输出结果为

V = 0.5000 −0.7071 0.5000
−0.7071 0.0000 0.7071
0.5000 0.7071 0.5000
D = −1.4142 0 0
0 −0.0000 0
0 0 1.4142

由于 $\boldsymbol{A}$ 是实对称阵, 可验证, 输出的 $\boldsymbol{V}$ 为正交阵. 同时, $\boldsymbol{V}$ 中每一列为 $\boldsymbol{D}$ 中对应对角线上元素的特征向量.

最后, 我们利用 MATLAB 研究线性差分系统的稳定性问题.

在引言中, 我们讨论了一个简单的线性差分系统: 人口转移模型. 在第一章中, 由矩阵表示, 我们得到第 $n+1$ 年的人口

$$\boldsymbol{S}_{n+1}=\boldsymbol{T}\boldsymbol{S}_n=\boldsymbol{T}^n\boldsymbol{S}_1,\quad \boldsymbol{T}=\begin{pmatrix}0.9 & 0.01\\ 0.1 & 0.99\end{pmatrix},\quad \boldsymbol{S}_1=\begin{pmatrix}50\\ 30\end{pmatrix},$$

其中, $\boldsymbol{T}$ 表示状态转移矩阵, $\boldsymbol{S}_n$ 表示系统 n 时刻状态. 当 n 无限增大时, 系统的状态是线性差分系统研究的主要内容之一.

由 MATLAB, 我们计算状态转移矩阵的特征值及特征向量如下:

```
>>[V,D]=eig([0.9 0.01 ;0.1 0.99])
V = -0.7071 -0.0995              D = 0.8900      0
     0.7071 -0.9950                    0 1.0000
```

因此, 状态转移矩阵具有特征值 0.89 和 1, 且它们的特征向量为

$$\boldsymbol{p}_1=\begin{pmatrix}-0.707\,1\\ 0.707\,1\end{pmatrix},\quad \boldsymbol{p}_2=\begin{pmatrix}-0.099\,5\\ -0.995\,0\end{pmatrix}.$$

我们将 $\boldsymbol{S}_1$ 分解为 $\boldsymbol{p}_1,\boldsymbol{p}_2$ 的线性组合, 由 MATLAB 计算得

$$\boldsymbol{S}_1=k_1\boldsymbol{p}_1+k_2\boldsymbol{p}_1=-60.425\,5\boldsymbol{p}_1-73.090\,0\boldsymbol{p}_2,$$

因此, 有

$$\boldsymbol{T}^n\boldsymbol{S}_1=\boldsymbol{T}^n(k_1\boldsymbol{p}_1+k_2\boldsymbol{p}_1)=k_1\boldsymbol{T}^n\boldsymbol{p}_1+k_2\boldsymbol{T}^n\boldsymbol{p}_2=k_1\cdot(0.89)^n\boldsymbol{p}_1+k_2\cdot(1)^n\boldsymbol{p}_2.$$

显然, 当 n 无限增大时, 0.89^n 趋于 0. 因此, 有

$$\boldsymbol{S}_{n+1}\approx k_2\cdot(1)^n\begin{pmatrix}-0.099\,5\\ -0.995\,0\end{pmatrix}=-73.090\,0\cdot\begin{pmatrix}-0.099\,5\\ -0.995\,0\end{pmatrix}=\begin{pmatrix}7.272\,7\\ 72.727\,3\end{pmatrix}.$$

因此, 系统最后趋于稳定, 并且稳定状态 $\boldsymbol{S}_n$ 与 1 的特征向量平行. 由此可得, 稳定时, 农村人口与城市人口比例为 1∶10, 分别为 7.272 7 万和 72.727 3 万.

由上述讨论, 我们进一步分析可得如下结论.

设 $\boldsymbol{A}$ 是方阵, λ_i 是 $\boldsymbol{A}$ 的特征值 (包括复特征值). 记 $\lambda = \max\{|\lambda_i|\}$, 当 $n \to \infty$ 时, 下列三条成立.

(1) 若 $\lambda < 1$, 则对于任意 $\boldsymbol{\alpha}$, $\boldsymbol{A}^n\boldsymbol{\alpha} = \boldsymbol{0}$;

(2) 若 $\lambda > 1$, 则对于任意 $\boldsymbol{\alpha}$, $\boldsymbol{A}^n\boldsymbol{\alpha}$ 平行于 $\boldsymbol{\beta}$, 其中, $\boldsymbol{\beta}$ 是 λ 的一个特征向量, 并且向量长度成指数增大.

(3) 若 $\lambda = 1$, 则对于任意 $\boldsymbol{\alpha}$, $\boldsymbol{A}^n\boldsymbol{\alpha}$ 平行于 $\boldsymbol{\beta}$, 其中, $\boldsymbol{\beta}$ 是 λ 的一个特征向量, 并且向量趋于稳定. 此时, 我们称系统具有稳态向量.

在人口转移的系统中, 由于状态转移矩阵的最大特征值为 1, 因此, 系统最终将趋于稳定.

附录

线性代数作业集

班级______________ 学号______________ 姓名______________ 评定等级____________

作业一

1. 利用高斯消元法判定 k 取何值时, 线性方程组

$$\begin{cases} x_1 + 2x_2 = 1, \\ 2x_1 + x_2 = 2, \\ 4x_1 + 5x_2 = k \end{cases}$$

无解? 有唯一解?

2. 利用高斯消元法求解下列线性方程组.

(1) $\begin{cases} x_1 + 2x_2 + 3x_3 = 1, \\ x_2 + 2x_3 = 1, \\ x_1 + x_3 = 1; \end{cases}$　　(2) $\begin{cases} x_1 + 2x_2 + 3x_3 = 1, \\ 2x_1 + 3x_2 + x_3 = 1, \\ 3x_1 + x_2 + 2x_3 = 1. \end{cases}$

3. 利用线性方程组配平化学方程式.

$$CuSO_4 + FeS_2 + H_2O \rightarrow Cu_2S + FeSO_4 + H_2SO_4$$

4. 写出下列问题的目标函数和约束表达式.

已知某部门有 3 个生产产品的工厂地, 产品有 4 个销售地, 各工厂产量、销售地的销量以及工厂到销售地的单位运价见附表 1. 求如何调运使得总运费最小.

附表 1　产销及运输单价表

销地	产地				产量
	B_1	B_2	B_3	B_4	
A_1	3	4	3	6	16
A_2	6	10	9	5	10
A_3	8	7	2	4	22
销量	8	14	12	14	

班级______________ 学号______________ 姓名______________ 评定等级____________

作业二

1. 设矩阵

$$\boldsymbol{A}=\begin{pmatrix}1&2&-1\\4&5&0\end{pmatrix},\quad \boldsymbol{B}=\begin{pmatrix}2&-2&1\\2&3&-1\end{pmatrix},\quad \boldsymbol{C}=\begin{pmatrix}1&3\\1&4\end{pmatrix},\quad \boldsymbol{D}=\begin{pmatrix}0&5\\-1&4\end{pmatrix}.$$

计算:

(1) $\boldsymbol{A}-3\boldsymbol{B}$;　　(2) $-\boldsymbol{C}+2\boldsymbol{D}$;　　(3) $\boldsymbol{C}-3\boldsymbol{E}_2$;

(4) $\boldsymbol{CB}$;　　(5) $\boldsymbol{C}^2$;　　(6) $\boldsymbol{A}^{\mathrm{T}}\boldsymbol{B}$;

(7) $\boldsymbol{C}^2-\boldsymbol{D}^2$;　　(8) $(\boldsymbol{C}-\boldsymbol{D})(\boldsymbol{C}+\boldsymbol{D})$.

2. 已知

$$\boldsymbol{A}=\begin{pmatrix}0&1&0\\0&0&1\\0&0&0\end{pmatrix},$$

计算 $\boldsymbol{A}^2,\boldsymbol{A}^3,\boldsymbol{A}^n$.

3. 已知

$$\boldsymbol{U}=\begin{pmatrix}1\\2\\3\end{pmatrix},$$

计算 $\boldsymbol{U}^{\mathrm{T}}\boldsymbol{U},\boldsymbol{U}\boldsymbol{U}^{\mathrm{T}}$.

*4. 证明: 不存在 n 阶方阵 $\boldsymbol{A},\boldsymbol{B}$, 满足

$$\boldsymbol{AB}-\boldsymbol{BA}=\boldsymbol{E}.$$

班级______________ 学号______________ 姓名______________ 评定等级____________

作业三

1. 将下列矩阵化为简化行阶梯形矩阵.

(1) $\begin{pmatrix} 0 & 3 & -3 & 1 \\ 2 & 3 & 3 & 4 \\ 0 & 1 & 4 & 8 \end{pmatrix}$;

(2) $\begin{pmatrix} 2 & 3 & 1 & -3 & -7 \\ 1 & 2 & 0 & -2 & 4 \\ 3 & -2 & 8 & 3 & 0 \\ 2 & -3 & 7 & 4 & 0 \end{pmatrix}$.

2. 计算下列矩阵的秩.

(1) $\begin{pmatrix} 1 & 1 \\ 1 & 1 \end{pmatrix}$;　　　　(2) $\begin{pmatrix} 1 & 2 & 3 \\ 4 & 5 & 6 \\ 7 & 8 & 9 \end{pmatrix}$;

(3) $\begin{pmatrix} 2 & 1 & -3 & 1 \\ 4 & 2 & -6 & 2 \\ 6 & 3 & -9 & 3 \\ 1 & 1 & 1 & 1 \end{pmatrix}$.

3. 计算 k 为何值时, 矩阵

$$\begin{pmatrix} 1 & 1 & 1 \\ 1 & 2 & 3 \\ 1 & 4 & k \end{pmatrix}$$

的秩为 2.

班级____________ 学号____________ 姓名____________ 评定等级____________

作业四

1. 判断 k 为何值时, 下列方阵不可逆.

(1) $\begin{pmatrix} 1 & 0 & 0 \\ 0 & 2 & 0 \\ 0 & 0 & k \end{pmatrix}$;　　(2) $\begin{pmatrix} 1 & 2 \\ 3 & k \end{pmatrix}$.

2. 利用初等变换计算下列方阵的逆.

(1) $\begin{pmatrix} 2 & 5 & 7 \\ 6 & 3 & 4 \\ 5 & -2 & -3 \end{pmatrix}$;

(2) $\begin{pmatrix} 1 & 1 & 1 & 1 \\ 1 & 1 & -1 & -1 \\ 1 & -1 & 1 & -1 \\ 1 & -1 & -1 & 1 \end{pmatrix}$.

3. 设 $\boldsymbol{A}=\begin{pmatrix}1&2&-3\\3&2&-4\\2&-1&0\end{pmatrix}$, $\boldsymbol{B}=\begin{pmatrix}1&2&0\\-1&1&-2\\2&-1&0\end{pmatrix}$, 且 $\boldsymbol{AX}=\boldsymbol{B}$, 求 $\boldsymbol{X}$.

4. 设 $\boldsymbol{A}^k=0$, $k\in\mathbf{N}$, 证明 $\boldsymbol{A}-\boldsymbol{E}$ 可逆, 并计算 $(\boldsymbol{A}-\boldsymbol{E})^{-1}$.

*5. 设 $\boldsymbol{A}$ 是 4×3 的矩阵, $\boldsymbol{B}$ 是 3×4 的矩阵, 证明 $\boldsymbol{AB}$ 一定不可逆.

班级____________ 学号____________ 姓名____________ 评定等级____________

作业五

1. 利用行列式二、三阶对角线法则计算下列行列式.

(1) $\begin{vmatrix} 1 & 8 \\ -1 & 9 \end{vmatrix}$;　　(2) $\begin{vmatrix} -1 & -2 & 1 \\ 3 & 4 & 3 \\ 2 & 6 & 1 \end{vmatrix}$.

2. 已知 $\boldsymbol{A}=\begin{pmatrix} 1 & 2 \\ 3 & 4 \end{pmatrix}$, 写出方阵 $\boldsymbol{A}$ 的所有余子式和代数余子式.

3. 利用行列式按行、按列展开定理计算下列行列式.

(1) $\begin{vmatrix} 1 & 0 & 0 & 1 \\ 2 & 2 & 0 & 2 \\ 3 & 0 & 3 & 3 \\ 0 & 4 & 0 & 0 \end{vmatrix}$;

(2) $\begin{vmatrix} 1 & 1 & 0 & 0 \\ 1 & 2 & 1 & 0 \\ 0 & 1 & 3 & 1 \\ 0 & 0 & 1 & 4 \end{vmatrix}$.

4. 已知三阶方阵 $|\boldsymbol{A}| = 3$, 利用行列式的性质计算:

(1) $|3\boldsymbol{A}|$; (2) $\left|-\boldsymbol{A}^{\mathrm{T}}\right|$.

5. 利用行列式的性质计算:

(1) $\begin{vmatrix} 2\,019 & 2\,020 \\ 2\,020 & 2\,021 \end{vmatrix}$; (2) $\begin{vmatrix} 48 & 24 \\ 36 & 18 \end{vmatrix}$.

班级______________ 学号______________ 姓名______________ 评定等级____________

作业六

1. 计算下列行列式.

(1) $\begin{vmatrix} a & a+b & a+b+c \\ b & b+c & a+b+c \\ c & c+a & a+b+c \end{vmatrix}$;　　(2) $\begin{vmatrix} n & 1 & \cdots & 1 \\ 1 & n & \cdots & 1 \\ \vdots & \vdots & & \vdots \\ 1 & 1 & \cdots & n \end{vmatrix}_n$;

(3) $\begin{vmatrix} 1 & 1 & 0 & 0 & 0 \\ 1 & 1 & 1 & 0 & 0 \\ 0 & 1 & 1 & 1 & 0 \\ 0 & 0 & 1 & 1 & 1 \\ 0 & 0 & 0 & 1 & 1 \end{vmatrix}$;　　(4) $\begin{vmatrix} 1 & 1 & 1 & 1 \\ 1 & 2 & 3 & 4 \\ 1 & 4 & 9 & 16 \\ 1 & 8 & 27 & 64 \end{vmatrix}$.

2. 利用克拉默法则求解下列线性方程组.

(1) $\begin{cases} 2x_1 + 3x_2 = a, \\ 5x_1 + 4x_2 = b \end{cases}$ (a, b 是参数);

(2) $\begin{cases} x_1 + x_2 + x_3 = 1, \\ x_1 - x_2 + x_3 = 2, \\ x_1 + x_2 - x_3 = 3. \end{cases}$

3. 已知三阶方阵 $|\boldsymbol{A}| = 2$, $|\boldsymbol{B}| = 5$, 计算:

(1) $|2\boldsymbol{A}^* + \boldsymbol{A}^{-1}|$;　　(2) $|\boldsymbol{A}^*\boldsymbol{B}^{-1}|$;

(3) $\left|(2\boldsymbol{A}^*)^{-1}\right|$;　　(4) $|\boldsymbol{B}\boldsymbol{A}^*|$.

*4. 证明: 若 $|\boldsymbol{A}| = 0$, 则 $|\boldsymbol{A}^*| = 0$.

班级______________ 学号______________ 姓名______________ 评定等级______________

作业七

1. 计算向量组 $\boldsymbol{\alpha}_1=(2,2,3)$, $\boldsymbol{\alpha}_2=(3,1,5)$, $\boldsymbol{\alpha}_3=(-1,0,1)$ 在下列组合系数下的结果.

(1) $k_1=1, k_2=-1, k_3=2$;

(2) $k_1=-1, k_2=-2, k_3=1$.

2. 根据定义判断下列向量组 A, B 是否等价.

(1) $A: \boldsymbol{\alpha}_1=(1,2)$, $\boldsymbol{\alpha}_2=(2,1)$ 和 $B: \boldsymbol{\beta}_1=(1,1)$, $\boldsymbol{\beta}_2=(1,-1)$;

(2) $A: \boldsymbol{\alpha}_1=(1,1)$, $\boldsymbol{\alpha}_2=(2,2)$ 和 $B: \boldsymbol{\beta}_1=(1,0)$, $\boldsymbol{\beta}_2=(2,0)$.

3. 根据定义判定下列向量组的线性相关性.

(1) $\boldsymbol{\alpha}_1=(1,1,1)$, $\boldsymbol{\alpha}_2=(1,1,0)$, $\boldsymbol{\alpha}_3=(1,0,0)$;

(2) $\boldsymbol{\alpha}_1=(1,1,1)$, $\boldsymbol{\alpha}_2=(1,2,3)$, $\boldsymbol{\alpha}_3=(2,3,4)$.

*4. 已知 $\boldsymbol{\alpha}_1,\boldsymbol{\alpha}_2$ 线性无关, $\boldsymbol{\alpha}_1,\boldsymbol{\alpha}_2,\boldsymbol{\alpha}_3$ 线性相关. 证明: $\boldsymbol{\alpha}_3$ 可由 $\boldsymbol{\alpha}_1,\boldsymbol{\alpha}_2$ 线性表示.

班级____________ 学号____________ 姓名____________ 评定等级____________

作业八

1. 计算: k 取何值时, 向量组 $\boldsymbol{\alpha}_1=(1,2,1),\boldsymbol{\alpha}_2=(2,1,3),\boldsymbol{\alpha}_3=(1,1,k)$ 线性相关.

2. 计算向量组 $\boldsymbol{\alpha}_1=(1,2,3)$, $\boldsymbol{\alpha}_2=(2,0,1)$, $\boldsymbol{\alpha}_3=(1,0,1)$, $\boldsymbol{\alpha}_4=(1,1,1)$ 的秩, 并找到一个极大无关组, 将剩余向量用该极大无关组线性表示.

3. 设向量组 $\boldsymbol{\alpha}_1,\boldsymbol{\alpha}_2,\boldsymbol{\alpha}_3$ 线性无关, $\boldsymbol{\beta}_1=\boldsymbol{\alpha}_1+2\boldsymbol{\alpha}_2$, $\boldsymbol{\beta}_2=\boldsymbol{\alpha}_2+2\boldsymbol{\alpha}_3$, $\boldsymbol{\beta}_3=\boldsymbol{\alpha}_3+2\boldsymbol{\alpha}_1$, 判定向量组 $\boldsymbol{\beta}_1,\boldsymbol{\beta}_2,\boldsymbol{\beta}_3$ 的线性相关性.

*4. 构造向量组验证下列结论:

(1) 若向量组 A 线性相关, 则并非所有向量都可由其他向量线性表示;

(2) 若同维向量组 A, B 秩相等, 则 A, B 不一定等价;

(3) 若向量组 $A: \boldsymbol{\alpha}_1, \boldsymbol{\alpha}_2, \cdots, \boldsymbol{\alpha}_m$ 线性相关, 则向量组 $B: \boldsymbol{\alpha}_1, \boldsymbol{\alpha}_2, \cdots, \boldsymbol{\alpha}_{m-1}$ 不一定线性相关.

(4) 若向量组 $A: \boldsymbol{\alpha}_1, \boldsymbol{\alpha}_2, \cdots, \boldsymbol{\alpha}_m$ 线性相关, 则向量组 $B: \boldsymbol{\alpha}_1, \boldsymbol{\alpha}_2, \cdots, \boldsymbol{\alpha}_m, \boldsymbol{\alpha}_{m+1}$ 不一定线性无关.

班级______________ 学号______________ 姓名______________ 评定等级____________

作业九

1. 判定下列线性方程组解是否唯一.

(1) $\begin{cases} 3x_1+5x_2-4x_3=0, \\ -3x_1-2x_2+4x_3=0, \\ 6x_1+\ \ x_2-8x_3=0; \end{cases}$

(2) $\begin{cases} x_1+3x_2+\ \ x_3=1, \\ -4x_1-9x_2+2x_3=-1, \\ \quad -3x_2-6x_3=-3. \end{cases}$

2. 根据克拉默法则判断当 λ 为何值时, 下列线性方程组只有零解.

$$\begin{cases} \lambda x_1+x_2+x_3=0, \\ x_1+\lambda x_2+x_3=0, \\ x_1+x_2+\lambda x_3=0. \end{cases}$$

3. 判断下列非齐次线性方程组是否有解.

$$\begin{cases} x_1 + 3x_2 + 4x_3 = 1, \\ -4x_1 + 2x_2 - 6x_3 = 0, \\ -3x_1 - 3x_2 - 7x_3 = 2. \end{cases}$$

4. 计算当 λ 为何值时, 下列非齐次线性方程组有解.

$$\begin{cases} 2x_1 + x_2 + x_3 = 1, \\ -x_1 + x_2 + 3x_3 = 2, \\ 3x_1 + 3x_2 + 7x_3 = \lambda. \end{cases}$$

5. 已知 $\boldsymbol{\xi}_1, \boldsymbol{\xi}_2$ 是非齐次线性方程 $\boldsymbol{AX} = \boldsymbol{b}$ 的解, 计算参数 k_1, k_2 使得 $k_1\boldsymbol{\xi}_1 + k_2\boldsymbol{\xi}_2$ 和 $k_1\boldsymbol{\xi}_1 - k_2\boldsymbol{\xi}_2$ 分别是 $\boldsymbol{AX} = \boldsymbol{0}$ 和 $\boldsymbol{AX} = \boldsymbol{b}$ 的解.

班级__________ 学号__________ 姓名__________ 评定等级__________

作业十

1. 计算下列齐次线性方程组的基础解系.

(1) $\begin{cases} x_1 + x_2 = 0, \\ x_2 + x_3 = 0; \end{cases}$ (2) $x_1 - x_2 + x_3 = 0.$

2. 求下列非齐次线性方程组的通解.

$$\begin{cases} 2x_1 + 7x_2 + 3x_3 - x_4 = 6, \\ 3x_1 + 5x_2 + 2x_3 + 2x_4 = 4. \\ 9x_1 + 4x_2 + x_3 + 7x_4 = 2. \end{cases}$$

3. 计算: 当 λ 为何值时, 方程组

$$\begin{cases} (\lambda+3)x_1 + x_2 + 2x_3 = \lambda, \\ \lambda x_1 + (\lambda-1)x_2 + x_3 = 2\lambda, \\ 3(\lambda+1)x_1 + \lambda x_2 + (\lambda+3)x_3 = 3 \end{cases}$$

无解? 有唯一解? 无穷解? 并在有解的情况下计算通解.

*4. 构造一个齐次线性方程组, 使它的基础解系为

$$\boldsymbol{\xi}_1 = (0,1,2,3)^{\mathrm{T}}, \quad \boldsymbol{\xi}_2 = (3,2,1,0)^{\mathrm{T}}.$$

班级______________ 学号______________ 姓名______________ 评定等级____________

作业十一

1. 计算下列方阵的特征值与特征向量.

(1) $\begin{pmatrix} 0 & 4 \\ 1 & 0 \end{pmatrix}$;

(2) $\begin{pmatrix} 0 & 1 & 1 \\ 1 & 0 & 1 \\ 1 & 1 & 0 \end{pmatrix}$.

2. 已知三阶方阵 $\boldsymbol{A}$ 的特征值为 1 和 2, 其中特征值 1 对应的特征向量 $\boldsymbol{\alpha}_1 = (1,0,0)^{\mathrm{T}}$ 和 $\boldsymbol{\alpha}_2 = (1,0,1)^{\mathrm{T}}$, 特征值 2 对应的特征向量为 $\boldsymbol{\alpha}_3 = (0,2,0)^{\mathrm{T}}$, 计算 $\boldsymbol{A}$.

3. 已知方阵 $\boldsymbol{A}=\begin{pmatrix} a & 3 \\ 3 & b \end{pmatrix}$, 且 $\mathrm{tr}(\boldsymbol{A})=7$, $|\boldsymbol{A}|=1$, 计算 a,b.

4. 已知三阶方阵 $\boldsymbol{A}$ 的特征值为 1,2,3, 计算:

(1) $|\boldsymbol{A}^2-\boldsymbol{A}+\boldsymbol{E}|$;

(2) $|\boldsymbol{A}^{-1}+\boldsymbol{A}|$.

*5. 举例说明:

(1) 特征值相同的两个同阶方阵, 不一定有相同的特征向量;

(2) 特征值相同, 对应特征向量也相同的两个方阵不一定相同.

参考文献

[1] 郭聿琦, 岑嘉评, 徐贵桐. 线性代数导引. 北京: 科学出版社, 2001.

[2] David C. Lay. Linear Algebra and Its Applications. 3rd ed. New Jersey: Addison-Wesley, 2003.

[3] 同济大学数学系. 线性代数. 6 版. 北京: 高等教育出版社, 2014.

[4] Golub, VanLoan. 矩阵计算: 英文版. 3 版. 北京: 人民邮电出版社, 2011.

[5] 姜启源, 邢文训, 谢金星, 等. 大学数学实验. 北京: 清华大学出版社, 2005.

反盗版举报电话 （010）58581999 58582371 58582488

反盗版举报传真 （010）82086060

反盗版举报邮箱 dd@hep.com.cn

通信地址 北京市西城区德外大街 4 号

高等教育出版社法律事务与版权管理部

邮政编码 100120